陕西出版资金精品项目

西北工业大学现代国防科技学术文库

# 固体火箭发动机燃烧不稳定及控制技术

刘佩进　何国强　著



西北工业大学出版社

【内容简介】 燃烧不稳定是个传统的问题，目前仍然是对学术界和工业界的挑战。燃烧不稳定涉及非稳态气体动力学、燃烧学和气动声学等学科，具有很强的学科交叉特征。本书分为8章，内容包括绪论，固体火箭发动机燃烧不稳定机理，燃烧不稳定的理论预示方法，固体推进剂的燃烧响应，涡脱落与声涡耦合，发动机内部流动稳定性分析，固体火箭发动机燃烧不稳定的大涡模拟，燃烧不稳定主被动控制方法等。燃烧不稳定的研究近年来进展较大，本书着重介绍与燃烧不稳定相关的基本概念和近期发展的问题处理方法，为燃烧不稳定的研究者和发动机设计者提供参考。

**图书在版编目(CIP)数据**

固体火箭发动机燃烧不稳定及控制技术/刘佩进，何国强著．—西安：西北工业大学出版社，2014.11

ISBN 978-7-5612-4193-6

Ⅰ.①固… Ⅱ.①刘… ②何… Ⅲ.①固体推进剂火箭发动机—燃烧分析 ②固体推进剂火箭发动机—燃烧控制 Ⅳ.①V435

中国版本图书馆CIP数据核字(2014)第272882号

**出版发行**：西北工业大学出版社
**通信地址**：西安市友谊西路127号 邮编：710072
**电 话**：(029)88493844 88491757
**网 址**：www.nwpup.com
**印 刷 者**：兴平市博闻印务有限公司
**开 本**：787 mm×1 092 mm 1/16
**印 张**：12.625
**字 数**：304千字
**版 次**：2015年10月第1版 2015年10月第1次印刷
**定 价**：39.00元

# 前 言

燃烧不稳定是一个传统的问题，目前仍然是对学术界和工业界的挑战。燃烧不稳定涉及非稳态气体动力学、燃烧学和气动声学等学科。近年来，计算流体力学成为燃烧不稳定分析的重要工具，深入细致的理论分析对计算数学也有很高的要求。在实验技术方面，随着研究的深入，光学、光谱学和电磁学等方法和技术也被广泛使用。

对固体火箭发动机燃烧不稳定的许多认识来自于高昂的代价，解决发动机的燃烧不稳定问题大多需要反复的实验，有时甚至是飞行试验。目前的理论和实验水平还不足以准确预示发动机中可能出现的燃烧不稳定，理论发展还不完备，研究工作任重而道远。

燃烧不稳定研究的目的是在设计阶段消除燃烧不稳定，传统方法是采用被动方式，对于固体火箭发动机通常是特意改变发动机设计，或者改变推进剂配方。想做到在设计阶段消除燃烧不稳定，需要对燃烧不稳定的产生机理与影响因素、理论预示与数值模拟方法，以及不稳定燃烧抑制技术的原理和手段等有尽可能深入、系统的认识。因此，本书主要针对固体火箭发动机燃烧不稳定涉及的上述内容开展介绍，注重对前人研究成果的继承，并尽量引入最新的研究成果。

本书着重介绍与燃烧不稳定相关的基本概念和近期发展的问题处理方法，为燃烧不稳定的研究者和发动机设计者提供参考。全书共8章，第1章介绍燃烧不稳定的概念和分类，包括线性和非线性燃烧不稳定的特征，以及从涡脱落、压强耦合响应、热声耦合、结构影响、燃烧不稳定预示和抑制等方面介绍燃烧不稳定的历史和研究现状。第2章介绍燃烧不稳定的形成机理，对燃烧不稳定概念作了基本解释，重点阐述固体推进剂压强耦合响应的计算方法，简要说明速度耦合响应、涡脱落、分布式燃烧等增益因素以及各种阻尼因素。第3章介绍固体火箭发动机线性和非线性燃烧不稳定预估方法，详细论述了各种增益与阻尼因素的模化与计算方法。第4章介绍固体推进剂的燃烧响应，重点阐述压强耦合响应的实验测量方法。第5章介绍涡脱落和声涡耦合，指出了发动机中容易出现的各种涡脱落现象，论述了涡的产生机理，涡与结构声之间的耦合关系，以及涡脱落的冷流实验工作。第6章介绍发动机的流动稳定性分析方法，基于 Taylor-Culick 流，介绍稳定性分析方程及用以离散稳定性方程的谱方法，对不可压流和可压流两种情况开展了流动稳定性分析，分析了关键参数对流动稳定性的影响。第7章介绍大涡模拟技术，包括大涡模拟的基本方程和数值计算方法，结合几种发动机开展大涡模拟和燃烧流动分析。第8章介绍燃烧不稳定主被动控制方法，结合液体冲压发动机简单说明了主动控制方法的基本原理，并结合固体火箭发动机介绍常用的被动抑制技术。

著者所在的课题组从2005年开始对燃烧不稳定开展深入研究，课题组的许多副教授、博士和硕士研究生对本书的内容和编写工作做出了贡献。参加本书编写的有刘佩进（第1章至第3章、第6章、第7章）、何国强（第5章、第8章）、金秉宁（第2章、第4章），全书由刘佩进统编定稿。李强副教授对发动机大涡模拟方法的研究，秦飞副教授对主、被动控制方法的研究、陈晓龙博士和张翔宇博士对涡脱落和声涡耦合的研究、杨尚荣博士对流动稳定性分析方法的研究、胡大宁博士对实际发动机燃烧不稳定抑制技术的研究都是本书的重要内容。刘鑫博士研究生参与了固体推进剂燃烧响应部分的书稿录入，魏少娟博士研究生参与了稳定性理论预示方法的书稿录入，孙迪硕士研究生参与了燃烧不稳定机理的书稿录入。除上述研究生之外，关昱硕士研究生和王牧昕硕士研究生为本书的审稿、图表绘制与公式的修订做出了重要贡献，在此对他们表示衷心感谢。

本书涉及的内容大多尚处于研究之中，书中的个人见解未必准确，书中的错误和不妥之处，恳切希望读者提出批评指正。

**著　者**

2014年8月

# 目　录

# 第1章 绪 论

## 1.1 引 言

燃烧不稳定问题广泛存在于固体火箭发动机、液体火箭发动机、冲压发动机和燃气轮机等燃烧装置中。燃烧不稳定问题尽管是一个传统的问题，但是目前仍然是这些动力系统设计的严重挑战。火箭发动机是燃烧动力装置的一种，它将储存于分子键中的化学能转化为飞行器的动能。能量转换的第一阶段是氧化剂和燃料在燃烧室中的燃烧，化学能转换为热能；第二阶段的能量转换在喷管中实现，通过喷管膨胀加速，将燃烧释放出的热能转换为飞行器的动能。燃烧不稳定现象发生在第一阶段。

火箭发动机通常通过增加单位体积的能量释放速率，以获得高的性能。以固体火箭发动机为例，其能量密度的数值大约为 2.5($r/D$)亿瓦特/立方米($r$ 为固体推进剂的线燃速，$D$ 为圆柱空腔直径)，能量密度一般在几十兆瓦特/立方米，能量密度非常大。如此大的能量密度可能伴随着相对小的波动，这些小波动的振幅可能仅仅是小扰动，也有可能表现为不能接受的大振幅扰动，即强烈的压强振荡。压强振荡是发动机声振和内部非稳态燃烧、流动过程共同作用的结果，通常称为燃烧不稳定。

早期的固体火箭发动机使用双基推进剂，燃烧不稳定是困扰发动机设计者的主要问题之一，在 20 世纪 60 年代受到世界各国研究者的广泛关注。随着含铝复合推进剂的使用，凝相燃烧产物产生的抑制作用使得大多数固体火箭发动机不再出现燃烧不稳定，国内对固体火箭发动机中不稳定燃烧问题的关注程度也逐渐下降。

近年来，为满足导弹总体对固体火箭发动机高性能的需求，在发动机研制时通常采用三种技术：一是复合推进剂中添加部分高能氧化剂以增加能量，如黑索金(RDX)和奥克托金(HMX)；二是采用高能推进剂；三是增大发动机装填比。战术导弹用固体火箭发动机屡次出现明显的燃烧不稳定。这些燃烧不稳定现象大体上可以分为两类：一类是发动机在工作过程的某些时刻表现出强烈的压强振荡，但是燃烧室平均压强没有发生明显变化；二是在发动机工作末期，在某种因素的作用下，燃烧室出现强烈的压强振荡，并伴随平均压强的上升。

另外，随着民用航天技术的发展，通常采用大推力的助推器以增加大型运载器的运载能力。固体火箭发动机容易实现单台发动机 5MN 甚至 1000MN 级别的推力，两台大推力的发动机避免了多台液体火箭发动机同时点火可能存在的同步性等问题。为了解决大型固体发动机的生产和运输问题，发动机多采用分段设计方法。欧洲的运载火箭 Ariane5 助推火箭 P230 采用三分段设计，最大推力可达 7MN；美国航天飞机的固体助推器 RSRM 采用四分段设计，推力达到 11.3MN。分段式固体火箭发动机的段与段之间存在绝热(限燃)环，其引起的流动分离导致涡旋的产生，与燃烧室声场产生耦合共振，形成强烈的压强振荡。即使不存在绝热环，大长径比通道流动的本质不稳定也可能与发动机固有声模态耦合，产生压强振荡，给航天飞机和 Ariane5 运载器带来了安全隐患。

本章介绍燃烧不稳定的基本概念和物理性质，以较大的篇幅介绍国内外在燃烧不稳定方面开展的理论和实验研究工作，使读者对燃烧不稳定的影响因素和研究现状有一个总体的了解，同时也简单介绍燃烧不稳定的抑制方法及其研究进展。

# 1.2 燃烧不稳定的概念和分类

为了便于对后文的理解，这里首先简单介绍固体火箭发动机燃烧不稳定所涉及的概念和分类。

固体火箭发动机中的不稳定燃烧现象的主要特征为燃烧室内周期性的压强振荡，同时伴有发动机的强烈振动、平均压强和推力曲线的不规则变化，甚至燃烧中断（即大振幅压力振荡可能引起的降压熄火）或发动机的意外旋转等现象，压强振荡严重时发动机将因为超压导致失效或爆炸。战术武器用固体火箭发动机中的压强振荡是非稳态燃烧、流动和发动机声特性共同作用的结果，称为燃烧不稳定较为合适。在分段发动机的压强振荡中，流动不稳定起主导作用，固体推进剂的燃烧对压强振荡的贡献相对较小，称为压强振荡更为合适。多数情况下，发动机燃烧室内出现的压强振荡统称为燃烧不稳定。

按照产生机理的不同，燃烧不稳定可以分为声不稳定和非声不稳定。声不稳定是推进剂燃烧过程（或燃烧室内的流动过程）与发动机燃烧室声振模式相互作用的结果，此时压强振荡的频率与燃烧室声腔的一阶或多阶固有频率相近，使发动机成为一个自激的声振系统。而非声不稳定则与燃烧室的声振过程无关，压强振荡频率不同于内腔声振的固有频率。

燃烧室的声振通常由振荡频率、振荡幅值大小及振型来表征。按振荡频率范围的不同，不稳定燃烧可以分为高频、中频和低频三个范围。高频一般指的是 1000Hz 及以上，中频一般指的是 100Hz 到 1000Hz 之间，而 100Hz 以下则属于低频。通常高频和中频不稳定都是声不稳定，而低频不稳定则有可能是声不稳定，也有可能是非声不稳定。声振的振型包括波阵面的几何特性、波的传播方向等，即声振参数在声腔中的分布和传播的形式。它取决于声腔的几何形状和尺寸、介质的特性和声腔的边界条件，对于固体火箭发动机来说，取决于燃烧室的内腔结构、推进剂类型和燃烧产物的特性。一般来说，声振的振型可以分为纵向（轴向）、横向（径向）和切向三种形式（见图 1-1）。

（1）纵向振型是沿燃烧室纵轴方向上发生的振荡，波阵面是垂直于纵轴的水平面，振荡的传播方向为轴向。由于发动机内腔的纵向长度一般较大，因而纵向振型的频率相对较低。

（2）横向振型是沿燃烧室半径方向发生的振荡。波阵面是一系列同心圆柱面。振荡传播的方向为径向，其频率也相对较高。

（3）切向振型是沿燃烧室切线方向发生的振荡。波阵面呈圆弧形，振荡传播的方向为切向，其频率相对较高。

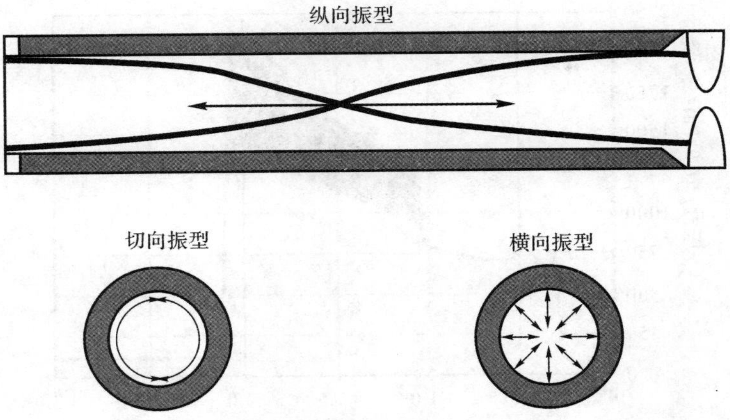


图1-1 固体火箭发动机中的振型(声模态类型)

目前固体火箭发动机出现的燃烧不稳定大多数属于纵向声不稳定。声不稳定可以是线性或是非线性的。在燃烧不稳定形成的初始阶段,由燃烧室内固有的或外加的微弱扰动诱发的压强振荡振幅按指数方式发展,振荡波形是简谐正弦波,称为线性发展阶段(见图1-2)。由于推进剂燃烧(或其他增益因素)对压强振荡的响应,持续有能量向系统注入,压强振荡的振幅不断以指数方式增加。若按照此规律发展,发动机压强将迅速上升直至产生破坏。在实际发展过程中,由于各种阻尼因素的存在,系统的振荡能量将被耗散,压强振幅增长率逐渐减小;有时伴随着能量由低阶频率向高阶频率的转移,波形产生畸变,出现有限振幅(极限环)现象,并伴随平均压强的升高,这是非线性不稳定机制作用的结果。实际上,达到有限振幅的燃烧不稳定在本质上都是非线性的。为了表述问题的方便,将图1-3所示的没有平均压强上升的燃烧不稳定含糊地称为燃烧不稳定,将图1-4所示的带有平均压强上升特征的不稳定现象称为典型的非线性燃烧不稳定。

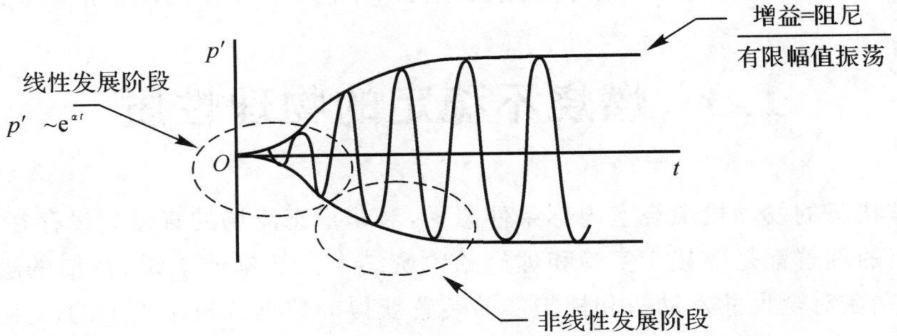


图1-2 压强振荡的发展过程

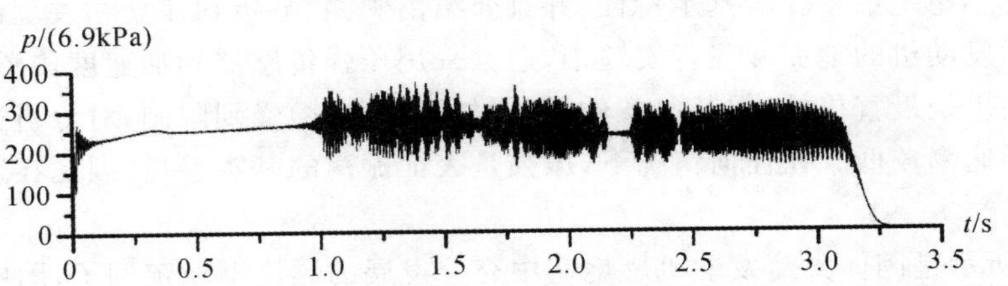


图1-3 没有平均压强上升的燃烧不稳定

1psi=6.9kPa

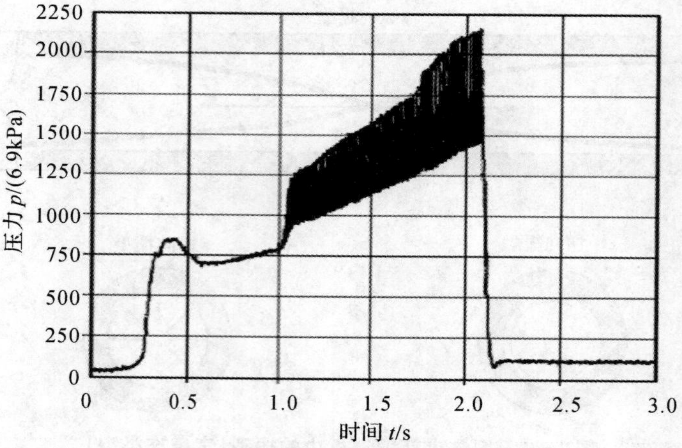


**图1-4　典型的非线性燃烧不稳定**

除了与空间分布相关的压强振荡之外，还有一种“整体”模式的压强振荡，其压强在空间上几乎一致，而只随时间波动，振荡的频率较低。由于任一处压力梯度都较小，速度波动也近乎为零。这种模式相当于亥姆霍兹共振腔中的振荡，最简单的例子是向一端开口的瓶子吹气产生的声振现象；超声速冲压发动机在助推阶段进气道与燃烧室隔离形成声腔，在来流的作用下也会产生亥姆霍兹共振，并在进气道打开的瞬间影响到整个燃烧室。燃烧室中燃烧不稳定的产生可能是燃烧过程本身造成的，也可能是与反应物生成的波动相关，从而导致压强的变化。

火箭发动机中通常用术语 $L^*$ 不稳定表述上述燃烧不稳定，因为这种模式的不稳定主要由发动机特征几何长度 $L^*$（燃烧室自由容积和喷管喉部面积之比）和平均压强主导。该不稳定性与燃速波动与喷管处质量流量波动之间的时滞相关，该时滞与滞留时间成正比，从而与 $L^*$ 相关。$L^*$ 不稳定发生在空间飞行器的发动机中，因为这种不稳定通常发生在较低的工作压强下，其机理与本书所论述的燃烧不稳定机理有所不同，在本书中不给予专门的论述。

# 1.3　燃烧不稳定的物理性质

实际工作状态的发动机燃烧室内部条件恶劣，对非稳态流场的直接测量存在很大的困难，对燃烧不稳定的理解都是依赖于实验和理论的紧密结合。从本质上讲，目前的理论工作是半经验的，是建立在对全尺寸发动机和模拟实验装置获得的数据分析基础上的。然而，理论和分析框架在设计实验方案和分析实验结果中占据重要的位置。本节的主要目的就是简要总结所观测到的燃烧不稳定最重要的基本特性，并且介绍由观测、分析到建立相关理论框架的方法。

在全尺寸发动机的地面和飞行实验中，通常采用压强传感器和加速度传感器来获得数据。压强的测量结果是最直接的，但某些条件下（例如飞行条件）受到限制，对分析造成最主要影响的是数据采样速率较低。在任何情况下，压强是表征振荡的基本参量，因此在这里将其作为讨论的重点。

图1-5所示是固体火箭发动机燃烧室中充分发展的燃烧不稳定例子，图中峰值清楚地反映了不同振荡频率的波，大的振幅发生在几个低频处，这种频谱分布是非线性燃烧不稳定的典

型特征，很多发动机的压强测量结果都表现出类似的特征。

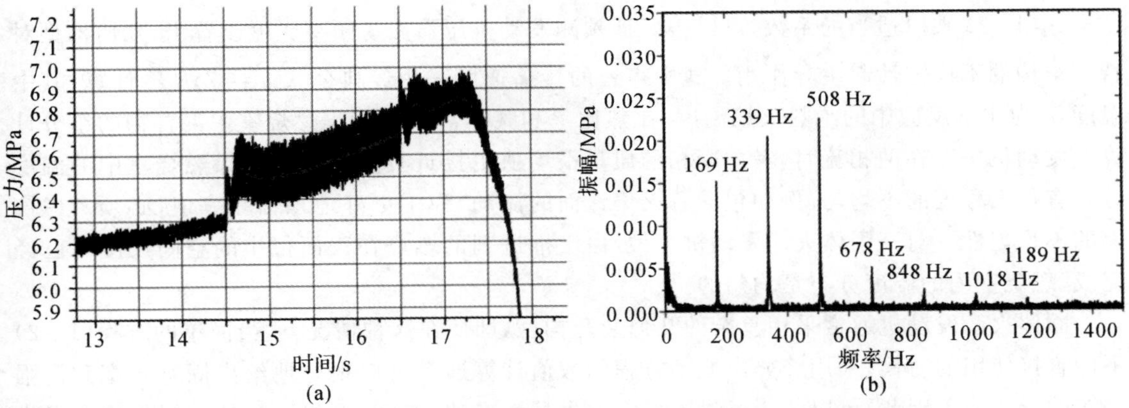


**图 1-5 固体火箭发动机燃烧室中燃烧不稳定的波形和频谱**

在燃烧不稳定行为的起源方面，经典声学理论为理解燃烧不稳定性提供了基本依据，许多声学基本结论直接被应用在燃烧不稳定问题中，并且取得明显的成功。尽管实际发动机中的介质与共振声腔经典声学假设中的理想、均一和静态的气体假设有很大的不同，但是按照简单的经典声学公式估算出的振荡频率与实际出现的燃烧不稳定频率通常会非常一致。

燃烧室中的流动是不均匀的，有气相和凝相的成分参与化学反应，排出的燃气在喷管喉部形成壅塞。而且，流动通常处于湍流状态，并且还可能存在流动分离区域(涡的产生)。如果选择合适的声速，在含有静态均一气体的封闭燃烧室中，采用声学方程来估计振荡频率，通常与观察到的燃烧不稳定频率差别在10%～15%，或者更少。

经典声学理论对燃烧室中波的传播可以很好一级近似的主要原因有三个：①平均流的流动马赫数通常很小，所以对流和折射效应非常小；②当喷管壅塞时，入射波被有效反射，出口平面可以认为是固壁(刚性平面)；③在小振幅扰动的条件下，可压缩流的非稳态运动可以分解成三种独立传播形式，声波是其中之一。其他两种传播形式是涡旋扰动，主导分量是涡波(湍流)和熵波(或温度波)。因此，即使在燃烧室中经常出现高湍流度的非均匀流动，一级近似的简单经典规律仍然可以很好地描述声波。这个结论使得无论针对全尺寸发动机还是实验器，对燃烧不稳定的定性认识都得到了很大程度的简化。总的来说，燃烧不稳定是燃烧室中介质的振荡运动，从一级近似的角度来看，它可能是一个或多个经典声模态的综合。

因此，燃烧不稳定可以看作是一个经典的扰动问题：封闭腔中的驻波。燃烧不稳定的许多物理特性可以通过振动与波方面的基础知识得到较好的描述和理解。实验观测到频率与经典方程的计算结果一致性很好，为燃烧不稳定与经典的声学共振相关提供了最明显的证据。一般来说，波的频率 $f$ 等于传播速度 $a$ 除以波长 $\lambda$：

$$f=\frac{a}{\lambda} \tag{1-1}$$

在一维情况下，共振的波长或者燃烧室的固有振荡模态与长度成比例。纵向振型的波长与长度 $L$ 成比例，圆柱形燃烧室的横向振型与内径 $D$ 成比例。因此式(1-1)包含

$$f\sim\frac{a}{L}\quad \text{纵向振型} \tag{1-2a}$$

$$f \sim \frac{a}{D} \quad \text{横向振型} \tag{1-2b}$$

式(1-2)乘以适当的系数,可以很好地预测发动机压强振荡频率。可以看出,几何构型对特定结构的不稳定性起主导作用。式中声音的传播速度采用经典公式 $a=\sqrt{\gamma RT}$ 计算,其中温度 $T$ 为化学反应中的绝热火焰温度,比热比 $\gamma$ 和气体常数 $R$ 根据燃烧室中混合物的组分计算。发动机中存在两相流时,考虑凝相的质量平均值更接近真实情况。如果燃烧室中的温度分布有很大程度的不均匀,例如包含有火焰锋面的流动,为了更好地预估频率值,必须考虑声速的不均匀性。对于固体火箭发动机来说,由于推进剂的燃烧在表面很小的空间尺度内已经完成,燃烧室内的温度分布是均匀的。

固体火箭发动机通常采用复杂的几何装药构型,即使在这种情况下,当简单的方程(1-2)不能直接使用的时候,采用经典声波动方程的数值计算通常可以很好地给出固有频率和压强分布的近似值。因此,可以认为燃烧不稳定首先是由声波运动与燃烧过程的相互作用而激发和维持的。经典理论能很好地估计不稳定的频率和非稳态运动特征值的分布,但是经典的声波动方程不能获得振荡的幅值,对火箭发动机的燃烧不稳定来说,需要发展专门的理论,来预示燃烧不稳定压强振荡的频率和幅值。

瞬态特性和非线性行为对经典声学不太重要,但对理解燃烧不稳定是非常重要和基础的。这两个方面都与燃烧不稳定的形成和发展有很大的联系。燃烧室是一个自激振荡系统,推进剂燃烧过程是能量的来源,最终表现为流动过程中的热能和机械能。如果某一过程中波动能量耗散的趋势弱于能量的加入,那么初始扰动是不稳定的。

不管是任何系统,大部分的燃烧不稳定包含了声模态的激发,而任何燃烧室都有无限的声模态值,频率值的大小主要决定于几何形状和声速。某一声模态是否稳定,取决于激励机制产生的增益与耗散机制耗损能量之间的平衡。某些能量的损耗强烈依赖于频率,例如,黏性效应导致的声阻尼与频率的二次方根成正比;也有一些能量损耗方式是振荡和平均流相互作用的结果,与频率的关系较弱,例如由于波反射导致的喷管阻尼。能量的增益与频率之间的关系通常更为复杂,固体推进剂的燃烧响应也与频率相关,但是目前还难以通过理论分析准确获得其相互关系。

燃烧不稳定的能量源是不稳定存在的根本机制,应该主要关注燃烧和不稳定运动之间能量交换的定量特征。对于固体火箭发动机来说,能量注入的大小来自于声波和固体推进剂燃烧过程之间的耦合作用。固体推进剂的燃烧响应和振荡频率之间的特殊关系,在低频阶段响应较小,然后逐渐增加,经过一段宽峰后呈下降趋势,在高频率处幅值趋近于零,如图1-6(a)所示的增益特性。在图1-6中,在 $f_1<f<f_2$ 频率范围内增益大于损失,在此频率范围的声模式将是线性不稳定的。

增益与损失数值的获取难度很大,并且有很大的不确定因素,在两者之间差异较小时这种不确定因素变得更加重要。由于能量转换所占燃烧能量释放的比例很小,且关键参数存在不确定因素,工程实践中对燃烧不稳定分析主要在于预示其产生的趋势,而不是燃烧不稳定特征参数的准确计算。

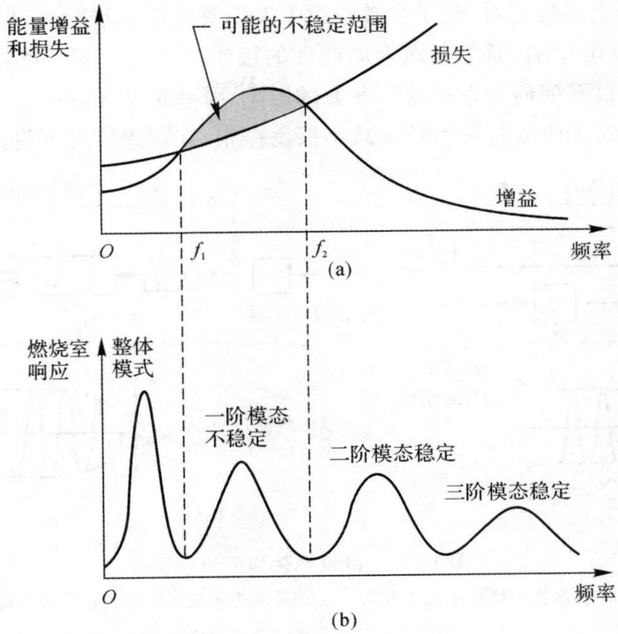


**图 1-6　燃烧不稳定的定性分析**

(a)能量增益和损失；　(b)燃烧室的频率响应

# 1.4　线性和非线性不稳定

## 1.4.1　自激振荡

当扰动幅值较小时，能量的增益率和耗损率通常与声能本身成正比，且与扰动振幅的二次方成正比，由于流动变量的控制微分方程组是线性的，相应的过程称为线性过程。不稳定扰动随时间按指数方式增长，如果过程保持线性，则不稳定的增长不受限制。指数型增长的形式为 $A_0 e^{\alpha t}$，其中 $A_0$ 是初始小扰动的振幅，指数型增长是自激振荡系统不稳定行为初始阶段的特征，如图 1-7(a) 所示。与之形成对比的是受不变的外部驱动（受迫振动）的线性系统，其初始阶段瞬变过程按 $1-e^{-\beta t}$ 形式增长，如图 1-7(b) 所示。在线性初始阶段，自激振荡曲线 $e^{\alpha t}$ 以下凹形轮廓发展，当物理系统中存在非线性作用时，将逐渐演变成振幅不变的有限值。然而，$1-e^{-\beta t}$ 曲线以上凸形轮廓发展，在线性系统中由于外部驱动因素的有限动力，最终也会维持在一个有限幅值上。在小振幅扰动的初始条件下，自激和受迫振荡都可能趋向于有限振幅振荡，但形成有限振幅的机理明显不同。

火箭发动机燃烧室内的不稳定行为是自激产生的，具有如图 1-7(a) 所示的特征，其物理根源是系统中能量增益和损失的相关因素导致的。

燃烧不稳定是自激动态系统的运动，这是基本而且极其重要的结论。其最重要的意义是用于全面理解所观察到的不稳定现象，以及怎样去影响并控制它，因此必须弄清非线性系统中的行为。当燃烧室产生不稳定时，除了少数情况下发展到发动机损毁外，振幅一般会停留在一个有限值，系统将变为受限运动，通常表现为周期性的极限环振荡。对于实际应用来说，非常希望了解有限振幅的大小以及如何受系统特征参数的影响，哪些特征参数是主导因素，不稳定对哪些参数更敏感。这将有助于改变特征参数来减小振荡振幅，在理想情况下将振幅降低为零。

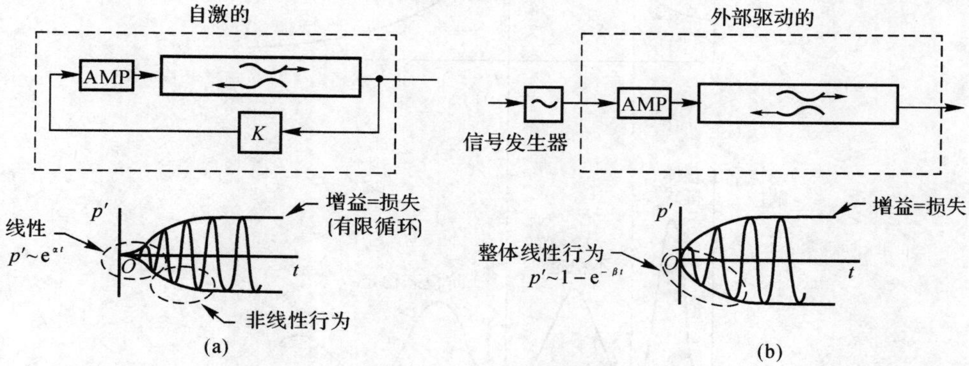


**图 1-7　自激振荡和受迫振动**

(a) 自激振荡线性不稳定现象；(b) 外界强迫振动的不稳定行为现象

## 1.4.2　线性不稳定

对于一个线性不稳定的系统而言，一个初始的小扰动的振荡振幅会随时间呈指数形式增长：

$$\text{扰动的振荡振幅 } P' \sim e^{\alpha_g t} \tag{1-3}$$

这里 $\alpha_g > 0$ 是增益常数。如果是线性稳定的，那么振荡幅值随时间的衰减也是呈指数形式的，与 $e^{-\alpha_d t}$ 成比例，$\alpha_d > 0$ 是阻尼常数。式(1-3)的定义表明，对于运动中变量，例如压强，在一个线性振荡周期中有一个初始最大幅值 $\hat{p}_0$ 时，压强随时间变化的关系如下：

$$p'(t) = \hat{p}_0 e^{\alpha_g (t-t_0)} \tag{1-4}$$

$\hat{p}_0$ 是在 $t = t_0$ 时刻的幅值。如果 $p'_1, p'_2$ 是 $t_1, t_2$ 时刻的幅值，则有

$$\frac{\hat{p}_2}{\hat{p}_1} = \frac{p'(t=t_2)}{p'(t=t_1)} = \frac{e^{\alpha_g (t_2-t_0)}}{e^{\alpha_g (t_1-t_0)}} = e^{\alpha_g (t_2-t_1)} \tag{1-5}$$

式(1-5)求对数

$$\ln \frac{\hat{p}_2}{\hat{p}_1} = \alpha_g (t_2 - t_1) \tag{1-6}$$

$t_2 - t_1$ 等于周期 $\tau$，是相邻最大值(或最小值)之间的时间间隔。$\ln \frac{\hat{p}_2}{\hat{p}_1}$ 对时间作图将会是直线，斜率是 $\alpha_g$。

不论是什么系统，对线性稳定性的分析方法本质上是相同的。仅仅需要解决一个问题：找到增益和阻尼常数以及声模式的频率。确定实际的振型只是问题的一方面，在实际发动机中比较容易实现。对于燃烧室中的小振幅运动来说，经典方法计算的频率和振型与实验结果高度一致。这里的“经典方法”是基于现有的经典声学方程，并且考虑大的温度梯度(影响声速)，在计算时燃烧过程和平均流动没有考虑，但为了得到一个更为满意的结果，特别是在平均

马赫数较小的时候，设置合理的喷管出口边界条件是有必要的。

线性稳定性问题主要考虑经典声振模式增益和阻尼常数的计算。原则上讲，可以采用任意小扰动的方法获得振荡结果，但是实际中很少应用。无论对于理论和实验，增益或阻尼常数都是最重要的参数。在燃烧室中，导致扰动增益和阻尼的过程同时发生。因此，不稳定扰动由净增益常数表征，定义为 $\alpha = \alpha_g - \alpha_d$。由于问题是线性的，增益常数可以表示为所有影响因素之和，例如：

$$\alpha = \alpha_g - \alpha_d = (\alpha)_{燃烧} + (\alpha)_{喷管} + (\alpha)_{平均流} + (\alpha)_{凝相} + (\alpha)_{结构} + \cdots \tag{1-7}$$

下标表示了和声场相关的因素，有燃烧响应、喷管阻尼、平均流动效应、凝相成分和结构阻尼等。结构与声的相互作用除了液体发动机中POGO（纵向耦合振动，且与燃料供应系统相关）问题之外，还包括其他机械运动。例如，在大型固体火箭发动机中，通过内部耗散作用，黏弹性药柱起到很明显的阻尼作用。

稳定性边界（稳定和不稳定振荡的边界点）定义为 $\alpha = 0$。其物理意义为在一个循环中能量的增益和损失相等，即

$$\alpha_g = \alpha_d \tag{1-8}$$

通常主要的增益是燃烧响应，因此式(1-7)变为

$$(\alpha)_{燃烧} = -(\alpha)_{喷管} - (\alpha)_{平均流} - (\alpha)_{凝相} - (\alpha)_{结构} \tag{1-9}$$

有些情况下声和平均流的相互作用也可能产生能量增益，即能量由平均流传递给非稳态压强振荡，目前暂时不考虑这一点，在理论预示方法一章中将给予更为深入的描述。

式(1-7)定义了 $\alpha$，其特殊形式式(1-8)定义了稳定性边界，这些形式的简单方程对于理解燃烧不稳定是基础且非常重要的。实际应用中的困难在于不能完全考虑所有的重要过程，或者是没有足够的信息准确计算每种因素的增益或阻尼常数。

为了能够在发动机点火之前预测全尺寸发动机的稳定性，式(1-7)中所提到的参数都必须获得。由于目前推进剂燃烧理论不够完善，有些信息只有从一些辅助性的实验中得到，特别是描述推进剂燃烧和声场耦合的特征参数（压强耦合和速度耦合响应函数）。

通过进一步的推导可以对增益常数做更明确的解释。两倍 $\alpha$ 是经典声场中时均能量的相对变化率，这个解释对线性稳定性的所有问题都至关重要，这里先做简单介绍，便于对国内外研究现状进行深刻的理解。通过定义 $\alpha$，压强和速度的脉动都与时间和空间分布相关：

$$p' \sim e^{\alpha t}\cos(\omega t), \quad u' \sim e^{\alpha t}\sin(\omega t) \tag{1-10}$$

按照经典的能量定义，声能量密度是当地动能（正比于 $u'^2$）和势能（正比于 $p'^2$）之和：

$$动能\ \mathrm{K.E.} \sim e^{2\alpha t}\cos^2(\omega t)；势能\ \mathrm{P.E.} \sim e^{2\alpha t}\sin^2(\omega t)$$

如果假设振荡周期 $\tau = 2\pi/\omega$ 比衰减率 $1/\alpha$ 小得多，那么动能和势能在一个周期的平均值与 $e^{2\alpha t}$ 成比例。声能密度就与 $e^{2\alpha t}$ 成比例。对整个燃烧室体积积分，发现声场中总平均能量 $\langle\varepsilon\rangle$ 形式如下：

$$\langle\varepsilon\rangle = \langle\varepsilon_0\rangle e^{2\alpha t} \tag{1-11}$$

$\langle\varepsilon_0\rangle$ 是一个与平均流动和几何构型有关的常数。从式(1-11)可以直接求出：

$$2\alpha = \frac{1}{\langle\varepsilon\rangle}\frac{d\langle\varepsilon\rangle}{dt} \tag{1-12}$$

另一个值得注意的特性是，$\frac{1}{\alpha}$ 是幅值从设定初值衰减到其 $\frac{1}{e}$ 所需要的时间。同样，在一

个振荡周期中($t_2-t_1=\tau=2\pi/\omega$),压强峰值的微小变化为

$$|p'_2|-|p'_1|=\delta|p'|_{\mathrm{m}}\sim \mathrm{e}^{\alpha t_1}-\mathrm{e}^{\alpha t_2}=\mathrm{e}^{\alpha t_2}[\mathrm{e}^{\alpha(t_1-t_2)}-1]$$

这里下标 m 表示峰值的量值。假设一个周期的时间变化率很小,所以

$$\mathrm{e}^{\alpha(t_1-t_2)}\approx 1+\alpha(t_1-t_2)=1+\alpha\tau$$

幅值约与 $\mathrm{e}^{\alpha t_2}$ 或 $\mathrm{e}^{\alpha t_1}$ 成正比,把变化率写为如下形式

$$\frac{\delta|p'|_{\mathrm{m}}}{|p'|_{\mathrm{m}}}\approx\alpha\tau=\frac{\alpha}{f} \tag{1-13}$$

$f$是频率,$f=1/\tau$。无量纲比值$f/\alpha$可以很方便地表示振荡的增长或衰减。根据上面对$\frac{1}{\alpha}$的解释,$(1/\alpha)/\tau=f/\alpha$是从最大振幅衰减至$\frac{1}{\mathrm{e}}$或从初值增加至 e 倍所需要的循环数。

在这里,比值$\alpha/f$必须是一个小量,上述分析才是正确的。直观上,$\alpha$必须与经典声学问题的扰动振幅成正比。我们将会发现最重要的参数是马赫数 $\overline{M}_{\mathrm{r}}$,表征平均流动,对于许多重要的过程,$\alpha/f$ 等于$\overline{M}_{\mathrm{r}}$ 乘上一个量级在 1 左右的常数。$\alpha/f$ 的数值从另一个侧面表明线性不稳定可被认为是经典声学的小扰动问题。

### 1.4.3 非线性不稳定

燃烧不稳定是一种自激振荡行为,本质上是非线性的,这是一个基础而又极其重要的结论。其最重要的含义是:为了充分理解观测到的现象,并发现其影响因素和控制措施,必须最终理解非线性系统的行为。当燃烧室中的运动处于不稳定时,除了不受限制的发展直至产生破坏这种不常见的情况之外,压强振幅通常会停留在一个有限值,系统的运动处于周期性的有限振幅。在实际应用中,很希望知道极限环状态与系统特征参数之间的关系。这种关键的信息可以作为改变系统特性的基础,以降低系统振幅,终极目标是降至零。在任何情况下,对特性的深入理解便于分析诸多影响因素对不稳定的影响程度,以确定哪些因素是主导因素,燃烧不稳定对哪些参数最为敏感。

典型的非线性不稳定有三个主要特征:①有限振幅振荡极限环状态,此时波动会在峰值幅值附近持续一段时间;②燃烧室平均压强升高(DC shift);③触发振荡,在某种强烈的外部触发条件下表现出前两个特征。很多实际发动机的地面和飞行试验数据完全吻合以上特征,但是目前的理论还不能完全解释清楚。

基于式(1-7)的不稳定预示方法,按照线性理论获得一组增长率,通常情况分析者根据不同燃烧时间,获得每个声模态的净增长率。如果这些数据全部是负的,那么就认为系统是线性稳定的。假如这些数据一个或多个是正的,那么设计者就认为这个系统可能会出现不稳定问题,即发动机有产生压强振荡的趋势。至于系统振荡会发展到什么样的幅值,或者系统能否承受脉冲触发(随机的或者人工的)而产生不稳定,从传统的线性理论分析中无法获悉,需要开展非线性不稳定分析。

有限幅值振荡的振幅是个重要的量值,因为它反映了不稳定所产生的振荡程度,决定了发动机推力的变化程度。为了理解这种有限振幅的振荡行为,可以通过非线性修正的方法扩展线性不稳定理论。这些工作在解释某些重要的物理现象方面很有用,例如导致初始低幅扰动转变为类激波结构的自然陡峭机制。类激波的自然陡峭机制在非线性纵向燃烧不稳定中的重

要作用已经在某些试验中得到了证实。

线性不稳定理论不能提供伴随有限振幅振荡的平均压强上升方面的信息。尽管平均压强上升是历史上最早观察到的燃烧不稳定特征，但是早期的研究从来没有成功确定它真正的来源和确切的特征。目前有很多学者在努力改变这一现状，尤其是试图从细节上理解它与燃烧室内振荡的气体运动之间的联系。

在了解燃烧不稳定的概念和特征之后，回顾一下燃烧不稳定的研究历史和现状，有助于加深对燃烧不稳定行为的理解。

# 1.5 燃烧不稳定的研究历史和现状

## 1.5.1 研究历史的概述

在20世纪30～40年代，首次发现燃烧不稳定造成的一些结果和产生的故障。基本上是在同时，液体和固体火箭发动机中也出现了燃烧不稳定现象，苏联较美国发现的更早一些。在40年代末50年代初，随着涡轮喷气发动机的研制，高频不稳定现象出现在加力燃烧室中。尽管50年代在冲压发动机中也出现了这种现象，但是直到80年代前后才得到重视。采用紧凑的冲压燃烧室，可以产生纵向或者横向压强振荡，这种振荡对进气道的激波系统产生干涉，造成总压损失，严重时导致进气道不启动。图1-8大致地表示了燃烧不稳定研究的年代表。

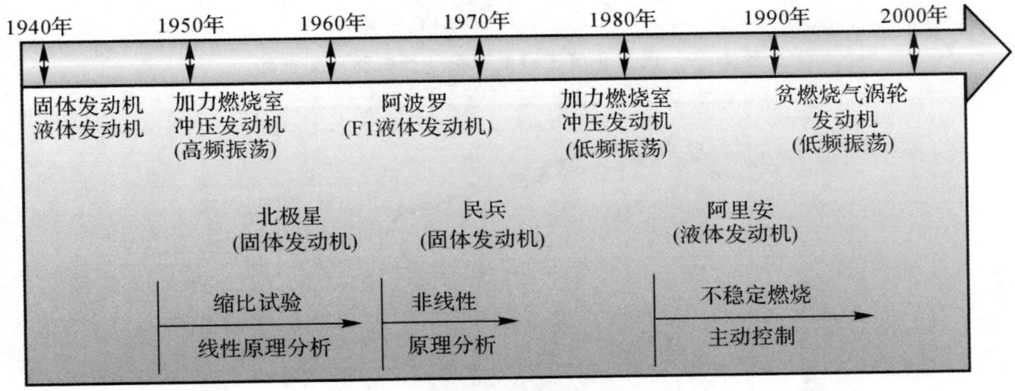


图1-8 燃烧不稳定研究年代表

在20世纪50年代早期，对液体和固体火箭发动机中燃烧不稳定的基础特性的认识取得了重大进展。许多特性与声学性能相关联，包括可能产生的激波，都从本质上得到了验证。尽管在实验中测量的振荡频率与经典的声学频率相接近，但还没有真正的理论用来预测这种不稳定振荡的发生。在1950—1960年期间，缩比发动机和实验室的机理性实验逐渐成为开发新燃烧系统中解决燃烧不稳定的主要方法。

20世纪50年代末期，在小尺寸(战术)和大尺寸(战略和大型运载器)固体火箭发动机中都出现了燃烧不稳定问题，因此该问题受到了充分重视。由于固体火箭助推器可以用来发射航天器，也可以用来改变弹道，出于“冷战”的需要，整个60年代对燃烧不稳定问题的研究保持了很好的热度。在1950—1960年期间，研究的重心放在小尺寸和实验室级别的发动机实验上，也有一部分全尺寸发动机实验。其结果是，相比于其他发动机，对固体火箭发动机燃烧不稳定的理解更深入一些。此外，固体火箭发动机领域的研究方法和形成的观点对处理其他燃烧系统中燃烧不稳定形成了强烈的影响。

20世纪60年代末期，民兵Ⅱ火箭第三级发动机出现的问题影响了随后十年的研究活动，整个研究主要由美国空军火箭推进实验室资助。造成三次飞行实验失败的原因定位在燃烧不稳定。通过调查发现，尽管在发动机的研制过程中都存在压强振荡，但是采用批次10推进剂的发动机的生产过程中有明显的变化。图1-9所示是民兵Ⅱ运载火箭第三级发动机飞行试验压强曲线，出现了约500Hz的压强振荡。图1-10所示是静态实验的振荡频率和幅值。

每次点火实验的前15s总是表现出燃烧不稳定，其频率在500Hz左右。批次10的振幅最大，与其他批次有明显的区别，但是表现出的频率特性一致。在飞行过程中，与之伴随的结构振荡导致推力矢量控制系统的损坏。

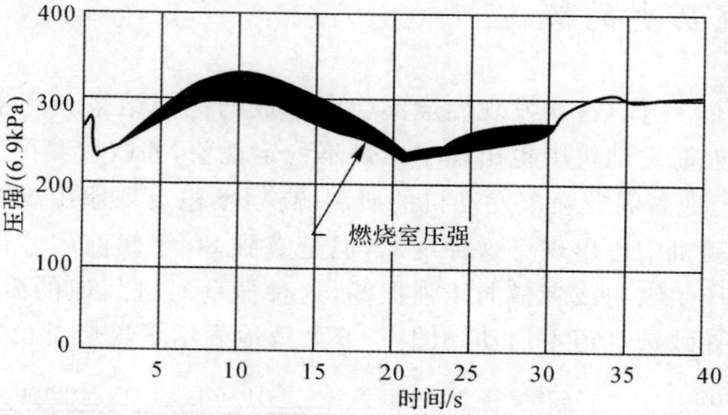


**图1-9　民兵Ⅱ第三级发动机飞行试验压强曲线**

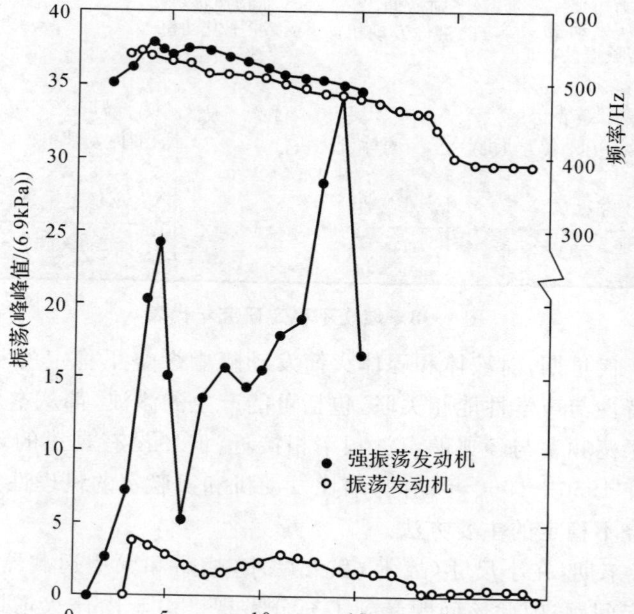


**图1-10　民兵Ⅱ第三级静止实验的振荡频率和振幅**

该例子表现出的几个特性与许多其他固体火箭发动机中的燃烧不稳定类似。实验之间的比较发现，振荡频率的重现性很好，对发动机做某些改变时振幅有轻微的变化。发动机改变可以分为两类：几何形状，也就是装药内部结构的改变；或者是推进剂配方的变化，推进剂配方的微小变化，很有可能影响燃烧过程的动态性能，并间接地影响其他物理过程。

在批次9和批次10固体推进剂的生产期间，由于原铝粉的供应商生产设备受到了意外毁坏，供应商改变导致新的铝粉有两方面的不同：粒子的形状和表面覆盖氧化层的分数。对燃烧不稳定的实验研究结果认为，铝粉的改变导致燃烧产生的铝氧化物的尺寸变小。凝相粒子的尺寸越小，对中低频声波的阻尼作用就越弱，激发振荡的可能性增加，结果导致发动机明显更加不稳定，并且产生了更大振幅的振荡。第二种结论在当时的调查阶段仅仅是推测的，氧化层的覆盖分数实际上表征的是铝的燃烧完善程度，后来的研究表明确实存在分布式燃烧现象，并对不稳定的产生和发展有一定的影响。尽管如此，由于推进剂体系和配方的复杂性，目前尚不能准确刻画改变铝粒子的初始状态从而改变燃烧产物的详细机制。

继民兵问题之后，美国空军火箭推进实验室支持了一个重大研究计划，研究与固体火箭发动机燃烧不稳定相关的许多重要问题。研究的重点基本上在燃烧室动力学和燃烧动力学，而不是推进剂燃烧方面的细节。已有的或新材料的合成、化学和动力学的研究项目由美国和欧洲其他机构资助，尤其是法国的ONERA。俄罗斯相关的工作则是更多围绕着推进剂的燃烧特性展开，对燃烧室动力学方面的关注相对较少。

到20世纪80年代，国外关于固体火箭发动机燃烧不稳定的研究逐渐减少，新的研究项目主要研究液体火箭发动机，研究机构之间的联系更加紧密。例如，针对冲压发动机当时存在的问题，由JANNAF发起，将各种不同推进系统研究经验的人们组织在一起形成一个工作小组。在20世纪80年代，各种不同研究机构的人员相互之间开展了大量的交流，很多研究者同时开展固体和液体推进系统的研究。从过去的经验来看，在燃烧不稳定研究方面的联合可为解决其他问题提供借鉴。

在20世纪90年代期间，欧洲在燃烧不稳定方面的研究动机主要是解决Arian 5助推器中出现的低频压强振荡。美国开展的最集中、深入的研究计划是多学科大学研究倡议(Multi-Disciplinary University Research Initiative，MURI)，共有15所大学、25位教授和至少50位研究生参与，此外还有一个在燃烧和燃烧不稳定方面有着多年研究经验的6人顾问小组。从1995年开始，用6年的时间，对固体火箭发动机燃烧不稳定所涉及的所有问题进行协同研究。整个MURI计划分为基础化学、燃烧实验与建模、金属的燃烧和燃烧室气体动力学四个主要领域。研究目的如下：

(1)全面认识火箭发动机中推进剂燃烧不稳定的耦合方式以及不稳定行为发展的影响因素；

(2)识别和描述单步放热反应及它们对压力和温度的敏感度；

(3)基本理解推进剂的燃烧不稳定状况及其与主要放热反应的关系；

(4)检查和判断各种金属添加物对燃烧不稳定的抑制效果；

(5)开发化学抑制技术抑制和效果的实验预估方法。

为了解决Airane5 P230的燃烧不稳定问题，从1990年开始，法国和欧洲其他国家的许多实验室、高校以及航空航天公司都参与到由CENS资助的分段发动机气体动力学计划(Aerodynamics of Segmented Solid Motors，ASSM)和压强振荡计划(Pressure Oscillations Program,POP)中来,由 ONERA 负责协调组织工作。ASSM 主要研究分段式固体发动机的非稳态气体动力学,旨在增加对涡脱落的理解并对其进行建模。POP 计划利用 P230 的 1/15 缩比模型发动机,获得了分段式缩比发动机中大量的压强振荡数据,建立了完整的实验和数值模拟数据库。此外,ASSM-POP 项目中设计了一些实验装置来验证理论建模及数值模拟代码。其中一部分为冷流实验装置,如 ONERA 的 VECLA 和 VALDO 及冯·卡门流体动力学研究中心(VKI)的冷流实验器。另一部分为缩比发动机热实验和少量全尺寸发动机试验。ASSM 的研究框架和参与单位如图 1-11 所示。

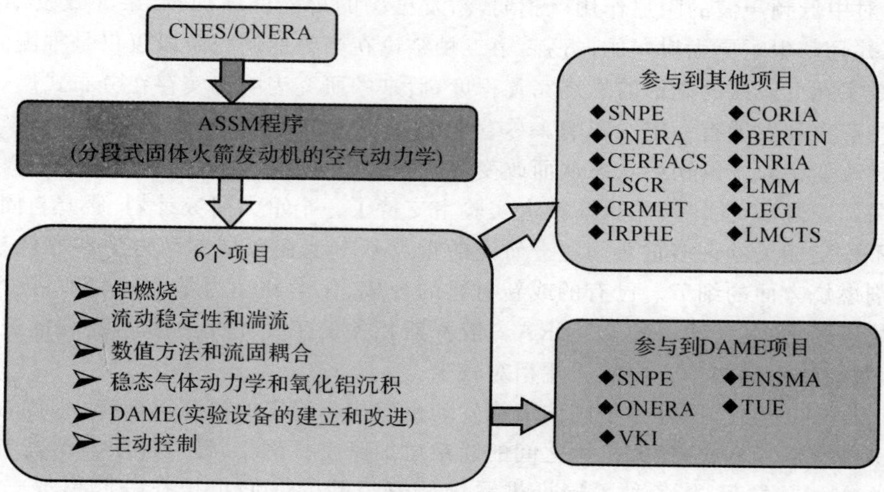


**图 1-11　ASSM 的研究框架和参与单位**

此后,美国伊利诺伊大学先进火箭发动机仿真中心(Center for Simulation of Advanced Rockets,CSAR)在燃烧精细研究方面开展了持续的深入研究,产出大量卓越的成果。尽管燃烧不稳定不是其最主要的研究目标,但是其在固体推进剂燃烧过程和发动机非稳态流动过程的高水平数值模拟工作可为燃烧不稳定的全面数值模拟提供很好的技术基础。另外,建立的有关固体火箭发动机工作过程、力学和老化等方面的庞大的数据库也可为燃烧不稳定分析提供可靠的基础数据。

总的来说,固体火箭发动机的燃烧不稳定是推进剂燃烧和发动机燃烧室声学特性相互作用产生的,装药结构和流动特性对不稳定的产生和发展也有非常重要的影响,有些条件下甚至起到主导作用。研究燃烧不稳定的目的在于深入理解不稳定的产生根源和影响因素,进而发展不稳定抑制技术,在设计过程中消除可能存在的不稳定。从技术细节上梳理国内外的研究现状,回顾对主要问题的研究成果,对于理解发动机燃烧不稳定是非常重要的。

### 1.5.2　声涡耦合和转角涡脱落

固体火箭发动机中有三种形式的涡脱落(见图 1-12):转角涡脱落(corner vortex shedding)、障碍涡脱落(obstacle vortex shedding)和表面涡脱落(surface vortex shedding)。后两种主要发生在分段固体发动机中,转角涡脱落容易出现在中小尺度的固体火箭发动机中。出现转角涡脱落的发动机一般表现出几个共同的特征:一是长径比大,发动机长径比都超过 6,

有的甚至超过 10；二是采用星孔或翼柱后置的装药结构，这种装药结构在燃面退移到一定程度时星孔或翼柱消失，从头部开始形成小圆柱—圆台—大圆柱的后向台阶转角结构。研究表明，由于流动的剪切作用，主流气体在后向台阶处会产生周期性的逆序结构的旋涡，旋涡周期性的脱落产生声，当涡脱落导致的声与发动机的低阶轴向声振一致时，导致声涡耦合而产生共振。这种声涡耦合产生的初始扰动可能会被推进剂燃烧产生的压强耦合响应放大，在其他增益和阻尼机制的共同作用下，燃烧室的压强振荡最终会维持在某一个较大的幅值上，影响发动机的性能和工作安全。

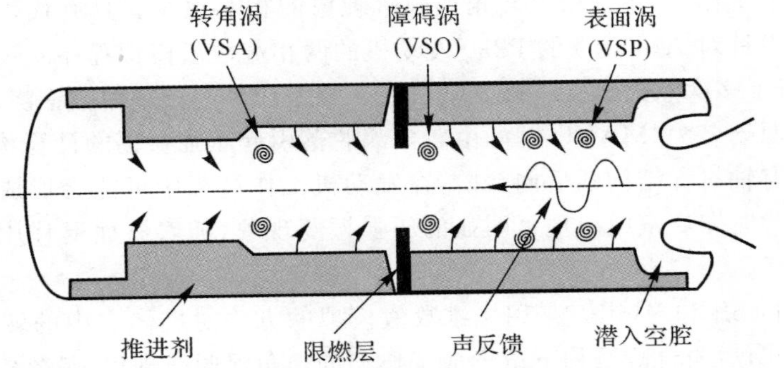


**图 1-12　固体火箭发动机中的三类典型旋涡脱落现象**

美国的 Flandro 教授首先提出火箭发动机中的旋流运动对燃烧不稳定可能存在影响，后来 Flandro 和 Jacobs 一起首次提出了脱落涡有可能激发大型分段式固体火箭发动机燃烧室的声模态，此后很多研究者便对这一机理开展研究。其中最早的是美国的 Brown 和 Dunlap 进行的缩比发动机热实验研究。实验发现当脱落涡频率接近声场固有频率时，周期性的流动分离将产生显著的压强振荡。印度的 Karthik 等人的冷流实验所观察到的如图 1-13 所示的频率"lock－on"现象则更形象地说明这一机理及声模态转换过程。

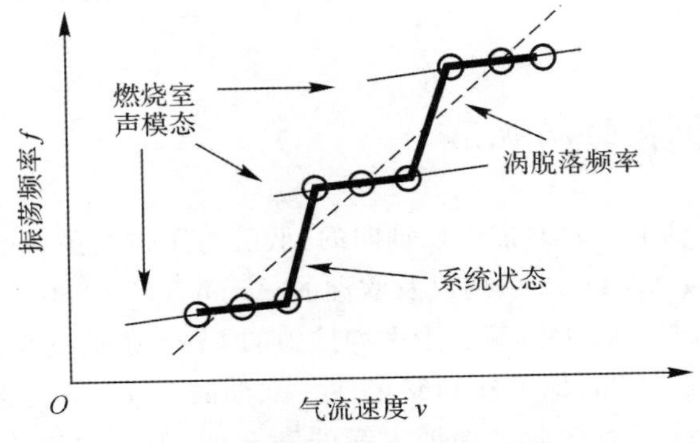


**图 1-13　频率的"lock-on"现象**

1973 年，Flandro 和 Jacobs 一起首次通过声能平衡理论将流动方程分解为涡和声两部分进行研究，指出流动经过障碍物时形成的旋涡脱落会将部分平均流能量转化为声能从而产生声能增益，这是最早提出的旋涡运动可能引起燃烧室压强振荡的理论解释。研究者根据这一理念，采用实验、数值和理论推导等方法丰富和发展了作为燃烧不稳定重要影响因素之一的声涡耦合问题。

美国的 Mason 和 Folkman，Brown 等通过实验研究发现，当脱落涡频率接近燃烧室声场某一阶固有频率时，周期性的流动分离将产生显著的压强振荡及声模态转换，尤其是规律的旋涡脱落易诱发燃烧室的轴向基频振荡。

Kailasanath 等采用数值模拟的方法研究了突扩燃烧室声场对旋涡形成的调制作用。将进口处理成声完全反射边界，并在出口边界加入压强扰动。研究发现，在加入与声场一阶频率相等的压强扰动时，在台阶下游不同位置处的压强振荡频率得到加强，通过分析发现驱动频率的加入会影响旋涡的合并模式，从而使旋涡合并频率与驱动频率相匹配。

在国外的研究工作中，单独研究转角涡脱落现象的相对很少。具有代表性的研究工作是法国研究者在开发针对 Ariane 5 的 P230 发动机的两相流数值模拟程序时设计了一种实验发动机 C1x，并进行了多次点火试验。该发动机在燃烧室前半部分采用贴壁浇注内孔装药，装药构型的设计思路源于名为“MAVOT”的由转角涡脱落引起压强振荡的计算构型。推进剂构型使得装药末端具有轴对称结构的后向台阶，在发动机工作过程中可能会形成典型的转角涡脱落现象。热试实验时燃烧室内出现了明显的压强振荡现象，随着燃面退移压强振荡频率由高阶向低阶频率跃迁。

此后，Lupoglazoff 和 Vuillot 采用二维数值模拟的方法对燃烧室中的转角涡脱落现象进行了研究，结果表明后向台阶结构下游形成了典型的转角涡脱落现象，脱落旋涡向下游对流并撞击喷管引起了与燃烧室声腔轴向固有频率相耦合的持续的压强振荡。但二维数值模拟方法与实验获得的压强振荡频率和振幅都存在较大的偏差。

2000 年，台湾中山技术研究院的吴文俊（音译）等人对某战术固体火箭发动机的涡脱落引起压强振荡现象进行了数值研究。该发动机前半部分采用内孔装药，并具有翼槽结构，因此在燃烧过程中会在推进剂后缘形成转角涡脱落现象。通过估算旋涡脱落频率及声腔频率的变化发现，当二者接近时会出现明显的压强振荡现象，结果与实验结果吻合较好。分析认为以台阶前声腔轴向 1/4 长度计算的固有频率对压强振荡影响最大，但由于燃烧室声频率是一个整体表现，因此结论的普适性还需要进一步验证，该工作对转角涡脱落声涡耦合规律的研究带来了新的思路。

### 1.5.3 障碍和表面涡脱落

大型分段固体发动机工作时通常出现轴向的、低阶的压强振荡和推力振荡。例如，美国的 Space Shuttle SRM，RSRM，Titan 系列以及欧洲的 Arian 5 的 P230。其压强振荡幅值小于平衡压强的 0.5%，由此引起的推力振荡小于平均推力的 5%。低阶的振荡有可能与火箭其他结构部件发生共振，影响到火箭的稳定性和安全性。欧洲的 Arian 5 运载火箭由于推力振荡而不得不减少将近 180kg 的有效载荷来保证火箭的安全性，美国的战神运载火箭，其第一级发动机为 RSRM 的改进版，多加了一段变为五段，工作时出现了频率为 12Hz 的压强振荡，该频率与火箭结构部件发生了共振，严重危及到宇航员的生命和火箭自身的完整性，最终没能完全解决振荡问题。

文献中最早出现大型分段式固体火箭发动机压强振荡的数据是在 1979 年，Mason 介绍了航天飞机 SRM 中出现的压强振荡，频率为 15Hz，与燃烧室一阶模态接近，推力振荡的幅值接近 3%。但对其振荡机理没有做更多的探讨。1980 年，Brown 介绍了 Titan 34D SRM 出现的不稳定现象，该发动机直径3.048 m，长27.6 m，分段数为五段半。在点火之前，利用Culick，Cantrell和Hart发展的基于能量平衡方法的线性稳定性预估算法来分析，结果认为在各阶声模态都是稳定的，但在地面静止点火时，却出现了持续的压强振荡。该分析方法考虑了推进剂的压强耦合、速度耦合、两相流动、平均流与声能的交换，以及喷管的作用等。实验后重新检查程序，发现即使是考虑到推进剂参数的各种误差，发动机也应是稳定的。为了进一步验证程序的正确性，设计了Titan 34D SRM的1/6.55缩比发动机进行了实验，同样出现了前两阶的压强振荡，峰值甚至达到平衡压强的2%，同样利用能量平衡方法分析的结果显示各阶模态都是稳定的。于是，开始思考是否存在其他导致声不稳定的源头。

经过大量实验研究，在20世纪80年代中期，发动机内由于流动分离产生的涡脱落，可引起压强振荡已经成为共识。从表1-1可看到，绝大部分的大型分段固体火箭发动机内的压强振荡都是由于涡脱落引起的。

**表1-1 大型分段固体火箭发动机由涡脱落引起的压强振荡数据的比较**

| 大型分段固体火箭发动机 | 总长/m | 直径/m | 分段数 | 有无绝热环 | 工作时间/s | 不稳定声模态 | 压强振荡幅值/kPa | 压强振荡幅值占平均压强比例/(%) | 振荡发生的时间/s | 推力振荡幅值占平均推力比例/(%) |
|---|---|---|---|---|---|---|---|---|---|---|
| Titan 34D SRM | 27.6 | 3.1 | 5+1/2 | 有 | 116 | 1，2 | — | — | — | — |
| Titan IV SRM | 34.1 | 3.1 | 7 | 有 | 122 | — | — | — | — | — |
| Titan IV SRMU | 34.3 | 3.2 | 3 | 无 | 138 | 1 | 16.2 | 0.27 | 57～64 | 1.5～2 |
| Space Shuttle SRB | 45.5 | 3.8 | 4 | 有 | 123 | 1，2 | — | 0.25，0.48 | 70～75，110～115 | — |
| Ariane 5 MPS | 31.2 | 3.0 | 3 | 有 | 123 | 1，2 | 25.5 | 0.5，0.2 | 90～95，65～70 | 2～4 |

在分段式固体火箭发动机中，由于段间绝热环烧蚀速度小于推进剂燃烧退移速度，一段时间后会突出于推进剂表面，从而对流动形成障碍，在其后会产生涡的周期性脱落。如果没有段间绝热环，段间狭缝随着燃面的退移，其宽度逐渐扩大，在其前沿会出现剪切流动，也会产生涡脱落。潜入式喷管处推进剂烧完后，产生的后向台阶同样会有涡的脱落。最新的研究发现，即使推进剂燃烧表面没有不连续的地方，由于推进剂燃烧产生的径向加质流动存在着本质不稳定性，在燃烧表面也会产生涡的脱落。

在法国ONERA进行的小尺寸发动机实验中，出乎意料的一个纯圆柱内孔的发动机也出现了相当幅度的振荡，因为这种构型的发动机不存在能产生剪切不稳定的条件，即没有壁面突起或转角这样的结构。这个现象促进了对侧向加质流动，即所谓的Taylor-Culick流动更彻底的研究。首先，Vuillot利用数值模拟得到了表面涡脱落，接着实验中也发现了这一现象(见图1-14)。表面涡脱落目前成为欧洲重点研究的对象。

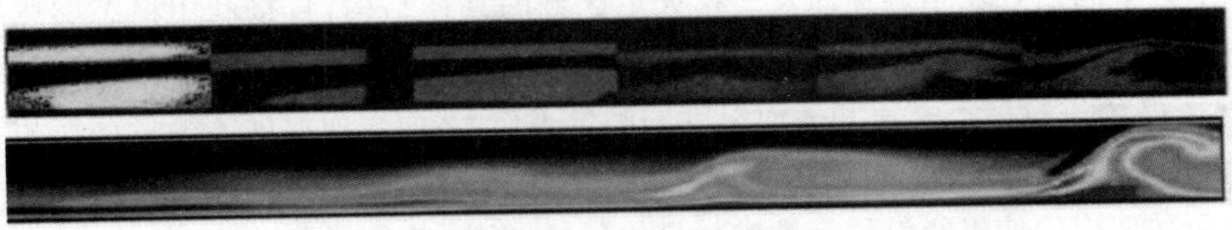

**图1-14 拍摄的表面涡的图像和数值模拟的涡的图像**

发动机实际工作中两种涡脱落现象可能同时出现。Anthoine 比较了有障碍(OVS/PVS)和无障碍时(PVS)压强振荡的结果。两种工况下,都激发了前四阶模态,但后者激发第二三阶声模态时的马赫数更高。意外的是在速度较高时,后者的振幅比前者高,但没有对此现象做出说明和解释。Cerqueira 发现,速度波动的峰值出现在障碍尾迹处,障碍高度不同,速度波动的主导频率不同;存在一个临界的障碍高度值,使得剪切流和表面入射流的相互作用最大。不稳定剪切流和 Taylor 流的相互作用明显不同于单纯 Taylor 流的情形,障碍的出现严重影响了流场的流动稳定性。Vetel 发现,障碍前后的入射流率一致时,表面涡决定着共振的频率。增加障碍前的入射流率,涡的配对加强,涡和声的耦合作用增强。此时,表面涡的峰值频率增加,频带变宽,湍流强度升高,与压强波动的相关系数降低,表明其对压强振荡的贡献减小。其总的声强随障碍前的入射流率增大而提高,说明该时剪切层涡脱落在耦合中起了决定性作用。

### 1.5.4 压强耦合响应

发动机中所有的能量均来源于推进剂的燃烧。按照典型数据估计,在特定的条件下,装药释放能量的 0.14% 转化为声能,声压振幅便可达到平均压强的 10%。推进剂燃烧过程对压强变化的响应定义为推进剂的压强耦合响应,是固体火箭发动机中燃烧不稳定的主要增益因素之一。

**1. 压强耦合响应的理论分析**

在压强耦合响应的理论分析方面,均质推进剂气相准稳态一维(简写为 QSHOD)分析方法是大家最为熟悉的方法。在气相准稳态条件下,该方法假设固相转化气相过程发生在一个薄层界面内,通过求解固相温度场、气相温度场以及在界面上二者能量平衡,经过线性化处理后,获得响应函数的统一表达式,即“两参数”表达式。

$$R_{\mathrm{p}}=\frac{nB+n_s(\lambda-1)}{\lambda+\dfrac{A}{\lambda}-(1+A)+B}$$

$R_{\mathrm{p}}$ 是无量纲频率的复函数,其中含有压强指数和 $A$,$B$ 两个参数。参数 $A$ 与表面分解过程有关,参数 $B$ 的表达式则取决于气相区模型。

QSHOD 方法在一定程度上提供了一种解释,能够加深人们对燃烧响应机理的了解。但该理论较为简单,参数 $A$ 和 $B$ 的表达式中并没有包含配方参数,与实际推进剂实验结果的吻合并不是很好,并且不能考虑火焰结构的变化以及由于声振导致热释放率的变化。

俄罗斯的 Z-N(Zel'dovitch-Novozhilov)理论的前提假设与 QSHOD 理论完全相同,但与 QSHOD 理论不同之处在于避免涉及气相火焰区域的具体结构,直接利用稳态燃烧的关系式及固相不稳定导热方程推导出响应函数公式。该理论的特点是含有若干个稳态燃烧参数,但为了计算 $R_{\mathrm{p}}$ 必须进行稳态燃速和表面温度的测量工作,然而表面温度的测量存在相当大的困难。因此,该理论仍存在一定的缺陷。

前面两种理论的前提假设均为推进剂是均匀的,并未考虑复合推进剂氧化剂颗粒尺寸对响应函数的影响。然而,复合推进剂一般由氧化剂、黏合剂以及其他附加成分组成。这就造成推进剂燃烧过程中，不同区域的火焰燃烧结构也不相同。针对多火焰燃烧特点，Beckstead，Derr和Price提出了BDP多火焰模型，该模型包含AP分解焰、反应火焰和扩散火焰的多火焰结构。并基于该火焰模型建立了单一粒径AP和黏合剂两种成分推进剂的压强耦合模型。通过稳态和非稳态计算，该模型可获得关于推进剂参数（AP粒径、AP质量分数）和工况参数（平衡压强、压强扰动幅值）对压强响应函数的影响规律。但该模型也存在一定的缺陷，只考虑AP和黏合剂，并未考虑金属粒子的重要性；同时在实际的复合推进剂中AP是多级配的，而模型中针对的只是单一粒径AP。这是该模型亟需解决的问题。

除了基于简单分析模型的模型化分析方法之外，近年来在精细燃烧建模与数值模拟方面进展较快。从数学上解决了多级配AP粒子在空间中的"自由堆放"（random packing）之后，可以用三维的数值模拟方法开展推进剂细观燃烧分析。

2005年，伊利诺伊大学CASR的Buckmaster等人发展了一种异质推进剂燃烧的数值模拟计算方法，计算在入射声波下推进剂的压强耦合响应，计算结果认为存在质量流和能量流的脉动，模型中AP的粒度还是单一模式的。2007年，Buckmaster等发展了考虑AP粒子多级配的数值模拟方法。2012年，伊利诺伊大学的Thomas L. Jackson对推进剂的细观燃烧数值模拟做了精彩的综述。

除了燃烧模型本身之外，国外也开展了与工作发动机相结合的推进剂燃烧响应分析。美国宾夕法尼亚州立大学的蔡卫东（音译）和Vigor Yang在2008年数值研究了AP/HTPB推进剂在发动机工况下的细观燃烧，重点在于考虑气相复杂的化学反应机制；2009年，针对发动机中声振条件下的压强耦合和速度耦合开展了细致的分析。

**2. 压强耦合响应的实验研究**

压强耦合响应是线性稳定预测理论中非常重要的参数之一。目前实际配方推进剂的压强耦合响应只能通过实验获得。其测量手段众多，其中应用最广泛以及最有效的方法是T型燃烧器。从20世纪50年代开始，美国已成功研制了测量压强耦合响应函数的T型燃烧器，并进行了大量实验测试工作。1964年，M. D. Horton利用T型燃烧器分析了燃烧室的压强振荡，研究了燃烧响应、正常压强扰动对推进剂平均燃速的影响、声场中燃烧能量的转化、铝粒子的阻尼机制以及推进剂组成对响应函数的影响。1971年，E. W. Price等人使用脉冲T型燃烧器方法测量了含铝推进剂的燃烧响应以及振荡的衰减情况，通过改变铝粒子大小测量了振荡频率300～2000Hz内的压强响应函数值。2010年，美国Jame A. Spurling等人基于T型燃烧器开展了推进剂初温对压强耦合响应的影响。分别开展了300K，344K，355K和222K四种温度、工作压强为6.9MPa的实验对比研究。

随着实验技术和数据处理技术的不断发展，越来越多的其他测试手段得到了应用，其实验规律直接或间接地反映了推进剂的压强耦合特性。1981年，L. H. Caveny等人利用激光多普勒测速仪（LDV）对固体推进剂的燃烧响应进行了直接测量，获得了丙烷/空气和固体推进剂燃烧火焰的不稳定振荡速度以及一定范围内振荡频率、振幅和压强下的声导纳。1999年，R. Di Salvo等人对不含金属的固体推进剂燃烧瞬态特性进行了超声测量，实验中频率由10～75Hz，压强为（600～1200）×6.9kPa，通入惰性气体来产生压力振荡获得了动态燃速。2000

年，美国伊利诺伊大学 Murphy 等人运用超声波方法测量了推进剂压强耦合响应。通过测量在 50Hz，100Hz，300Hz，2.1MPa 压强下的响应函数，获得了推进剂黏合剂、添加剂以及粒子尺寸的变化对响应函数的影响规律。

研究中采用的 PEM 模型是为了计算燃烧响应的稳态多火焰模型且考虑了氧化剂大小及分布，同时分析了氧化剂颗粒大小、燃烧室压强和平均流速对压强和速度耦合响应函数的影响。1998 年，T. S. Roh 和 F. E. C. Culick 对轴对称发动机中的压强耦合响应进行了数值模拟，通过建立气相守恒方程和一维可压缩方程及采用基于双时间步长的全耦合隐式算法，在获得稳态结果后在燃烧室头部人为地加入周期性的压强振荡(1%振幅压强振荡)，发现轴向速度波动的相位超前于声压并且近表面区域存在大的旋涡；同时喷管处的质量流率波动相比于头部的压强振荡来说有时间延迟。2001 年，K. V. Meredith 等人对 T 型燃烧器中的瞬态燃烧与流动进行了 CFD 计算分析，重点分析了衰减率 $\alpha$、频率以及燃烧时其他瞬态结果，同时分析了压强、速度和热损失的作用。

### 1.5.5 热声耦合

在多数情况下，固体火箭发动机燃烧不稳定的能量来自于推进剂的燃烧，热声耦合是燃烧不稳定产生的主要因素。作为热声不稳定最简单的实例，Rijke 在 1859 年发明并第一个研究了黎开管(Rijke tube)。瑞利(Rayleigh)研究并解释了实验结果，根据研究结果提出了瑞利准则。直至今日，黎开管的热声耦合机理仍是研究的热点，这从一个侧面也反映了热声耦合机理的复杂性。当前的另一个研究热点是燃气轮机中的燃烧不稳定，为降低大气污染物排放，燃气轮机中通常采用富氧燃烧，使得容易诱发热声耦合而导致燃烧不稳定。在液体火箭发动机中，液滴的雾化燃烧过程呈分布式特点，在一定条件下对热声耦合起增益作用，引起压强振荡。针对固体火箭发动机的热声不稳定研究则相对较少。

在燃烧不稳定问题中普遍存在着反馈控制，时间延迟是反馈机制中的一个重要参数。在固体火箭发动机中，流动参数的脉动对金属粒子和推进剂的燃烧有非常明显的作用。流动参数的变化对燃烧过程产生影响，燃烧过程又对流动参数产生变化，使得燃烧的动力学过程产生时滞效应。在热声不稳定中，流动参数变化和燃烧释热之间的时间延迟是热声不稳定形成的主要影响因素。

采用理论方法预示固体火箭发动机中的热声不稳定是非常困难的。经典的线性稳定性方法通过方程组的本征解分析不稳定的产生和发展，但该方法只适合渐进形态的不稳定(发展时间较长)。固体发动机中非线性燃烧不稳定产生属于瞬态增长过程，需考虑声场和推进剂瞬态燃速之间的耦合，从而导致描述该耦合系统的方程组的本征模态是非正则的，给分析带来更大的困难。印度 Madras 理工大学 Sujith 等人在此领域开展大量的理论研究工作，考虑了线性算子的非正交性和本征解的非正则性，在触发激励非线性不稳定的预示和分析方面取得了很好的进展。

铝在发动机中的分布式燃烧已经得到了实验验证，其对燃烧不稳定的作用机制是发动机研究者关心的问题。法国 ASSM 计划研究了铝的分布燃烧与铝氧化物对压强振荡的影响，研究分为三步：第一步在计算程序中引入基于经典欧拉方法的两相流模型，并进行实验验证；第二步研究惰性颗粒对不稳定性的影响；第三步在前面两步研究取得进展的基础上，将粒子分布式燃烧模型加入CFD代码中来研究热释放对压强振荡的影响。2009年，法国SNPE的Gallier等人采用数值模拟的方法，研究了燃烧室声场和铝燃烧释热之间的热声耦合作用，重点分析了燃烧区和铝的反应热的影响，研究表明铝的分布式燃烧对热声不稳定有增益作用。

### 1.5.6 结构影响

**1. 空腔对障碍涡的影响**

Anthoine最早研究了潜入式喷管对压强振荡影响，得到潜入喷管空腔的体积与压强振荡幅值有近似线性的关系，冷流实验也验证了这一结果，并指出相对于空腔体积而言，入口形状对振荡幅值的影响可忽略。热试实验中，存在潜入式喷管或者后部有凹腔时，振荡幅度也明显增强。

Avalon研究发现，发动机装药构型含有中间空腔使得压强振荡幅值增大。但在热试车实验中，相对比没有空腔时的情形，发动机中只含有中间空腔时的压强振荡幅值却减小了。因此，猜测大的中间空腔在一定条件下，可能会阻碍表面涡脱落的发展。然而，在含有中间空腔的基础结构中加入头部空腔后，发动机内压强振荡幅值明显变大；同时，后部再加上潜入式喷管，或者后部有凹腔时，振荡变得更剧烈。在含有嵌入喷管构型条件下，实验结果表明，无中间空腔比有中间空腔少一个压强峰，这又表明在一定的条件下，中间空腔可促进不稳定性的出现。

Avalon的研究指出，头部空腔的存在对振荡频率和幅值都没有显著影响，但没有给出实验数据。单纯针对头部空腔作用的研究较少，很多热试把头部空腔存在时的构型当作参考构型，来研究段间空腔和后部空腔的作用。

**2. 装药几何结构的影响**

美国海军武器中心的Blomshield等人针对战术导弹用固体火箭发动机开展了一系列的实验研究和理论分析，研究了不同压强和不同装药结构对燃烧不稳定的影响规律，获得系统的发动机数据和不稳定数据库。

研究对象为直径5英寸(127mm)、长度67英寸(1702mm)的全尺寸发动机。发动机的基准构型为后2/3部分六星孔，前端为圆柱(SAFT)，长径比大于11。共开展了23发实验，通过在点火过程中施加外部激励，测量了推进剂压强耦合响应。其中，3发实验采用前置星孔(SFWD)，1发采用全星孔(SFUL)，2发采用圆柱装药(CYL)，另外4发发动机长度减半，使固有频率加倍，发动机结构如图1.16所示。

实验发现，基准的SAFT构型更容易出现燃烧不稳定，SFWD和CYL也出现不稳定。当发动机长度减半，结构固有频率由300赫兹增加至600赫兹时，不稳定燃烧不容易出现。研究认为，星孔前置结构更为稳定一些。

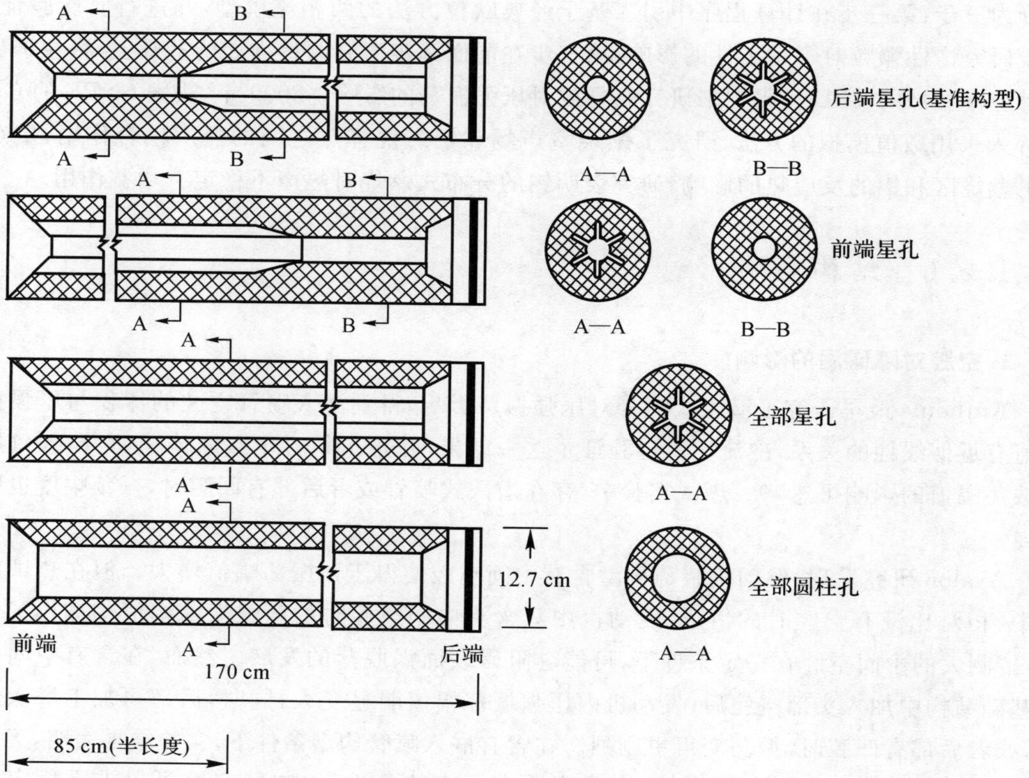


**图 1-15　用于燃烧不稳定研究的发动机结构**

## 1.5.7　不稳定预示

对于燃烧不稳定各影响因素进行研究的一个重要目的就是为研究燃烧不稳定的预测方法奠定基础，从而达到辅助设计的目的。

美国于 1976 年就已经开发出标准的稳定性预测程序(SSP)，但该程序存在着一个很大的缺陷。因其基于线性模型，从而只能预测发动机是否具有产生声不稳定的趋势，并不能得出不稳定的严重程度，即无法得出振荡的振幅，后期的研究一直致力于对其进行修正。法国的软件和工程组织(SEA)将两种非线性模型(气体动力学方法和能量平衡法)应用到 SSP 中以预测振幅。对于简单的圆柱体，两种方法的结果相近；针对星孔装药，前者得出的结果较为合理。由此可见国外对复杂装药构型固体火箭发动机中的燃烧不稳定问题还没有一个非常准确的预测方法，同时由简单圆柱体得出的结论不能直接应用到复杂装药构型的固体火箭发动机中。

美国的 Flandro 一直致力于对现有的线性理论进行非线性修正。1995 年 Flandro 引入了新的旋流修正项来保证无滑移边界条件，此外还删除了速度耦合项，因为通过实验测得速度耦合响应存在很大的困难；2003 年又引入涡量和黏性修正项；同时，Flandro 对发动机中出现的极限振幅、触发振荡和燃烧室平衡压强变化的原因给出了解释；此外，Flandro 还研究了平行波入射对燃烧不稳定触发机理的影响。尽管 Flandro 在 2004 年的研究成果能够很好地解释某一发地面实现的典型非线性不稳定特征，但是在更多的实际发动机分析中还是存在很大的问题。从 2009 年开始，Flandro 的研究团队开始发展新的基于广义能量守恒的非线性不稳定预示方法。

在非线性稳定预示方面，南非和印度也开展了相关的研究工作。南非 Stellenbosch 大学的 Rousseau 基于 Flandro 的理论，开发了一种理论与实验相结合的方法，在一次发动机点火实验中施加多次脉冲研究推进剂的响应特性，最终预测发动机的稳定性。印度 Madras 理工大学的 Sujith 基于热声耦合模型，在非线性不稳定预示方面做出了创新性的研究工作。

此外，法国的 Vuillot 等人使用两种理论模型(含 Flandro 脱落涡项修正的线性声平衡法和基于不稳定可压 N-S 方程的完全数值模拟)对 Ariane-5 的 MPS P230 助推器 1/15 缩比模型进行了模拟。其结果表明，前者虽然预测成功，但 Flandro 方法对很多参数相当敏感；与此相比后者的使用相对简单，但其网格数量是一个棘手的问题，使用该模型进行全尺寸发动机稳定性预测是一个相当大的挑战，但可行性已经得到验证。

### 1.5.8　燃烧不稳定的抑制

研究燃烧不稳定生成机理和影响因素的目的是抑制燃烧不稳定。对于固体火箭发动机来说，最常用的燃烧不稳定抑制方法是更换推进剂和修改发动机结构。

在推进剂方面，1999 年，美国的 Blomshield 等人研究了 ZrC 对燃烧响应的影响，开展了含有 0%，1%，3%和 5%ZrC，3%HMX 及 3%超细铝粉六种推进剂(AP 粒径均为三级配)分别在 6.9MPa 压强，300～2000Hz 频率下试验研究工作。实验结果表明，ZrC 含量越高，响应函数值越低，粒子阻尼也越大。研究还发现，碳黑有可能对不稳定有抑制作用，但并没有得到确认。2008 年，加拿大 Ryerson 大学的 Greatrix 采用数值模拟的方法研究了装药结构变化对不稳定的抑制作用，2011 年和 2012 年，Greatrix 又分别研究了燃烧室两相流中双级配和多级配的惰性粒子，以及主流燃烧过程中铝粒子粒径变化对燃烧不稳定的抑制作用。

## 1.6　本书概览

本书着重介绍与燃烧不稳定相关的基本概念和近期发展的问题处理方法，它包含了固体火箭发动机燃烧不稳定机理、燃烧不稳定理论预示方法，固体推进剂的燃烧响应、涡脱落与声涡耦合、发动机内部流动稳定分析，固体火箭发动机燃烧不稳定的大涡模拟以及燃烧不稳定主被动控制方法等。书中内容不仅包含了著者近十年来在固体火箭发动机燃烧不稳定与控制技术领域的部分研究成果，同时，对国内外同行的重要研究成果，尽可能全面地进行梳理，并引入最新的研究成果。书中详细介绍了发动机声不稳定的线性和非线性理论；阐述了推进剂燃烧响应的理论模型和实验测量方法；介绍声涡耦合特性和各种涡脱落现象；针对大长径比发动机构型，介绍了流动稳定性分析方法和大涡模拟技术，并给出了应用实例；介绍了火箭发动机中常用的主被动控制技术。

# 第2章 固体火箭发动机燃烧不稳定机理

本章介绍固体火箭发动机燃烧不稳定产生的机理，分析其主要增益和阻尼机制，以便更为深入地理解燃烧不稳定。本章详细介绍压强耦合响应函数的几种计算方法，尽管这些模型都是经过了一定程度的简化，但是能够有助于理解燃烧不稳定的产生和发展，通过实验数据或三维数值模拟结果的修正，在不稳定的预估方面可以达到一定的精度。本章同时定性介绍其他增益和阻尼机制机理，在后续的稳定性预估中介绍其详细的分析方法和模型。

## 2.1 燃烧不稳定的基本解释

燃烧不稳定通常表现为周期性的压强振荡，具有时间相关的振幅。发动机出现燃烧不稳定之后，准确定位燃烧不稳定的产生机理，探寻产生燃烧不稳定的原因，从而找到相应的解决措施，是全尺寸发动机研发中的重要任务。“机理”一词这里是指燃烧不稳定表现出的现象和形成发展过程。燃烧不稳定的机理可能由多种因素构成，但根本原因是能量从燃烧过程传递至燃烧室气体，形成有规律的非稳态气体运动。认识机理的主要目标是将压强振幅降低至可接受的水平。

燃烧过程与燃烧室环境的压强波动、密度波动和温度波动有着密切的关系。燃烧产物的初始局部流场波动会在介质中传播，并且与燃烧室结构声特性结合起来。在适合的条件下，流场波动演变成一个可观测的燃烧不稳定状态。图2-1示意性地显示了外部扰动的反馈放大机制。可以看出，燃烧不稳定的增益与两种因素有关：一是燃烧室动力学，主要是燃烧室的非稳态气体动力学过程；另一个是燃烧动力学过程，主要是推进剂燃烧的压强和速度耦合响应。燃烧动力学与化学动力学不同，后者主要涉及从反应物到生成物的详细化学动力学过程。这两种因素都具有瞬态特性和非线性特性，与燃烧不稳定的相关特征有很大的联系。发动机燃烧室是一个自激振荡系统，燃烧过程是能量的源头，最终表现为流动过程中的热能和机械能。如果波动能量耗散的趋势弱于能量的加入，那么扰动是不稳定的。当然，除了导致扰动放大的增益机制外，还有对扰动产生抑制效果的阻尼机制。燃烧室中最终表现出稳定还是不稳定，以及不稳定的幅值，是增益和阻尼机制共同作用的结果。

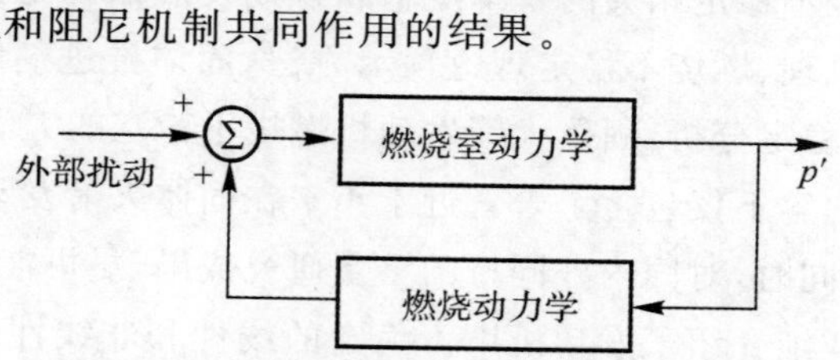


**图2-1 具有反馈放大器特征的燃烧室示意图**

从反馈放大的路径可以看出，理解燃烧动力学对理解燃烧不稳定非常关键。根据燃烧的基本定义，燃烧包括特定流体力学条件下的化学和化学动力学。在燃烧不稳定的形成机理中，燃烧或流动的某一种现象可能处于主导地位。例如，在某些情况下燃烧室内有不同形式的涡脱落动态过程，燃烧可能不是最主要的问题，如分段发动机中的压强振荡的形成。然而，流场的存在并导致涡脱落产生是由燃烧引起的。我们把这些归为“燃烧动力学”的范畴，其相关内容都包含在图 2－1 所示的反馈路径之中。

从表面上看，固体推进剂的燃烧似乎没有其他类型燃烧室中的燃烧那么复杂。燃烧几乎全部发生在一个很薄的区域内，该区域靠近推进剂表面，厚度通常小于 1mm。当推进剂中含有铝或其他金属时，会有一些分布式(残余)燃烧发生，某些数值模拟结果表明，分布式燃烧确实可以对燃烧不稳定起到增益的效果。图 2－2 显示了固体火箭发动机燃烧不稳定的四个主要增益机制：压强耦合、速度耦合、涡脱落(由于障碍物或者是燃面的剪切流动而产生)和分布式燃烧。

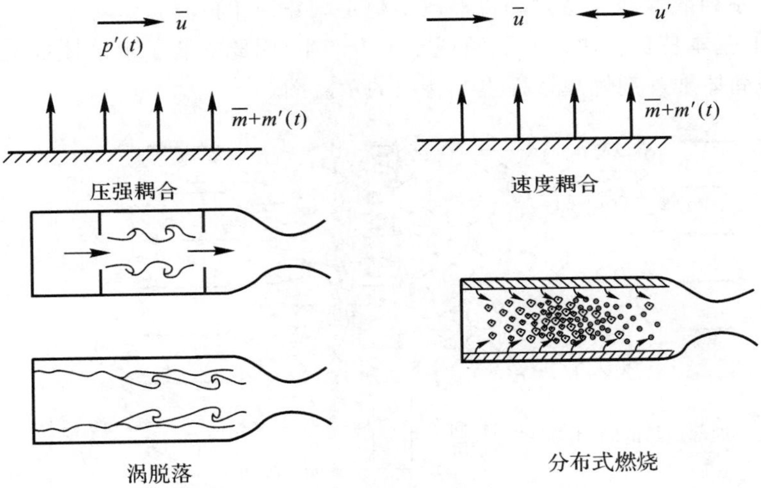


**图 2－2　四种可能的燃烧不稳定主要增益机制**

从根本上说，固体发动机的声不稳定主要是推进剂的非稳态燃烧和燃烧室结构声学特性的耦合，属于热声耦合问题。尽管燃烧室中存在流动，但是速度相对较小，对燃烧室声特性的影响可以忽略。瑞利准则对热声耦合效应做了最原始也是最科学的描述，对周期性的加入或抽取热量导致扰动放大的描述为“如果在介质最稠密(压强波峰)的时刻加入热量，或者在介质最稀薄的时候(压强波谷)抽取热量，振动将会放大”。线性不稳定燃烧产生于初始小扰动，在满足瑞利准则的条件下初始小扰动得到放大。典型非线性不稳定的问题在有限振幅振荡阶段也满足瑞利准则，不过其触发机制更为复杂。

纵向声不稳定问题在液体火箭发动机中通常表现为 POGO 问题。液体发动机的燃烧发生在喷射和雾化之后，推进剂液滴在流动过程中燃烧和释热，呈现一种“体”燃烧模式；固体火箭发动机的气相和凝相燃烧在推进剂近表面约百微米的空间之内完成，仅有少量的(约 10%)铝进入主流在流动过程中燃烧(分布式燃烧)。这两种发动机的燃烧放热方式不同，燃烧耦合响应机理也有明显的不同。

推进剂的表面燃烧是固体火箭发动机中不稳定的主要成因已被业界认可，本章从压强耦合响应谈起。

## 2.2 固体推进剂的燃烧响应

固体推进剂燃速受压强影响较大，对推进剂初温比较敏感。燃烧过程由固相分解和气相燃烧构成，气相燃烧对周期性的压强变化非常敏感。理论计算和实验研究表明，推进剂对压强变化的动态燃烧响应与频率相关，频率范围是宽频的，一般具有一个明显的频率响应峰，峰值的两侧响应程度下降。在压强耦合响应的频率范围内，燃烧过程会放大压强振动，即化学反应产生的化学能转化为燃烧产物运动的机械能。

由于固体火箭发动机燃烧室空腔本身是一个共振的声腔，因此存在两个振动相互耦合的系统，如果二者振动频率接近则容易产生不稳定现象。这也是固体火箭发动机工作时经常遇到的问题，即一系列战术和战略发动机形成不稳定现象简单的直接解释。

燃烧过程的基本特征会决定不稳定现象是否产生，因此需要了解固体推进剂的燃烧过程。图 2-3 所示是固体推进剂燃烧过程主要特征的示意图。

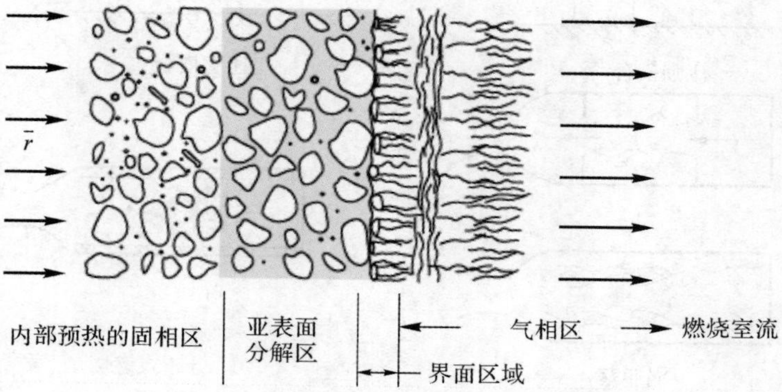


**图 2-3 固体推进剂的非稳态燃烧示意图**

复合推进剂表面燃烧区的气相火焰高度受压强和化学动力学共同控制，由 BDP 模型可知，气相火焰是复杂的三维结构，火焰脱体距离的脉动会引起对固相传热的变化。燃速的波动是由热传递波动引起的，可以通过研究温度曲线的特点来研究该问题。为简化分析，将推进剂固相视为均质和各向同性的，从不反应的固相直到形成燃烧产物的范围内采用一维近似。由于复合固体推进剂本质上是非均质的，从细观上看，一维近似处理是不合理的。但燃烧室主流速度和压强的振荡发生在远离推进剂燃面处，由于燃烧和流动相互作用的区域特征尺寸远大于燃烧发生的特征尺寸，因此在一些情况下忽略推进剂的非均质性是合理的。由于燃烧区的尺度是百微米量级，火焰脉动的精细观测非常困难。最近有些推进剂稳态燃烧模型中已经开始考虑粒子尺寸分布的影响，研究工作基于 BDP 模型开展，还有一些更为细致的基于三维数值模拟的研究工作，可以充分考虑 AP 粒子的多级配，但目前还不能够准确分析推进剂的压强响应特征。尽管燃速和推进剂燃烧动力学与气相和固相组分的空间分布有关，初步分析还是采用平均粒径代替氧化剂粒子分布的假设。在早期发展的准一维均质模型(QSHOD)中，最终结果中有两个参数与平均粒子尺寸相关。本节的讨论全部采用一维近似，忽略该假设带来的误差。如果对燃烧过程的描述能够反应过程本身的物理化学现象，一维假设是比较合理的。

其准确性比多维情况下可能还好一些，因为多维模型涉及更多的参数，如不同空间方向上材料的物性参数，这些参数的不确定性可能导致更大的误差。

本节讨论的机理广义上讲属于燃烧动力学范畴，多用导纳或响应函数进行定量表征，响应函数应用更为广泛一些。

响应函数的定义为离开燃烧区域的质量燃速的相对波动量与速度或压强相对波动量的复数比，压强耦合响应函数 $R_p$ 定义为

$$R_p=\frac{m'/\overline{m}}{p'/\overline{p}} \tag{2-1}$$

式中，$m'$，$p'$ 表示波动量；$\overline{m}$，$\overline{p}$ 表示平均量。$\overline{m}$ 表示推进剂燃烧的平均质量燃速。在绝大多数情况下，可用正弦波动表达为以下形式：

$$\frac{m'}{\overline{m}}=\frac{\hat{m}}{\overline{m}}\mathrm{e}^{-\mathrm{i}\omega t} \tag{2-2a}$$

$$\frac{p'}{\overline{p}}=\frac{\hat{p}}{\overline{p}}\mathrm{e}^{-\mathrm{i}\omega t} \tag{2-2b}$$

$$R_p=\frac{\hat{m}/\overline{m}}{\hat{p}/\overline{p}} \tag{2-3}$$

其中，$(\hat{\ })$ 表示振荡值，包括相位和幅值。因为一般质量流率与压强的振荡是不同相位的，因此 $R_p$ 是复数，其实部表示 $m'/\overline{m}$ 与压强振荡是同相位的。

除了经常使用的压强耦合响应函数以外，还有一个速度耦合响应函数的定义，研究表明速度耦合是导致非线性燃烧不稳定，特别是平均压强上升的主要因素，在后文中予以讨论。本节主要关注压强耦合响应函数。

从式(2-3)压强耦合响应函数的简单定义可以发现其对解释燃烧不稳定现象的重要性，即燃烧室压强振荡 $\hat{p}/\overline{p}$ 产生质量流率振荡 $\hat{m}/\overline{m}$：

$$\frac{\hat{m}}{\overline{m}}=R_p\,\frac{\hat{p}}{\overline{p}} \tag{2-4}$$

燃烧室内压强振荡的增大或减小取决于 $\hat{m}$ 与 $\hat{p}$ 的相位，若 $\hat{m}$ 与 $\hat{p}$ 是同相位的，则会导致压强波动振幅上升引起系统的不稳定。对于某个发动机，燃烧动力学驱动不稳定的趋势与 $R_p$ 在整个燃面上的积分成比例，因此了解推进剂的 $R_p$ 参数是十分必要的。

传统固体推进剂使用高氯酸铵(AP)作为氧化剂，而一些先进推进剂使用更高能的氧化剂和黏合剂，如四组元丁羟推进剂添加一定比例的黑索金(RDX)或奥克托金(HMX)，这些推进剂的燃烧在定性上是一致的。推进剂燃烧时表面可分为多种情况，可能是干表面或湿表面，可能局部对固体粒子表现动力活性，会吸附液滴或形成液膜等。当推进剂含铝时，也通过微成像技术对燃面的动力学性能进行了观察，金属粒子在表面聚集、熔化、燃烧，部分没有完全燃烧的粒子被表面上的气相产物带走，进入主流后继续燃烧。固相表面维持在高温热平衡状态，气相燃烧区对界面区域传热，该热量等于离开表面区的气体加热量。这是一个精细的平衡过程，容易受到表面区域化学过程，尤其是接近燃面的固相区域的影响(亚表面区域)。图2-4所示是推进剂燃烧温度场的示意图，包含了燃面以下固相区域的放热。注意到图中温度分布是空间平均的，没有考虑氧化剂粒子多级配的影响，也没有考虑推进剂的非均匀性。

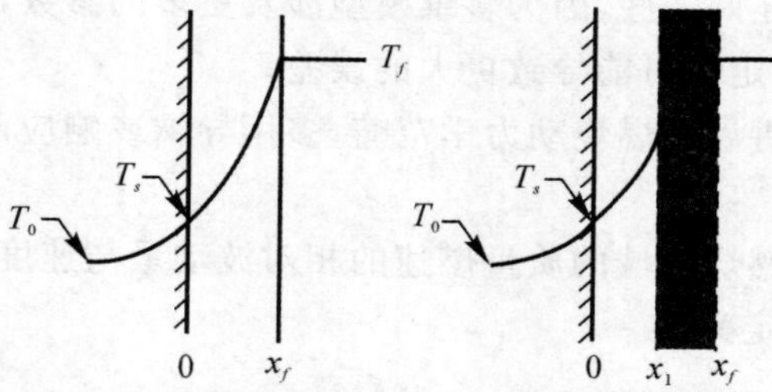


**图 2-4 固体推进剂燃烧温度分布示意图**

图 2-4 可以简单描述响应函数的一些基本宏观特征，包含有以下基本步骤：

(1) 假设燃烧区的反应速率随压强或温度的波动而波动，或者受燃烧室局部湍流混合强度的增大而增加。

(2) 化学反应速率增加导致燃烧区的热释放率和温度上升。

(3) 由于热传导和辐射的共同作用，燃烧区传给界面的热量增加，这会导致表面温度增加，以及凝相向气相的转化率增加。

(4) 界面温度增加使向固相亚表面区域和深层区域传递的热流也相应增加。

(5) 如果亚表面区域存在化学反应，则传入的热流会增加其反应速率，该过程受能量释放(或吸收)速率的影响。

(6) 亚表面区域的放热反应会维持当地的高温，对界面上的凝相转化为气相的过程产生促进作用，同时也会增加对温度较低的固相的传热。

(7) 总的结果将是，如果界面的热流振荡，以及温度的变化过程不十分迅速，则由步骤(1)假设的反应速率的增强会导致离开表面的质量流率波动，而这与初始的扰动是同相位的。在这种情况下，整个过程是不稳定的，初始扰动会被脉动加质率放大，初始扰动得到增强。

整个过程是否会导致不稳定取决于整个过程的细节。值得注意的是，如果亚表面区域反应是吸热的，则步骤(5)～(7)会导致推进剂燃烧过程对扰动不敏感。

## 2.3 QSHOD 分析模型

QSHOD 模型是一种简单的模型，但是能够反映推进剂燃烧动力学的主导因素。凝相的非稳态传热是产生动力学行为，即形成压力耦合响应的关键原因，因此在模型中不能忽略凝相的非稳态行为。模型的基本假设如下：

(1) 除固相传热为非稳态过程外，假设其他过程全部为准稳态(Quasi-Steady)过程；

(2) 假设固相是均质(Homogeneous)、常物性和无化学反应的；

(3) 变量沿空间一维(One-Dimensional)分布；

(4) 凝相向气相的转化过程发生在无限小的薄层界面内。

QSHOD 是前三个假设几个关键词的首字母缩略词，即均质推进剂一维准稳态分析模型。

从 20 世纪 50 年代中期到 60 年代中期，西方国家发表了 10 篇左右关于响应函数的文献，结果各有区别。Culick 通过研究指出，这些模型都是基于上述假设(1) ～ (4) 的，因此在动力学上都是等价的，即这些模型与频率有相同的依赖关系，当对变量赋予适当值时会得到相同的数值结果。因此可知，QSHOD 模型代表了一类模型，不同模型区别在于稳态过程的模型细节，在气相火焰结构方面尤为明显。

苏联学者 Zel'dovitch 提出了燃烧响应问题的另一个研究途径，Novozhilov 对该模型进行了进一步发展，形成了 Z-N 模型。Z-N 模型在响应函数的表达方面具有其独特的优势，计算响应函数所需参数可以通过稳态燃烧特征参数测量获得，下一节对该模型做详细介绍。近年来，研究人员基于 BDP 模型或其他更为复杂的气相燃烧模型开展一维分析，考虑 AP 粒度的影响。在本章 2.5 节将对该方法做简单的介绍。另外，随着研究的深入，研究人员通过"自由堆积"模型构建出推进剂的几何拓扑结构，采用复杂的化学动力学模型，可以开展推进剂响应特性的三维数值分析。

图 2-2 所示定性地描述了上述假设(1) ～ (4)。虽然此模型较为简单，但是封闭求解还是很复杂的。除了新发展的对整个区域进行模拟的数值方法以外，先前的做法是将未受热的固相转化为燃烧产物，这需要用到对不同区域的定义，并在界面上匹配每部分的结果。求解过程以及匹配条件以一维运动方程为基础，考虑界面的移动。

## 2.3.1　特征几何尺度和时间的估算

在开展建模和分析之前，首先分析一下对应的空间和时间尺度，为理解 QSHOD 模型的物理过程和分析结果的合理性打下基础。燃烧不稳定主要涉及三种动力学过程，即化学动力学、燃烧动力学和燃烧室动力学，每种动力学过程都有不同的空间和时间尺度。典型的火箭发动机燃烧室动力学的空间尺度在米的量级，有时会达到数十米。固体推进剂燃烧区域的空间尺度为毫米或更小。两者之比在 $10^3$ ～ $10^6$ 之间。化学动力学的空间尺度更小，在 $10^{-3}$ ～ $10^{-6}$m 的量级。因此，很显然这三种动力学的细节现象分开处理是可行的。

通常，描述非稳态运动的机制需要很小的尺度，非稳态燃烧响应就是一个例子。在当前的情况下，假设燃烧过程如图 2-3 所示，对其特征数值做一下估算。当气相的导热系数在(2 ～ 2000) × $10^5$ cal/(s · K · cm) 时，压强小于 90MPa，粗略估计的火焰厚度约在 0.5 ～ 500μm，估算时其他参数的取值可参考表 2-1。取一个保守的估计值 250μm 作为火焰的厚度。

**表 2-1　复合推进剂燃烧计算用到的典型物理参数**

| | |
|---|---|
| 平均压强 | $\bar{p} = 1.06 \times 10^7$ Pa |
| 线性燃速 | $\bar{r}_b = 0.0078[\bar{p}/(3.0 \times 10^6)]^{0.3} = 0.01145$ m/s |
| 燃烧室温度 | $\bar{T} = 3539$ K |
| 普朗特数 | $P_t = 0.8$ |
| 燃气导热系数 | $\lambda_g = 0.0838$ J/(K · m · s) |
| 固体推进剂导热系数 | $\lambda_p = 0.126$ J/(K · m · s) |
| 气体热扩散率 | $\kappa_g = 3.97 \times 10^{-4}$ m²/s |
| 推进剂热扩散率 | $\kappa_p = 1.0 \times 10^{-7}$ m²/s |
| 气体比定压热容 | $c_P = 2020$ J/(kg · K) |

续 表

| | |
|---|---|
| 固相材料比热容 | $c = 0.68c_p$ |
| 推进剂密度 | $\rho_p = 1766\text{kg/m}^3$ |
| 气体密度 | $\bar{\rho}_g = 7.97\text{kg/m}^3$ |
| $\gamma$(只有气体) | $\gamma = 1.23$ |
| 气体常数 | $R = (\gamma - 1)c_p/\gamma = 377.72\text{J/(kg}\cdot\text{K)}$ |
| 声速 | $\bar{a} = \sqrt{\gamma R T} = 1282\text{m/s}$ |
| 燃烧表面的燃烧产物速度 | $\bar{v}_b = (\rho_p/\rho)\bar{r}_b = 1.86\text{m/s}$ |
| 燃烧表面的马赫数 | $\bar{M}_b = 0.00173$ |

表 2-1 列出了下述估算中用到的参数，这些值在很多地方都非常有用。气相中化学反应过程的特征时间是火焰的厚度除以平均速度，$\tau_f \sim \delta_f/\bar{u}_g$，这里 $\delta_f$ 取 $250\mu\text{m}$。$\tau_f$ 相当于穿过火焰区所需的时间。气相的速度由连续方程估算，$\bar{u}_g = \rho_p\bar{r}_b/\bar{\rho}_g$，取表 2-1 中的数值，$\bar{u}_g \sim 1766 \times 0.01145/7.97 \approx 2.5\text{m/s}$。那么，稳态反应过程的特征时间为

$$\tau_f \sim \delta_f/\bar{u}_g \sim 250\mu\text{m}/(2.5\text{m/s}) \sim 10^{-4}\text{s}$$

振荡的周期是频率的倒数，$\tau_a = 1/f_a = 2\pi/\omega_a$。如果气相的化学反应可被视为"准稳态"，化学反应所需的时间必须比相应的声波周期快得多，也就是

$$\frac{\tau_f}{\tau_a} \ll 1 \quad (\text{准稳态化学反应})$$

根据以上的估算，对于准稳态反应来说，$10^{-4}f_a$ 应该很小，即 $f_a < 10000\text{Hz}$。实际出现的纵向不稳定频率能够满足上述要求，可以看出，在固体火箭发动机火焰中的化学反应，可以视为是准稳态的。

在传热方面，固相、固-气界面和气相等不同区域的控制方程是不同的。那么，表面流动对工作条件的变化响应如何呢？如果流动响应很快，意味着气相区域内温度的分布很快与相同边界条件下的稳态情况相同。如果不能瞬时响应，波动条件下的温度分布与稳态就会相去甚远。这种情况下，与"准稳态"偏离的度量方法为能量向微元体的净流动量(热传导量)与微元体能量变化率之间的比值，即

$$N_c = \frac{\partial}{\partial x}\left(\lambda_g \frac{\partial T}{\partial x}\right) \bigg/ \left(\bar{\rho} c_V \frac{\partial T}{\partial t}\right)$$

式中，$x$ 是垂直于燃面方向的，沿该方向参数变化剧烈。

假设温度在 $\Delta x$ 和 $\Delta t$ 的变化量为 $\Delta T$(见图 2-4)，$N_c$ 的估算值为

$$N_c = \lambda_g \frac{\Delta T}{(\Delta x)^2} \bigg/ \left(\bar{\rho} c_V \frac{\Delta T}{\Delta t}\right) = \frac{\lambda_g \Delta t}{\bar{\rho}_g c_V (\Delta x)^2}$$

这里 $\bar{\rho}$ 是典型的密度(气相或固相)，$c_V$ 是比定容热容。对于某一个波动，周期即为时间尺度，空间的变化与火焰厚度相当，$\Delta x \sim \delta_f$，故

$$N_c = \frac{\lambda_g}{\bar{\rho}_g c_V \delta_f^2 f} = \frac{\kappa_g}{\delta_f^2 f}$$

式中，$\kappa_g$ 为热扩散系数。如果 $N_c$ 值比较大，向微元体中的能量传递主导微元体中的能量变化率，能量方程中的非稳态项($\bar{\rho} C_v \partial T/\partial t$)可以忽略，温度场以准稳态方式变化。对于表 2-1 中

的数据，

$$N_c = \frac{3.97 \times 10^{-4}}{(250 \times 10^{-6})^2 f} = \frac{6352}{f}$$

根据以上结果，对于频率超过一定的值，比如 1000 ～ 1500Hz 或更高，准稳态假设就不太合适了。对于大多数纵向不稳定来说，由于频率较低（一般低于 500Hz），准稳态假设是合适的。无论什么情况，准稳态假设可使问题大为简化，在初步分析时可以采用。

## 2.3.2　推进剂燃烧模型

一般来说，固体推进剂的燃烧过程是一个多阶段的过程。燃烧过程从固相受热、分解开始，在固-气界面上热解气化，热解气化产物离开燃烧表面，在气相区中燃烧，释放热量，使产物温度升高，形成火焰；燃烧产生的一部分热量通过"热反馈"的形式向固相传热，加热固相区，并控制固相表面的热解过程。图 2-5 为 QSHOD 模型燃烧过程的示意图。

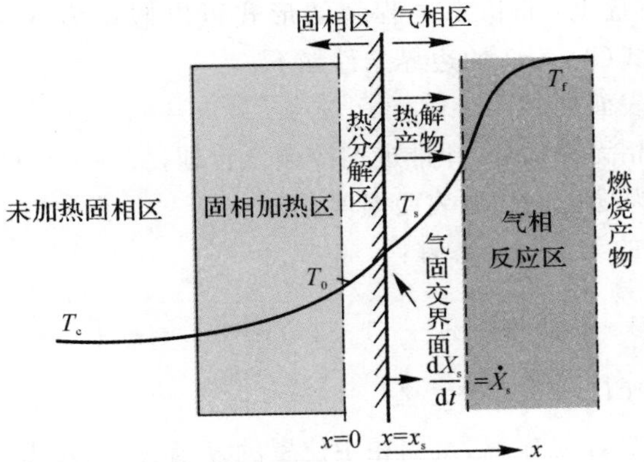


**图 2-5　QSHOD 模型示意图**

QSHOD 模型分析一般分为三步：求解固相温度场，求解气相温度场，在界面上匹配二者。由于温度场是该分析的核心问题，经推进剂稳态和非稳态燃烧理论验证后最终结果必须是准确的。由于不考虑扩散过程和假设整个区域的压强是均一值，因此计算时不考虑动量方程。

### 1. 固相模型

对于常规压强的瞬态过程，气相反应速度很快，相对于热量在固相中的热沉，气相的热容量通常可以忽略。固相的热松弛时间决定了非稳态燃速对压强的响应，并影响推进剂的压强耦合响应。

假设推进剂为不可压缩，各相同性的均匀物质，固相向气相的转化过程发生在一个薄层内，并且将坐标系统固定在固-气界面上（$x=0$），燃面向未反应的固相推进。在此情况下界面移动速度 $\dot{x}_s$ 是一个已知的参数（对应于燃速），也是整个完整的求解过程中的一部分。

考虑边界移动的固相一维非稳态导热方程为

$$\lambda_p \frac{\partial^2 T}{\partial x^2} - \bar{\dot{m}} c \frac{\partial T}{\partial x} - \rho_p c \frac{\partial T}{\partial t} = -\dot{Q}_d \tag{2-5}$$

由于考虑推进剂表面的退移过程，方程中除了扩散项和非稳态项之外，还包含了界面向右运动导致的扩散项。其中，$\overline{(\ )}$ 表示平均值，$(\ )_{\mathrm{p}}$ 表示推进剂，$c$ 表示固相比热容，$\lambda_{\mathrm{p}}$ 为推进剂导热系数，$\bar{\dot{m}}=\rho_{\mathrm{p}}\bar{\dot{r}}$ 表示图 2-5 所示的参考坐标下的平均质量流率（燃气生成率），$\dot{Q}_{\mathrm{d}}$ 表示单位体积固相热分解的热释放率（$\dot{Q}_d>0$ 表示分解放热），这里假设 $\dot{Q}_{\mathrm{d}}=0$。引入距离和温度无量纲参数：

$$\xi_{\mathrm{p}}=\frac{\bar{\dot{r}}}{\kappa_{\mathrm{p}}}x,\quad \tau=\frac{T}{T_{\mathrm{s}}} \tag{2-6}$$

其中，下标 s 表示在界面上的参数，$\kappa_{\mathrm{p}}=\lambda_{\mathrm{p}}/\rho_{\mathrm{p}}c$ 表示推进剂的热扩散系数。将式(2-6)代入式(2-5)得到无量纲固相一维非稳态导热方程式

$$\frac{\partial^2\tau}{\partial\xi_{\mathrm{p}}^2}-\frac{\partial\tau}{\partial\xi_{\mathrm{p}}}-\frac{\lambda_{\mathrm{p}}\rho_{\mathrm{p}}}{\bar{\dot{m}}^2c}\frac{\partial\tau}{\partial t}=0 \tag{2-7a}$$

对于稳态条件，所有参数均与时间无关，则得到无量纲固相一维稳态导热方程

$$\frac{\partial^2\bar{\tau}}{\partial\xi_{\mathrm{p}}^2}-\frac{\partial\bar{\tau}}{\partial\xi_{\mathrm{p}}}=0 \tag{2-7b}$$

对于简谐振动的小扰动，非稳态方程解的形式可以假设为 $\tau=\bar{\tau}+\tau'$。而 $\bar{\tau}$ 通过公式(2-7b)求出。其中公式(2-7b)的边界条件如下：

(1) 在推进剂燃烧表面处 $\xi_{\mathrm{p}}=0$：$\overline{T}=\overline{T}_{\mathrm{s}}$，$\bar{\tau}=\overline{T}_{\mathrm{s}}/\overline{T}_{\mathrm{s}}=1$；

(2) 在离推进剂固相无穷远处，即推进剂冷端位置处，$\xi_{\mathrm{p}}\to-\infty(\overline{T}=\overline{T}_{\mathrm{c}})$：$\bar{\tau}_{\mathrm{c}}=\overline{T}_{\mathrm{c}}/\overline{T}_{\mathrm{s}}$。式中，$\overline{T}_{\mathrm{c}}$ 为环境温度；$\overline{T}_{\mathrm{s}}$ 为推进剂燃烧表面温度。

求解得到平均温度的无量纲稳态解：

$$\begin{aligned}&\bar{\tau}=\bar{\tau}_c+(1-\bar{\tau}_{\mathrm{c}})\,\mathrm{e}^{\xi_{\mathrm{p}}}=\bar{\tau}_{\mathrm{c}}+(1-\bar{\tau}_{\mathrm{c}})\,\mathrm{e}^{\left(\frac{\bar{\dot{r}}}{\kappa_{\mathrm{p}}}x\right)}=\bar{\tau}_{\mathrm{c}}+(1-\bar{\tau}_{\mathrm{c}})\,\mathrm{e}^{\left(\frac{\bar{\dot{m}}c_{\mathrm{p}}}{\lambda_{\mathrm{p}}}x\right)}\\&\overline{T}=\overline{T}_{\mathrm{c}}+(\overline{T}_{\mathrm{s}}-\overline{T}_{\mathrm{c}})\,\mathrm{e}^{\left(\frac{\bar{\dot{m}}c_{\mathrm{p}}}{\lambda_{\mathrm{p}}}x\right)}\end{aligned} \tag{2-8}$$

将 $\tau=\bar{\tau}+\tau'$，$\tau'=\hat{\tau}\mathrm{e}^{-\mathrm{i}\omega t}$，$\hat{\tau}$ 是振幅，是固相中位置的复函数，代入式(2-7a)求出关于 $\hat{\tau}(\xi_{\mathrm{p}})$ 的方程，求解后得

$$\tau'=\hat{\tau}\mathrm{e}^{\lambda\xi_{\mathrm{p}}}\mathrm{e}^{-\mathrm{i}\omega t} \tag{2-9}$$

其中，$\lambda$ 为拉普拉斯变量，满足方程：

$$\lambda(\lambda-1)=-\mathrm{i}\Omega \tag{2-10}$$

$\Omega$ 为无量纲频率：

$$\Omega=\frac{\lambda_{\mathrm{p}}\rho_{\mathrm{p}}}{\bar{\dot{m}}^2c}\omega=\frac{\kappa_{\mathrm{p}}}{\bar{\dot{r}}^2}\omega \tag{2-11}$$

$\dfrac{\kappa_{\mathrm{p}}}{\bar{\dot{r}}^2}$ 为热松弛时间，即固相响应特征时间。$\dfrac{\kappa_{\mathrm{p}}}{\bar{\dot{r}}}$ 表示热波穿透深度。采用表 2-1 中列出的参数，$\Omega\approx20f$，为了使 $x\to-\infty$ 时 $\tau'\to0$，需要用到式(2-10)的解的负实部，$\lambda=\lambda_r-\mathrm{i}\lambda_r$，且

$$\lambda_r=\frac{1}{2}\left\{1+\frac{1}{\sqrt{2}}\left[(1+16\Omega^2)^{1/2}+1\right]^{1/2}\right\} \tag{2-12a}$$

$$\lambda_i=\frac{1}{2\sqrt{2}}\left[(1+16\Omega^2)^{1/2}-1\right] \tag{2-12b}$$

由于参考坐标的选取，式(2-9)中的 $\hat{\tau}$ 是界面平均位置处($\xi_{\mathrm{p}}=0$)的温度波动。然而，若要匹配界面条件，需要界面上的温度值和温度梯度值，界面位置和速度分别为 $x_{\mathrm{s}}$ 和 $\dot{x}_{\mathrm{s}}$。界面上

的值可由泰勒公式在 $x=0$ 处计算，线性假设时仅保留一阶项，得到界面处固相边界条件为

$$\left.\begin{aligned}&\overline{T}_{\mathrm{s}}(x_{\mathrm{s}})=\overline{T}(0)+x_{\mathrm{s}}\left(\frac{\mathrm{d}\overline{T}}{\mathrm{d}x}\right)_{0-};\quad \left(\frac{\mathrm{d}\overline{T}}{\mathrm{d}x}\right)_{\mathrm{s}-}=\left(\frac{\mathrm{d}\overline{T}}{\mathrm{d}x}\right)_{0-}+x_{\mathrm{s}}\left(\frac{\mathrm{d}^2\overline{T}}{\mathrm{d}x^2}\right)_{0-}\\&T'_{\mathrm{s}}(x_{\mathrm{s}})=T'_{0-}(0)+x_{\mathrm{s}}\left(\frac{\mathrm{d}T'}{\mathrm{d}x}\right)_{0-};\quad \left(\frac{\partial T'}{\partial x}\right)_{\mathrm{s}-}=\left(\frac{\partial T'}{\partial x}\right)_{0-}+x_{\mathrm{s}}\left(\frac{\partial^2 T'}{\partial x^2}\right)_{0-}\end{aligned}\right\}\tag{2-13}$$

因此，若要完成固相的计算需要知道界面上的分析结果。

**2. 界面区域模型**

在推进剂界面上有三个控制方程：质量守恒、能量守恒、固相向气相的质量转换方程。前两个守恒通过在真实燃烧附近区域建立两个小的控制体求解，如图 2-6 所示。在总的非稳态质量和能量向界面的上游(− s) 和下游(+ s) 传递时，将控制体积压缩至“阶跃” 条件：

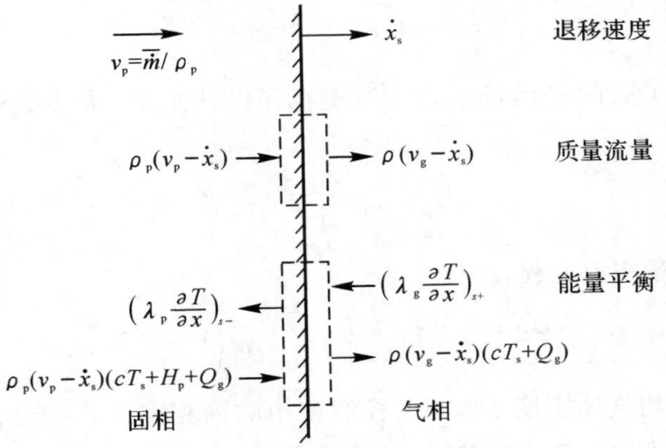


**图 2-6　界面上的变量守恒示意图**

(1) 界面上的质量守恒方程：固相转化为气相的质量守恒方程为

$$\rho_{\mathrm{p}}(v_{\mathrm{p}}-\dot{x}_{\mathrm{s}})=\rho_{\mathrm{g}}(v_{\mathrm{g}}-\dot{x}_{\mathrm{s}})\tag{2-14}$$

对于小振幅扰动，$\dot{x}_{\mathrm{s}}$ 是一个小量，$\rho_{\mathrm{p}}$，$v_{\mathrm{p}}$ 不会受气相扰动的影响，而 $\rho_{\mathrm{g}}$，$v_{\mathrm{g}}$ 可以看成是平均量和扰动量之和。因此，将上述参数代入式(2-14) 后展开，略去二阶以上小量得到

$$\rho_{\mathrm{p}}\dot{x}_{\mathrm{s}}=-\left(1-\frac{\rho_{\mathrm{g}}}{\rho_{\mathrm{p}}}\right)(\dot{\overline{m}}-\dot{m})\tag{2-15}$$

其中 $\rho_{\mathrm{p}}v_{\mathrm{p}}=\dot{\overline{m}}$，$\rho_{\mathrm{g}}v_{\mathrm{g}}=\dot{m}$，且 $\dot{m}=\dot{\overline{m}}+\dot{m}'_{\mathrm{s}}=\dot{\overline{m}}+\hat{m}\mathrm{e}^{-\mathrm{i}\omega t}$，$\dot{m}'_{\mathrm{s}}$ 为交界面上质量流的波动值。因此，公式(2-15) 可变为

$$\frac{\rho_{\mathrm{p}}\dot{x}_{\mathrm{s}}}{\dot{\overline{m}}}=-\left(1-\frac{\rho_{\mathrm{g}}}{\rho_{\mathrm{p}}}\right)\frac{\dot{m}'_{\mathrm{s}}}{\dot{\overline{m}}}\approx\frac{\dot{m}'_{\mathrm{s}}}{\dot{\overline{m}}}\tag{2-16}$$

在燃烧表面的平均气相密度 $\rho_{\mathrm{g}}$ 要远小于固相密度 $\rho_{\mathrm{p}}$，即 $\rho_{\mathrm{g}}/\rho_{\mathrm{p}}\ll 1$，因此公式(2-16) 可简化为

$$\rho_{\mathrm{p}}\dot{x}_{\mathrm{s}}\approx-\dot{m}'_{\mathrm{s}}=-\hat{m}\mathrm{e}^{-\mathrm{i}\omega t}\tag{2-17}$$

对燃面退移速率 $\dot{x}_{\mathrm{s}}$ 进行积分：

$$x_{\mathrm{s}}=-\frac{1}{\rho_{\mathrm{p}}}\int\hat{m}\mathrm{e}^{-\mathrm{i}\omega t}\,\mathrm{d}t\tag{2-18}$$

得

$$x_s = -\frac{1}{i\omega\rho_p}\hat{m}e^{-i\omega t} \tag{2-19}$$

推进剂的实际热分解过程是比较复杂的，工程计算时通常采用 Arrhenius 公式计算固相向气相的转化，分解速度主要受表面温度 $T_s$ 影响，同时也受压强 $p$ 影响。下式表示总的表面质量流率：

$$\dot{m}_s = Bp^{n_s}e^{-E_s/R_0T_s} \tag{2-20}$$

式中，$E=E_s/R_0T_s$ 是表面反应的无量纲活化能；$B$ 表示指前因子，$n_s$ 表示反应级数，压强指数$n=n_s/2$。

将 $\dot{m}_s$，$T_s$ 和 $p$ 写成平均量和扰动量的形式，代入式(2-20) 展开，略去二阶以上小量的波动形式为

$$\frac{\dot{m}'_s}{\bar{\dot{m}}} = Ee^{i\omega\tau_1}\tau'_s + n_s e^{i\omega\tau_2}\frac{p'}{\bar{p}} \tag{2-21}$$

式(2-21) 包含了时间滞后量 $\tau_1$，$\tau_2$，但现在还没法求解，大多数情况下忽略这两项，简化为

$$\frac{\dot{m}'_s}{\bar{\dot{m}}} = E\frac{T'_s}{\bar{T}_s} + n_s\frac{p'}{\bar{p}} \tag{2-22}$$

(2) 界面上的能量守恒方程：

$$\left(\lambda_g\frac{\partial T}{\partial x}\right)_{s+} = \left(\lambda_p\frac{\partial T}{\partial x}\right)_{s-} + \bar{\dot{m}}\left(1-\frac{\bar{\rho}_p\dot{x}_s}{\bar{\dot{m}}}\right)L_s \tag{2-23}$$

表面附近处的平均气体密度 $\bar{\rho}$ 远小于控制体中的固相密度，因此这里可以忽略很小的含有 $\bar{\rho}/\rho_p \ll 1$ 的项。当表面反应为放热时，总热焓变 $L_s=h_{s+}-h_{s-}$ 是正值，可被视为是“潜热”。热流密度$\left(\lambda_g\frac{\partial T}{\partial x}\right)_{s+}$ 和$\left(\lambda_p\frac{\partial T}{\partial x}\right)_{s-}$ 分别为固相热流通量和气相热流通量，热扩散方向分别由界面向固相和气相向界面传递。注意式(2-23) 还没有被分解为平均项和脉动项。

对式(2-23) 进行线性化处理，将稳态量和扰动量分开：

$$\left(\lambda_g\frac{\partial \bar{T}}{\partial x}\right)_{s+} = \left(\lambda_p\frac{\partial \bar{T}}{\partial x}\right)_{s-} + \bar{\dot{m}}L_s \tag{2-24a}$$

$$\left(\lambda_g\frac{\partial T'}{\partial x}\right)_{s+} = \left(\lambda_p\frac{\partial T'}{\partial x}\right)_{s-} + \dot{m}'L_s + \bar{\dot{m}}L'_s \tag{2-24b}$$

稳态燃烧时，将式(2-8) 代替能量平衡方程式(2-24a) 中的 $\mathrm{d}\bar{T}/\mathrm{d}x$：

$$\left(\lambda_g\frac{\mathrm{d}\bar{T}}{\mathrm{d}x}\right)_{s+} = \bar{\dot{m}}[c(\bar{T}_s-T_c)+L_s] \tag{2-25}$$

式(2-23) 的线性非稳态部分是

$$\left(\lambda_g\frac{\partial T}{\partial x}\right)'_{s+} = \left(\lambda_g\frac{\partial T}{\partial x}\right)'_{s-} + \dot{m}'_s\bar{L}_s + \bar{\dot{m}}(c_p-c)T'_s \tag{2-26}$$

联合式(2-8)、式(2-9) 以及式(2-13) 的一部分，得到界面向固相热传导的方程：

$$\left(\lambda_p\frac{\partial T}{\partial x}\right)'_{s-} = \bar{\dot{m}}c\left[\lambda T'_s + \frac{1}{\lambda}(\bar{T}_s-T_c)\frac{\dot{m}'_s}{\bar{\dot{m}}}\right] \tag{2-27}$$

结果中用到了式(2-16) 的近似表达方式。将式(2-26) 代入式(2-27) 得到界面下游边界的非稳态温度边界条件：

$$\left(\lambda_g \frac{\partial T}{\partial x}\right)'_{s+} = \bar{\dot{m}} c_p \left\{\lambda T'_s + \left(\frac{c_p}{c} - 1\right) T'_s + \left[\frac{1}{\lambda}(\bar{T}_s - T_c) + \frac{L_s}{c}\right] \frac{\bar{\dot{m}}'_s}{\dot{m}}\right\} \tag{2-28}$$

结果包含两个基本假设：

(1)$\bar{\rho}/\rho_p \ll 1\ (x = x_s)$；

(2) 固相无化学反应，物性参数均一且为常数。

式(2-20)的重要之处在于显式地包含了推进剂中非稳态传热的瞬态行为(动力学)。如果不考虑界面处或气相中的其他动力学，那么这种分析方法获得的响应函数仅仅反映了均质凝相的非稳态传热，这是 QSHOD 最基本的结果。因此，此种情况下，响应函数与频率的关系与准稳态气相模型的选择无关。

**3. 气相模型**

为了能够完成分析，在此阶段最好选择尽可能简单的气相模型。假设气相的热传导率为常数，并且假设燃烧过程也是均匀的，起始于距离界面一定范围内，向下游扩展，结束于一个预先定义的位置。这个简化模型有两个限制，界面上开始的燃烧过程是均一的，火焰区域是有限厚度的。图 2-7 描绘了模型的温度分布示意图。图中 $x_s$，$x_i$ 和 $x_f$ 分别表示固相表面位置、燃烧区域的前端边界和气相区域的下游边界。

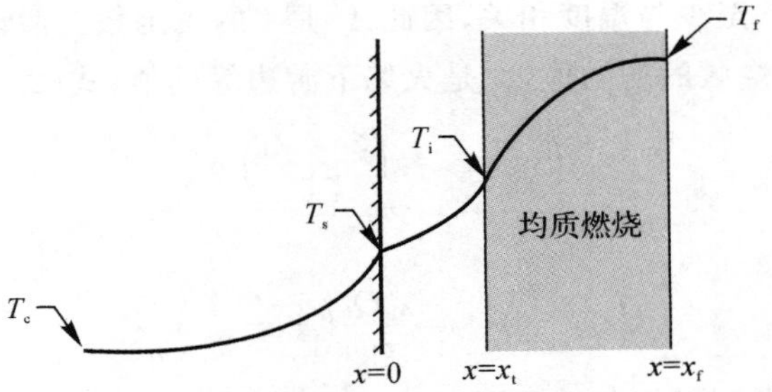


**图 2-7　固体推进剂气相均一燃烧模型温度分布示意图**

能量控制方程为

$$m c_p \frac{d\bar{T}}{dx} - \frac{d}{dx}\left(\lambda_g \frac{d\bar{T}}{dx}\right) = \rho_g Q_f \dot{\varepsilon} \tag{2-29}$$

式中，$Q_f$ 为每单位质量反应混合物释放的能量；$\rho_g$ 为当地气体密度；$\dot{\varepsilon}$ 为当地反应速率。在火焰区的下边缘，边界条件为

$$\bar{T} = \bar{T}_f,\quad \frac{d\bar{T}}{dx} = 0\ (x = x_f) \tag{2-30}$$

$T_f$ 为绝热火焰温度。在界面上 $x = 0$ 处

$$\bar{T} = \bar{T}_s \tag{2-31}$$

界面上的能量平衡可以给出

$$\left(\lambda_g \frac{d\bar{T}}{dx}\right)_{s+} = m\left[c(\bar{T}_s - T_c) + L_s\right] \tag{2-32}$$

稳态燃烧时，考虑流动经过气相的能量

$$\left(\lambda_g \frac{d\bar{T}}{dx}\right)_{s+} = \bar{m}\left[Q_f - c_p(T_f - T_s)\right] \tag{2-33}$$

另一方面，对式(2-29)在燃烧区积分，应用边界条件式(2-30)和式(2-31)得到：

$$\left(\lambda_g \frac{d\overline{T}}{dx}\right)_{s+} = \int_0^\infty \rho_g Q_f \dot{\epsilon}\, dx - mc_p(\overline{T}_f - \overline{T}_s) \tag{2-34}$$

由于 $Q_f$ 是常数，比较式(2-33)和式(2-34)得到所需的总反应率：

$$\int_0^\infty \rho_g \dot{\epsilon} dx = m \tag{2-35}$$

假设 $\lambda_g$ 是常数，将 $x$ 无量纲化为 $\zeta$：

$$\zeta = \frac{mc_p}{\lambda_g} x \tag{2-36}$$

能量方程式(2-21)变成：

$$-\zeta^2 \frac{d^2\overline{T}}{d\zeta^2} = \Lambda^2 \tag{2-37}$$

其中本征值 $\Lambda^2$ 为

$$\Lambda^2 = \frac{\lambda_g Q_f \overline{\omega}}{m^2 c_p^2 \overline{T}_s} \tag{2-38}$$

反应速率：

$$\omega = \rho_g \dot{\epsilon} \tag{2-39}$$

一般来说，$\dot{\epsilon}$，$\omega$ 和 $\Lambda^2$ 至少与温度相关，因此 $\Lambda^2$ 是 $\zeta$ 的隐函数。假设 $\Lambda^2$ 和 $\zeta$ 无关，定义燃烧过程均一。$\zeta_i$ 是 $\zeta$ 在燃烧区的初始值，$\zeta_f$ 是火焰下游边缘的值，式(2-37)的一阶积分为

$$\left(\frac{d\overline{T}}{d\zeta}\right)_{s+} = \left(\frac{\zeta_f - \zeta_i}{\zeta_f \zeta_i}\right)\Lambda^2 \tag{2-40}$$

故

$$\left(\lambda_g \frac{d\overline{T}}{dx}\right)_{s+} = \frac{\lambda_g Q_f}{c_p}\left(\frac{1}{\zeta_i} - \frac{1}{\zeta_f}\right)\frac{\omega}{m} \tag{2-41}$$

对于 $\zeta_f \gg \zeta_i$，由于受到燃烧起始于固相 / 气相界面条件的限制，有 $\zeta_i = 1$，

$$\left(\lambda_g \frac{d\overline{T}}{dx}\right)_{s+} = \frac{\lambda_g Q_f}{c_p} \frac{\omega}{m} \tag{2-42}$$

准稳态假设表明表面热传导波动可以由式(2-34)简单的线性形式给出：

$$\left(\lambda_g \frac{dT}{dx}\right)'_{s+} = \overline{m}c_p \overline{T}_s \Lambda^2 \left(\frac{\omega'}{\overline{\omega}} - \frac{m'}{\overline{m}}\right) \tag{2-43}$$

可以看出式(2-33)的线性形式为

$$\left(\lambda_g \frac{dT}{dx}\right)'_{s+} = m'[Q_f - c_p(\overline{T}_f - \overline{T}_s)] - \overline{m}c_p(T'_f - T'_s) \tag{2-44}$$

火焰温度的波动形式：

$$T'_f = T'_s + \frac{m'}{\overline{m}}\left[\frac{Q_f}{c_p} - (\overline{T}_f - \overline{T}_s)\right] - \frac{1}{\overline{m}c_p}\left(\lambda_g \frac{dT}{dx}\right)'_{s+} \tag{2-45}$$

式(2-43)最后一项的代入可获得 $T'_f$ 的计算式。总的来说，由于气相中的声波运动，$T'_f$ 不等于当地温度波动，二者的差异来自于平均流离开燃烧区时焓波所携带的温度波动。

如果假设 $\zeta_f \to \zeta_i$，则得到薄层火焰(flame sheet)结果。这里考虑火焰区是有限厚度的，这两种假设获得的压强耦合函数略有不同。

为了进一步求解，需要知道 $\omega = \rho_s \dot{\epsilon}$ 以及单位体积的反应速率。由于过程是准稳态的，假设

由 Arrhenius 定律式(2-20)可以较为准确地描述表面产生的质量流，并且波动形式(2-22)无时间延迟：

$$\frac{m'}{\overline{m}}=E\frac{T'_s}{\overline{T}_s}+n_s\frac{p'}{\overline{p}}$$

由于准稳态假设，该式表示了整个气相的质量流量波动。最终，需要 $\omega$ 的显式表达式，以流动参数为变量。为了构造气相反应速率的协调公式，让稳态燃烧条件下向界面传递热量的两个结果相等：式(2-32)和式(2-42)，式(2-32)是稳态燃烧时在界面上能量平衡方程，式(2-42)用于稳态均匀燃烧的特殊形式。由于气相是准稳态的，用温度的瞬态值取代平均值，$\omega$ 的表达形式为

$$\omega=\frac{c_p}{\lambda_g Q_f}m^2\left[c(\overline{T}_s-T_c)+L_s\right] \tag{2-46}$$

假设式(2-46)右侧可以写成关于压强的函数，并且仅考虑分解定律的近似表达为 $m=a(T_s)p^n$，

$$m=ap^n=b(T_s-T_c)^s p^{n_s} \tag{2-47}$$

$$T_s-T_c=\left(\frac{a}{b}p^{n-n_s}\right)^{\frac{1}{s}} \tag{2-48}$$

式(2-46)变为

$$\omega=\frac{c_p}{\lambda_g Q_f}(ap^n)^2\left[c\left(\frac{a}{b}p^{n-n_s}\right)^{\frac{1}{s}}+L_s\right] \tag{2-49}$$

反应速率的波动形式 $\omega'$：

$$\frac{\omega'}{\overline{\omega}}=\frac{\left(1-\frac{T_c}{\overline{T}_s}\right)}{\Lambda^2}\frac{c}{c_p}\omega\frac{p'}{\overline{p}} \tag{2-50}$$

其中 $\Lambda^2$ 由式(2-38)的稳态条件给出

$$\Lambda^2=\frac{\lambda_g Q_f\overline{\omega}}{m^2c_p^2\overline{T}_s} \tag{2-51}$$

$$\omega=2(1+H)+\frac{c_p}{c}\frac{1-\frac{n_s}{n}}{c} \tag{2-52a}$$

$$H=-\frac{L_s}{c(\overline{T}_s-T_c)} \tag{2-52b}$$

如果不采用从式(2-42)至式(2-52)的计算方式，也可以简单假设 $\omega'\sim p'$。做此说明的目的是给出气相反应中反应速率脉动和压强脉动之间的联系。

### 2.3.3　响应函数的构造

通过下述方法得到响应函数：

(1) 将分解定律式(2-22)代入式(2-28)，在界面上结合质量和能量传递方程：

$$\frac{1}{\overline{mc}\overline{T}_s}\left(\lambda_g \frac{\partial T}{\partial x}\right)'_{st}=\left(\lambda+\frac{A}{\lambda}\right)\frac{T'_s}{\overline{T}_s}+\left[\frac{c_p}{c}-1+\frac{LA}{1-\frac{\overline{T}_c}{\overline{T}_s}}\right]\frac{T'_s}{\overline{T}_s}+n_s\left[L+\frac{1-\frac{\overline{T}_c}{\overline{T}_s}}{\lambda}\right]\frac{p'}{\overline{p}} \tag{2-53}$$

其中，

$$L=\frac{L_s}{c\overline{T}_s} \tag{2-54a}$$

$$A=\left(1-\frac{T_c}{\overline{T}_s}\right)\left(\alpha_s+\frac{E_s}{R_o\overline{T}_s}\right) \tag{2-54b}$$

(2) 将反应速率公式(2-50) 代入式(2-43)，得到气相向界面的传热：

$$\frac{1}{\overline{mc}\overline{T}_s}\left(\lambda_g \frac{\partial T}{\partial x}\right)'_{st}=\left(1-\frac{T_c}{\overline{T}_s}\right)\omega\frac{p'}{\overline{p}}-\frac{c_p}{c}\Lambda^2\frac{m'}{\overline{m}} \tag{2-55}$$

(3) 让式(2-53) 和式(2-55) 相等，应用分解定律式(2-22) 消去 $T'_s/\overline{T}_s$，本步骤的结果重新整理后得到压强响应函数公式：

$$R_p=\frac{m'/\overline{m}}{p'/\overline{p}}=\frac{\left(AW+\frac{c_p}{c}n_s\right)+n_s(\lambda-1)}{\lambda+\frac{A}{\lambda}+\left[\frac{c_p}{c}E\Lambda^2-HA+\frac{c_p}{c}-1\right]} \tag{2-56}$$

(4) 将式(2-56) 写成以下形式：

$$R_p=\frac{c_1+n_s(\lambda-1)}{\lambda+\frac{A}{\lambda}+c_2} \tag{2-57}$$

假设推进剂燃烧符合稳态燃速定律 $m=ap^n$，振荡形式可以写成准稳态(频率无限低) 压强变化，因此

$$R_p=\frac{m'/\overline{m}}{p'/\overline{p}}=n \tag{2-58}$$

因此在频率为零的极限条件下($\lambda=1$)，式(2-57) 右侧必然等于 $n$，即

$$\frac{c_1}{1+A+c_2}=n$$

定义 $B$ 和 $A$ 为

$$c_1=nB$$

$$c_2=B-(1+A)$$

因此式(2-57) 变成：

$$R_p=\frac{nB+n_s(\lambda-1)}{\lambda+\frac{A}{\lambda}-(1+A)+B} \tag{2-59}$$

其中，

$$\lambda=\frac{1}{2}\left(1+\sqrt{1+4\mathrm{i}\Omega}\right) \tag{2-60}$$

$$A=\frac{E_s}{R_0T_s}\left(1-\frac{T_i}{T_s}\right) \tag{2-61}$$

$$B=\frac{2R_0T_f^2}{E_f}\frac{E_s}{R_0T_s^2} \tag{2-62}$$

$R_p$ 是无量纲频率 $\Omega$ 的复函数，其中含有压强指数 $n$ 和参数 $A$，$B$ 两个燃烧参数，故称为两参数表达式。参数 $A$ 含有 $E_s$，$T_s$ 参数，这些参数与固相表面的分解特性有关，因此参数 $A$ 只与表面固相表面分解有关。参数 $B$ 表达式含有气相反应的质量燃烧速率参数 $E_f$，$T_f$。因此，参数 $B$ 表达式取决于气相区域燃烧模型。不同模型，参数 $B$ 表达式有所不同。

图 2-8 描述了当 $n_s=0$ 时，响应函数的实部和虚部的典型结果。从图中可以看出 $R_p$ 的实部在 $\Omega$ 的某一值处有峰值。当 $\Omega \to 0$ 时，$R_p \to n$。

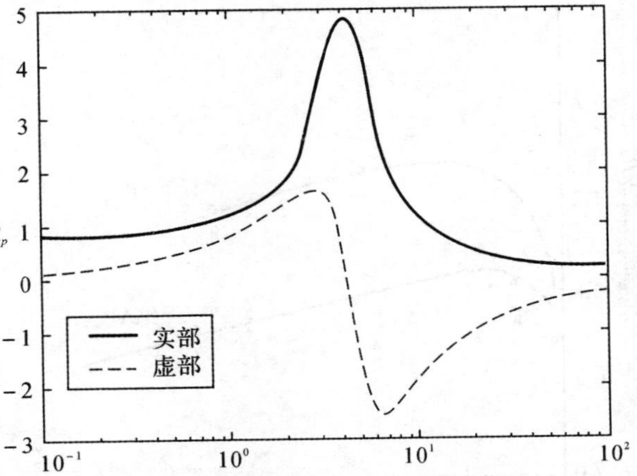


**图 2-8　QSHOD 响应函数的实部和虚部($R_p = 2.67$；$n_s = 0$，$A = 6.0$，$B = 0.6$。)**

两参数表达式中不显含平均压强，它对 $R_p$ 实部的影响将通过 $n$ 和 $\bar{r}$ 表现出来。对于一定的 $A$ 值，峰值频率 $\Omega_m$ 为定值，燃速或者平均压强的增大，$R_p^{(r)}$ 的峰值移向高频段；反之，则向低频段移动。若压强指数随平均压强变化，则 $R_p^{(r)}$ 曲线将随平均压强的变化略微上下移动。图 2-9 显示了不同平均压强下，响应函数 $R_p^{(r)}$ 曲线变化情况。

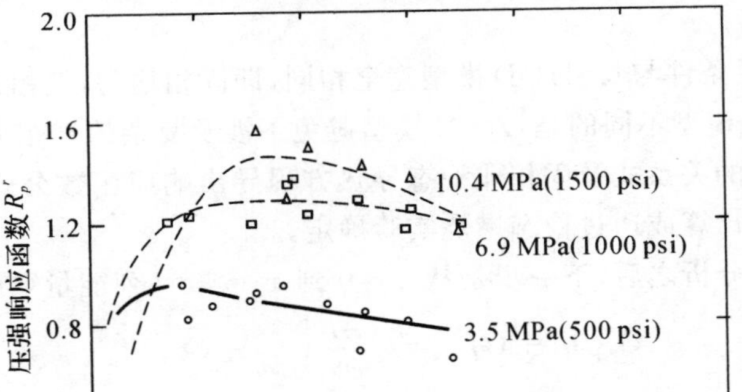


**图 2-9　T-burner 测量不同平衡压强的推进剂压强响应函数实部**

参数 $A$ 和 $B$ 的表达式中，并未显含平均压强和配方参数。然而，实验结果表明，对于不同的配方和平均压强，响应函数曲线确实有所不同。将 $R_p^{(r)}-\Omega$ 曲线与实验结果拟合可以确定 $A$,$B$ 值，所以 $A$ 和 $B$ 常常被看成需要由实验确定的参数。

由于固相的传热非稳态性，QSHOD 模型抓住了动态行为的主要作用因素，使两参数表达式成为目前计算中采用较广的公式，但该方法给出的预测结果与实验结果相比还存在差异。其中，对于高频振荡条件下（> 1000Hz），气相准稳态的假设就不成立；并且对于许多推进剂来说，其他动态过程也不可忽略，尤其是 $R_p$ 实部出现宽峰范围时频率范围大于峰值的情况。

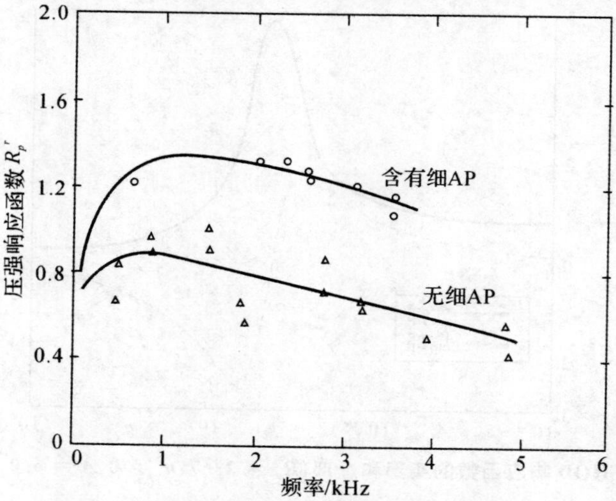


图 2-10　T-burner 测量不同配方的推进剂压强响应函数实部

## 2.4　Zel'dovitch-Novozhilov(Z-N)模型

Z-N 模型的假设条件与 QSHOD 模型完全相同，即固相均匀，气相是非稳态的，燃烧区是一维的。与 QSHOD 模型不同的是，Z-N 模型避免了涉及复杂的气相火焰区的具体结构，直接利用某些稳态燃烧的关系式及固相非稳态导热方程导出响应函数公式，其中所含的各个参数利用稳态燃烧模型计算或通过稳态燃烧实验确定。

完成固相的模型分析之后，下一步是从 $x=0$ 到 $x\rightarrow+\infty$ 列能量守恒方程：

$$Gc_pT_s+Gq_{\text{tot}}=\lambda_s\frac{\partial T}{\partial x}\bigg|_{x=0}+Gc_{p,g}T_f \tag{2-63}$$

将方程(2-63)，经过一系列变化，非线性能量方程变为

$$\frac{\mu'}{\zeta_s}\left[(s-1)+\frac{A}{s}-A\right]=-\frac{c_{p,g}}{c_{p,s}}\theta'_f \tag{2-64}$$

方程(2-64)包含两个变量：$\theta_f$，$\mu'$。要求解还需要另外一个方程。一种方法是根据火焰的指数、压力相关模型简单地假设一个方程，这就是所谓的火焰模型方法（Flame Model，实际上是 QSHOD）。

Zel'dovich-Novozhilov 方法是另外一种创造线性模型的方法。它是一种对现象的描述。Z-N 响应函数的一种形式与 QSHOD 模型的结果非常相似。表达式如下：

$$R_p=\frac{n+(nr-\mu k)(s-1)}{1+r(s-1)-k(s-1)/s} \tag{2-65}$$

其中 $k$,$r$ 和 $\mu$ 是概率属性的组合,表达式如下:

$$k=(\overline{T}_s-T_i)\sigma_p \tag{2-66}$$

$$r=\left.\frac{\partial\overline{T}_s}{\partial T_i}\right|_p \tag{2-67}$$

$$\mu=\frac{1}{\overline{T}_s-T_i}\left(\frac{\partial\overline{T}_s}{\partial\ln P}\right)_{T_i} \tag{2-68}$$

理想情况下,Z-N 模型能获得更好的响应函数,因为它不依赖于先前的火焰模型。然而事实上,Z-N 模型却经常缺少准确的数据,因为参数 $r$,$k$ 和 $\mu$ 在实验室中很难测量。

1994 年,Brewster and Son 仔细分析了 Z-N 模型和火焰模型并且总结出,没有压力依赖的简单的阿雷尼乌斯表达式对于非稳态分析是不充分的。他们建议使用另外一种表达式,称作零级分解方程,自 20 世纪 70 年代初开始,该方程就被采用了。

零级分解关系式:

$$r^2=\frac{A_s\rho_s T_s^2 c_{p,s}\alpha_s\exp\left(-\frac{2E_s}{RT_s}\right)}{2E_s[c_P(T_s-T_i)-Q_s/2-f_s q/r\rho_s]} \tag{2-69}$$

然而方程(2-69)只适用于稳定状态。因为考虑到凝相的能量储存,必须用一个积分项来描述固相热容比较合适。形式如下:

$$r^2=\frac{A_s\rho_s T_s^2 c_{p,s}\alpha_s\exp\left(-\frac{2E_s}{RT_s}\right)}{2E_s\left[c_P(T_s-T_i)-\rho_s\int_{-\infty}^{0}c_P\frac{\partial T}{\partial t}\mathrm{d}x-Q_s/2-f_s q/r\rho_s\right]} \tag{2-70}$$

线性模型的另一个问题是怎样把它们扩展到异质推进剂中去。一种方法是改进和线性化一个 BDP 稳态模型。

# 2.5　基于 BDP 燃烧模型的分析

Beckstead,Derr 和 Price 等人于 1970 年建立的 BDP 模型由于考虑了推进剂燃面的微观结构、气相反应中扩散和化学反应两个过程以及 AP 晶粒气相反应热和凝相反应热的作用,因而可以较好地应用于研究复合推进剂的压强耦合特性,为复合推进剂燃烧的数值模拟提供一个基本框架和基础,该模型被认为是固体推进剂燃烧模型的一个重要里程碑。本节介绍的模型为在 BDP 基础上进行拓展的改进模型。

## 2.5.1　物理模型

当推进剂稳定燃烧时,处于气相的火焰具有较高的温度,燃烧产生的热量会通过热传导反馈到燃面上,导致 AP 和 HTPB 受热分解,分解产物进入气相进行混合、扩散和反应,使推进剂能够持续、稳定地燃烧。根据 BDP 模型假设,将形成包含 AP 分解焰、反应火焰(即初焰)和扩散火焰的多火焰结构,如图 2-11 所示。预混火焰是动力学火焰,它的出现源于 AP 的分解放热。初焰通过AP焰和黏合剂的气相分解产物之间的化学反应获得能量。两种火焰的产物相互扩散最终形成终焰。

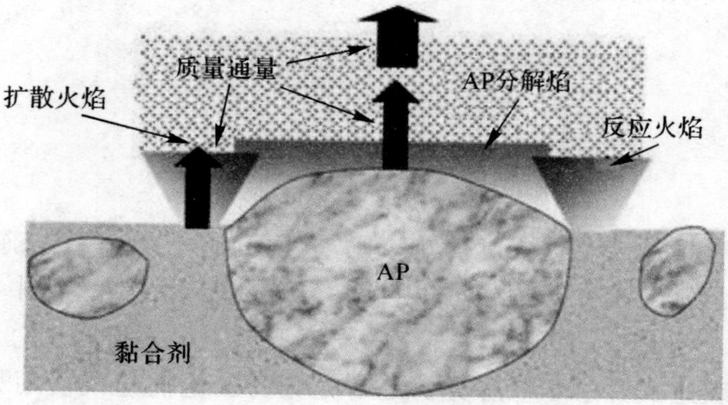


**图 2－11　推进剂燃烧物理模型简图**

## 2.5.2　数学模型

为了简化计算，将模型做如下主要假设：

(1) 推进剂为AP和HTPB组成的二组元推进剂。

(2) AP为单粒径，只考虑固相温度、火焰高度和温度，不考虑非稳态化学变化；

(3) 采用整体化学动力学描述气相反应；

(4) 气相反应为简单的均相反应；

(5) 氧化剂和黏合剂的相关化学反应符合Arrhenius定律；

(6) 氧化剂和黏合剂之间不存在热传导。

本书所采用的数学模型主要由8个非线性方程组成，分别采用Arrhenius公式求解质量流率、能量守恒公式求解表面温度。总的火焰高度由初焰高度 $x_r$ 和扩散焰高度 $x_d$ 组成，初焰高度 $x_r$ 由动力学反应距离公式求解，扩散焰的高度 $x_d$ 按照Burke和Schumann的研究理论公式计算。具体方程如下。

**1. AP质量通量**

由于是一维模型，用质量通量来表示AP或黏合剂产生火焰时的流量较为恰当。根据阿雷尼乌斯定律可知，AP质量通量满足：

$$G_{ap}=A_{s,ap}\exp\left(-\frac{E_{s,ap}}{RT_{s,ap}}\right) \tag{2-71}$$

式中，$A_{s,ap}$ 为固态AP分解时的指前因子；$E_{s,ap}$ 为固态AP分解所需的活化能；$T_{s,ap}$ 为固态AP的表面温度；$R$ 为气体常数(8.314J/(mol·K))。

**2. 黏合剂质量通量**

$$G_b=A_{s,b}\exp\left(-\frac{E_{s,b}}{RT_{s,b}}\right) \tag{2-72}$$

式中，$A_{s,b}$ 为黏合剂热解时的指前因子；$E_{s,b}$ 为黏合剂热解所需的活化能；$T_{s,b}$ 为黏合剂的表面温度。

**3. 推进剂质量通量**

对于 BDP 一维模型来说，在推进剂近似平行层燃烧的情况下，推进剂的燃烧时间 $\Delta t$ 应是 AP 分解时间 $\Delta t_1$ 和黏合剂热解时间 $\Delta t_2$ 之和。即

$$\frac{\rho_p l}{G_p}=\frac{\alpha_{ap}\rho_p l}{G_{ap}}+\frac{(1-\alpha_{ap})\rho_p l}{G_b} \tag{2-73}$$

故推进剂质量通量满足

$$G_p=\frac{1}{\dfrac{\alpha_{ap}}{G_{ap}}+\dfrac{1-\alpha_{ap}}{G_b}} \tag{2-74}$$

**4. AP 分解焰高度**

AP 分解焰的高度计算公式：

$$x_{f,ap}=\frac{G_{ap}}{p^2 G_{g,ap}}=\frac{G_{ap}}{p^2 A_{g,ap}\exp\left(-\dfrac{E_{g,ap}}{RT_{f,ap}}\right)} \tag{2-75}$$

其中，$A_{g,ap}$ 为气态 AP 分解产物参与反应的指前因子；$E_{g,ap}$ 为气态 AP 分解产物参与反应所需的活化能；$T_{f,ap}$ 为 AP 分解焰的外端温度。

**5. 总火焰高度**

总火焰高度指的是扩散火焰终端距燃烧表面熔融层间的距离，它由两部分组成：初焰高度 $x_r$ 和扩散火焰高度 $x_d$。对于初焰高度 $x_r$，它受推进剂质量通量 $G_p$、推进剂分解产物消耗速率 $G_{g,r}$ 和当地压强 $p$ 影响，即

$$x_r=\frac{G_p}{p^2 G_{g,r}}=\frac{G_p}{p^2 A_r\exp\left(-\dfrac{E_r}{RT_f}\right)} \tag{2-76}$$

对于扩散火焰高度 $x_d$，Burke 和 Schumann 的研究中认为在相对较高的燃速下，$x_d$ 与推进剂质量通量 $G_p$ 成正比，与推进剂燃烧时 AP 晶粒特征尺寸 $D_{ap}^*$ 的二次方成正比，与等效扩散系数 $(\rho_g D_g)_{eff}$ 成反比，即

$$x_d=\frac{G_p D_{ap}^{*2}}{A_{diff}\,(\rho_g D_g)_{eff}} \tag{2-77}$$

其中，$\rho_g$ 为气态反应物的密度；$D_g$ 为推进剂分解或热解的气体分子平均直径；$A_{diff}$ 为常数。特征尺寸 $D_{ap}^*$ 与 AP 和黏合剂有关。等效扩散系数 $(\rho_g D_g)_{eff}$ 取决于两种情况：第一，低压时层流扩散混合占主导，此时的层流扩散系数与扩散指数 $\beta$、AP 分解焰温度 $T_{f,ap}$、推进剂分解或热解的初始气体分子平均直径 $D_0$ 和当地压强 $p$ 有关。

$$(\rho_g D_g)_{lam}=\rho_g D_0\,\frac{T_{f,ap}^{\beta}}{p}=\rho_g D_0\,\frac{T_{f,ap}^{\beta}}{\rho_g\dfrac{R}{M}T_{f,ap}}=D_0 T_{f,ap}^{\beta-1}\frac{M}{R}$$

第二，相对高压情况下湍流混合占主导，此时的湍流扩散系数一般为

$$(\rho_g D_g)_{turb}=KG_p D_{ap}^*\left\{\tan^{-1}(C_1C_2)+\tan^{-1}\left[C_2\left(\frac{1}{x_r}-C_1\right)\right]\right\}$$

式中，$K$，$C_1$ 与 $C_2$ 均为常数，且 $C_1$ 控制湍流混合的起始点，$C_2$ 确定了层流到完全发展的湍流间过渡段的长度。

这里认为式(2－77)中的等效系数为层流与湍流混合下扩散系数的线性叠加，即$(\rho_g D_g)_{\text{eff}}=(\rho_g D_g)_{\text{lam}}+(\rho_g D_g)_{\text{turb}}$；而总的火焰高度满足$x_f=x_d+x_r$。因此，有

$$x_f=\frac{G_p D_{ap}^*}{A_{\text{diff}}\left[D_0 T_{f,ap}^{\beta-1}\frac{M}{R}+KG_p D_{ap}^*\left\{\tan^{-1}(C_1C_2)+\tan^{-1}\left[C_2\left(\frac{1}{x_r}-C_1\right)\right]\right\}\right]}+\frac{G_p}{P^2 A_r\exp\left(-\frac{E_r}{RT_f}\right)} \tag{2-78}$$

**6. AP表面温度**

模型中AP和黏合剂有各自的表面温度$T_{s,ap}$和$T_{s,b}$，并且认为进入燃烧表面的外界热量仅来自于气相导热。取燃烧表面向外为正($x=0^+$)，指向推进剂向内为负($x=-\infty$)，则AP表面上的能量守恒方程为

$$G_{ap}c_{p,s,ap}T_i+\lambda_{g,ap}\frac{\partial T}{\partial x}\bigg|_{x=0^+}+G_{ap}q_{v,ap}=G_{ap}c_{p,s,ap}T_{s,ap}+\int_{-\infty}^{0}\rho_{ap}c_{p,s,ap}\frac{\partial T}{\partial t}\partial x \tag{2-79}$$

式中，$c_{p,s,ap}$推进剂中AP的比热容；$T_i$为推进剂初温；$\lambda_{g,ap}$为AP外部气体向燃烧表面的热传导率；$q_{v,ap}$为燃烧表面上AP内的放热量。

为了确定燃烧表面外部生成物对其的导热量，本模型假定了三种区域的指数型温度曲线，即：

(1)AP与AP分解焰高度间的温度满足

$$T=T_{f,ap}-(T_{f,ap}-T_{s,ap})\exp\left(-v\frac{x}{x_{f,ap}}\right) \tag{2-80}$$

(2)黏合剂之上的温度分布满足

$$T=T_f-(T_f-T_{s,b})\exp\left(-v\frac{x}{x_f}\right) \tag{2-81}$$

(3)AP分解焰外端与扩散火焰外端之间的温度分布满足

$$T=T_f-(T_f-T_{f,ap})\exp\left(-v\frac{x-x_{f,ap}}{x_f-x_{f,ap}}\right) \tag{2-82}$$

因此，便可以计算式(2－79)中的微分项：

$$\frac{\partial T}{\partial x}\bigg|_{x=0^+}=\frac{v}{x_{f,ap}}(T_{f,ap}-T_{s,ap}) \tag{2-83}$$

推进剂稳态燃烧时，推进剂内部温度场不随时间发生变化，即$\frac{\partial T}{\partial t}=0$。因此，将式(2－81)代入式(2－79)中，有

$$T_{s,ap}=\frac{G_{ap}c_{p,s,ap}T_i+\lambda_{g,ap}T_{f,ap}\frac{v}{x_{f,ap}}+G_{ap}q_{v,ap}}{G_{ap}c_{p,s,ap}+\lambda_{g,ap}\frac{v}{x_{f,ap}}} \tag{2-84}$$

**7. 黏合剂表面温度**

由于黏合剂不具备晶系结构，因此燃烧表面层内无黏合剂相的变化。与AP表面温度$T_{s,ap}$类似，黏合剂表面的能量守恒方程为

$$G_b c_{p,s,b}T_i+\lambda_{g,b}\frac{\partial T}{\partial x}\bigg|_{x=0^+}+G_b q_{v,b}=G_b c_{p,s,b}T_{s,b}+\int_{-\infty}^{0}\rho_b c_{p,s,b}\frac{\partial T}{\partial t}\mathrm{d}x \tag{2-85}$$

式中，$c_{p,s,b}$推进剂中AP的比热容；$\lambda_{g,b}$为黏合剂外部气体向燃烧表面的热传导率；$q_{v,b}$为燃烧

表面上黏合剂内的放热量。同样，利用式(2－83) 可计算微分项$\left.\frac{\partial T}{\partial x}\right|_{x=0^+}$，则推进剂稳态燃烧时的黏合剂表面温度为

$$T_{s,b}=\frac{G_b c_{p,s,b} T_i+\lambda_{g,b} T_f \dfrac{v}{x_f}+G_b q_{v,b}}{G_b c_{p,s,b}+\lambda_{g,b} \dfrac{v}{x_f}} \tag{2-86}$$

**8. AP 分解焰的外端温度**

模型认为 AP 分解焰外端的温度变化来自于推进剂其他气态组分的导热，对其建立的能量方程与式(2－79) 和式(2－85) 类似，即

$$G_p c_{p,g,p} T_f+\lambda_{g,p}\left.\frac{\partial T}{\partial x}\right|_{x=x_{ap}}+G_p q_f=G_p c_{p,g,p} T_{f,ap} \tag{2-87}$$

式中，$c_{p,g,p}$ 为燃烧表面外的气体比热容；$\lambda_{g,p}$ 为气体间的热传导率；$q_f$ 为火焰内部的放热量。同样，利用式(2－83) 可以计算微分项$\left.\frac{\partial T}{\partial x}\right|_{x=x_{ap}}$，则 AP 分解焰的外端温度为

$$T_{f,ap}=T_f-\frac{G_p q_f}{G_p c_{p,g,p}+\lambda_{g,p} \dfrac{v}{x_f-x_{f,ap}}} \tag{2-88}$$

如表 2－2 所示为模型中的已知参数，一般由实验数据或热化学计算等手段获得。其中有一些可变参数，这些参数很难获取其准确值，只能通过改变这些参数值的大小使得计算出的结果接近于实验测量结果。将上述所有参数值代入由式(2－71)、式(2－72)、式(2－74)、式(2－75)、式(2－78)、式(2－84)、式(2－86) 和式(2－88) 联立组成的 8 元非线性方程组，利用数学软件 MATLAB 平台在一定 AP 粒径 $D_{ap}$、AP 的质量分数 $\alpha_{ap}$ 和初温 $T_i$(记为 < 90，80/20，298 >) 下进行求解，可以获取推进剂稳态燃烧时燃速、初温敏感性、火焰高度和温度等参数值，进而给压强耦合的非稳态计算过程提供初场条件。

**表 2－2　模型中的重要参数列表**

| 参数 | 参数值 |
|---|---|
| $\rho_{ap}$ | 1950kg/m³ |
| $\rho_b$ | 920kg/m³ |
| $T_{\omega*}$ | 1587 ～ 2993K |
| $A_{s,ap}$ | $9.6\times10^5$ kg/(m²·s) |
| $A_{s,b}$ | $1.225\times10^3$ kg/(m²·s) |
| $E_{s,ap}$ | $9.6\times10^4$ J/mol |
| $c_{p,g,ap}$ | 1254J/(kg·K) |
| $c_{p,g,b}$ | 2100J/(kg·K) |
| $\lambda_{g,ap}$ | $7.2\times10^{-5}T+6\times10^{-3}$ W/(m·K) |
| $\lambda_{g,b}$ | $4.33\times10^{-4}T-0.15$ W/(m·K) |
| $\lambda_{g,p}$ | $1.08\times10^{-4}T+0.0133$ W/(m·K) |

### 2.5.4 响应函数计算方法

非稳态下，压强振荡随时间作正弦扰动，通过改变正弦压强扰动函数的频率，就可以获得不同压强扰动频率下的燃速-时间曲线。压强耦合函数的实部可用下式来表示：

$$R_p = \frac{m'/\bar{m}}{p'/\bar{p}} = \frac{r'/\bar{r}}{p'/\bar{p}} \tag{2-89}$$

由于 $p'/\bar{p}$ 为压强扰动值，因此只需利用燃速－时间曲线计算出燃速的扰动值 $r'$ 和平均燃速 $\bar{r}$ 即可。通过上述压强耦合函数的获取方式，再改变推进剂参数（如 AP 粒径）和工况参数（如平衡压强大小），可以分析得到推进剂的压强耦合特性。

### 2.5.5 模型计算结果

**1. 稳态燃速**

通过稳态计算过程，可得到不同压力下的推进剂燃速 $r$。推进剂的燃速 $r$ 由推进剂的总质量通量获得，即 $r=G_p/\rho_p$。调整数学模型中的 6 个可变常量（见表 2-2），使得模型计算的推进剂燃速曲线（5$\mu$m 与 90$\mu$m AP）近于实验测量曲线，从而反过来获得可变常量的可信值以计算其他工况。图 2-12 所示为不同 AP 粒径、AP 质量分数为 80%、初温为 298K 的推进剂在不同压强下的燃速曲线。

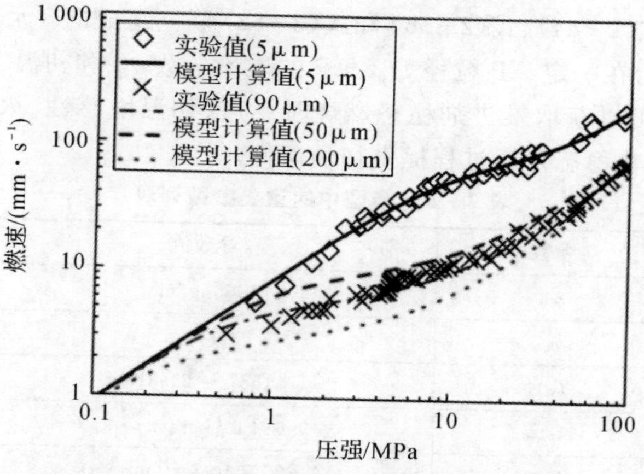


**图 2-12 （$x$,80/20,298）型推进剂的燃速曲线**

对于单一粒径 AP 的推进剂来说，粒径的减小将使得燃速明显增高。由式（2-78）和式（2-80）可知，粒径不同改变了扩散火焰高度 $x_d$（即 $x_f$ 变化），从而对燃速产生影响。

**2. 压强耦合响应函数**

通过上述压强耦合函数的获取方式，再改变推进剂参数（如 AP 粒径、AP 质量分数）和工况参数（如压强扰动幅值、平衡压强大小），可以分析得到推进剂的压强耦合特性。

（1）平衡压强的影响。根据实际推进剂燃烧的工作环境，选取平衡压强为 1MPa，3MPa，5MPa，7MPa 和 10MPa 来进行计算，推进剂的 AP 粒径分别为 15$\mu$m，90$\mu$m，据此研究推进剂压强耦合响应函数随平衡压强的变化规律。

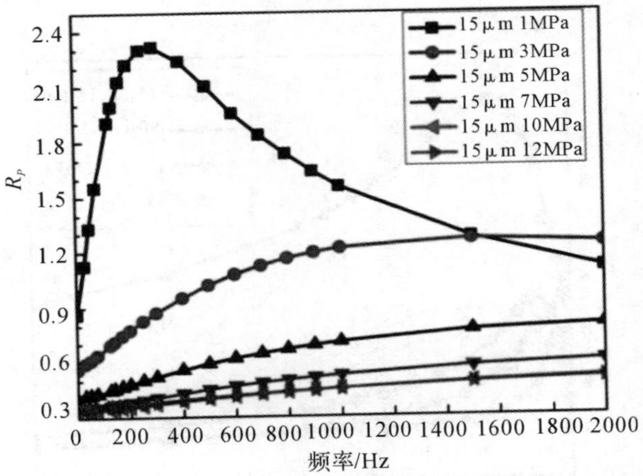


**图 2-13　AP 粒径为 15μm 的推进剂响应函数随压强变化曲线**

图 2-13 为 AP 粒径 $D_{ap}$ 为 15$\mu$m 时，压强耦合响应函数随平衡压强变化的曲线。对于 AP 粒径 $D_{ap}$ 为 15$\mu$m 的推进剂而言，压强为 1MPa 时，响应函数峰值对应的频率在 300Hz 左右，随压强的增加，其峰值对应的频率明显向高频移动。另一方面，1MPa 下响应函数峰值较大，随压强增加，其峰值呈下降趋势。当压强增加到 12MPa 时，响应函数峰值不再下降，而是与 10MPa 下的峰值接近且略高于 10MPa 下的峰值。

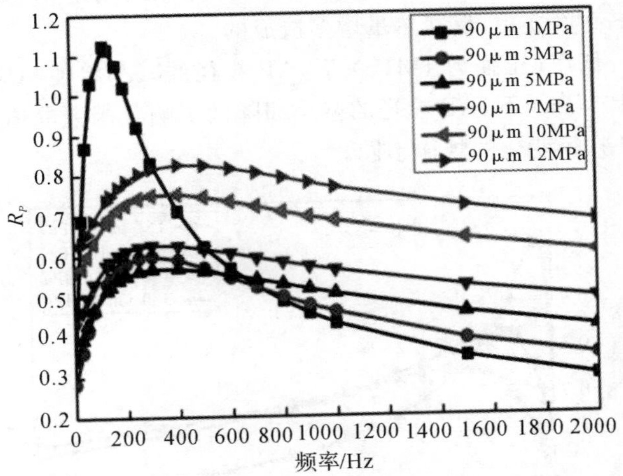


**图 2-14　AP 粒径为 90μm 的推进剂响应函数随压强变化曲线**

图 2-14 为 AP 粒径 $D_{ap}$ 为 90$\mu$m 时，响应函数随平衡压强变化的曲线。在 AP 粒径 $D_{ap}$ 为 90$\mu$m 的情况，响应函数峰值对应的频率依然随压强的增加向高频移动。而随着压强的增加，相应的响应函数峰值先下降后上升。压强范围在 1 ～ 5MPa 之间时，响应函数峰值在下降，而 5MPa 以后，便开始呈上升趋势。

由图 2-13 和图 2-14 可知，不同粒径的 AP，其响应函数随压强变化的规律不同。

(2) AP 粒径对响应函数的影响。根据实际推进剂中的 AP 粒度，本节选取 AP 粒径分别为

15μm,90μm,130μm,330μm 的推进剂进行计算。据此研究 1MPa 和 10MPa 下,响应函数随 AP 粒径变化的规律。

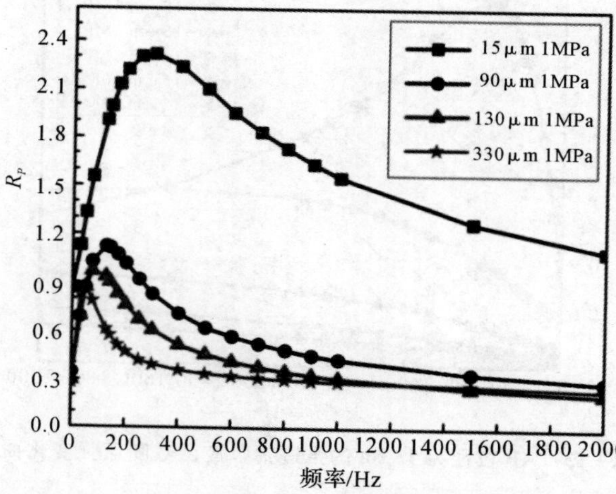


**图 2-15　压强为 1MPa 不同 AP 粒径的推进剂响应函数变化曲线**

图 2-15、图 2-16 给出了压强分别为 1MPa,10MPa 时,响应函数随 AP 粒径的变化曲线。从图中可以看出,无论压强为 1MPa 还是 10MPa,响应函数峰值均随 AP 粒径的减小向高频移动。分析其原因,当压强一定时,AP 粒径的减小将使得推进剂燃速显著增加(见图 2-12),则特征响应时间 $\tau$ 将减小,压强耦合响应函数的峰值即向高频移动。小粒径 AP 的推进剂燃速高,这是由于扩散火焰高度变短,反馈热量增多造成的。

如图 2-15 所示,低压(压强为 1MPa)下,AP 粒径的减小将使响应函数峰值提高;如图 2-16,高压(压强为 10MPa)下,AP 粒径的减小却降低了响应函数峰值。这说明不同压强条件下,响应函数随 AP 粒径变化的规律不同。

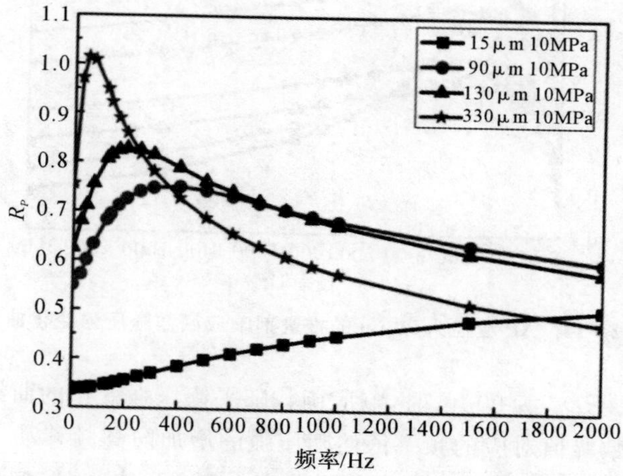


**图 2-16　压强为 10MPa 不同 AP 粒径的推进剂响应函数变化曲线**

# 2.6　速度耦合

速度耦合被认为是影响燃烧不稳定的重要因素，并且很有可能是导致平均压强上升的主导因素。燃烧室压强波动的同时速度场也存在波动，在压强波动最小的位置，速度波动处于最大的状态，如图 2-17 所示。从机理上说，速度波动浸入边界层，对气相反应区薄层内的物理化学过程产生影响，改变推进剂的瞬态燃速特性，对初始压强扰动产生增益效果。

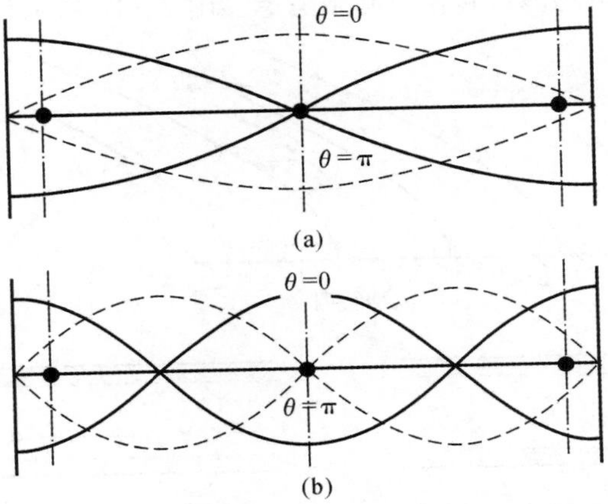


**图 2-17　燃烧室压强和速度波动的对应情况（实线为压强波动，虚线为速度波动）**

由于不同粒度的 AP 形成的火焰结构在几何尺度上有明显的不同，即使是同样能量和燃速特性的推进剂配方，组分级配的轻微改变也可能对速度耦合响应函数产生影响。尽管现在对速度耦合响应特性还没有清晰的认识，但有数值模拟表明，基于压强耦合响应模型不能显示出燃烧动力学对于组分改变的敏感性，改变速度耦合响应的动力学敏感性比改变压强耦合响应的要明显得多。1980 年，美国爱德华兹空军基地空军火箭实验室的 Baum 给出了一个速度耦合响应的函数，并将其用于典型非线性不稳定的数值模拟。

由于难以营造合适的实验环境，相对于压强耦合，速度耦合的研究明显滞后。近年来，在侵蚀燃烧方面的精细研究有助于理解速度耦合响应的本质，并有助于建立速度耦合响应模型。

# 2.7　涡脱落

在固体火箭发动机中，旋转流动与燃烧不稳定以及发动机中的非稳态气体动力学过程存在两个主要的联系：在燃烧表面形成不稳定的涡；涡与声模态耦合。这两种现象都引起很大的关注，做了大量的理论分析、数值模拟和实验等工作，尤其是在美国和法国。涡脱落是分段发动机产生压强振荡的主要机制，此种情况下燃烧响应对压强振荡的贡献相对较小，这是目前很清晰的认识。战术发动机中的涡脱落可能与燃烧响应耦合，诱发强烈的压强振荡，使问题更加复杂。近年来,也有许多关于如何抑制有规律的涡脱落方面的报道。

### 2.7.1 旋涡的产生

推进剂燃烧产生法向的质量流,只要表面有压强波动,就有与表面上升气流垂直的速度波动,导致涡的产生。上升气流最初与燃面垂直法向,在燃面处需满足“无滑移”边界条件,对上升气流施加一个切向的(与燃面平行)速度,导致了涡产生的无黏机制。而且,表面附近区域的质量守恒会导致一个垂直于表面的周期性抽吸作用。外加声场做功使得涡产生和抽吸现象的存在,在研究燃烧室中声场能量转换时必须考虑。图 2-18 所示显示了这两个过程。

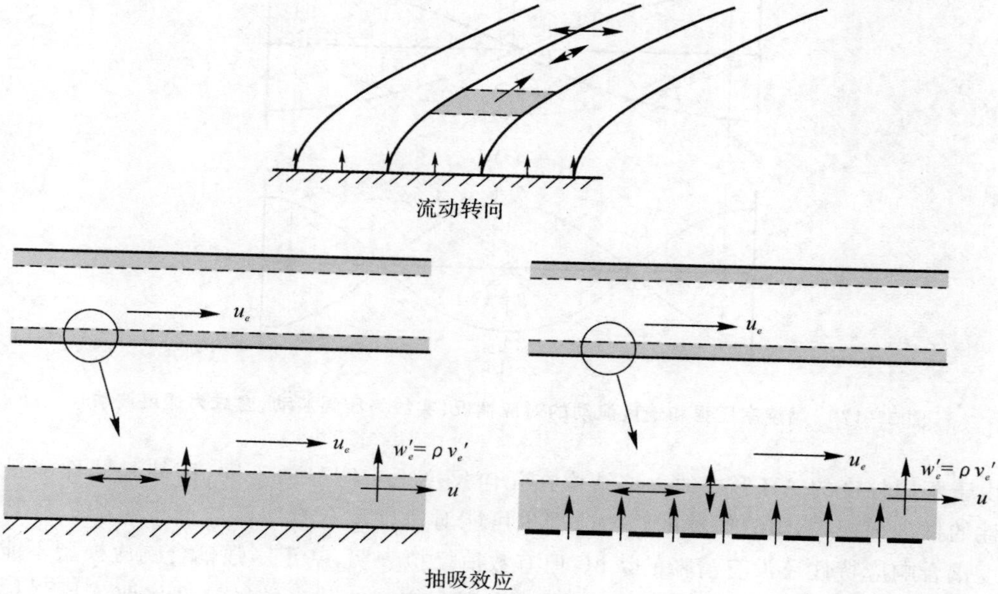


**图 2-18　涡产生的两个主要过程**

对于此现象较为简单和不完全的解释是,由于无滑移边界条件,垂直于燃面的平均上升流(当地燃烧产物)必须获得与流道表面平行的振荡运动,从主流中得到了部分动能,产生流动转向,并向喷管方向流动。流体无伸缩加速导致一种损失,该损失是质量向主流喷射伴随的非稳态损失。1973 年,Culick 首次在一维稳定性分析模型中提出了“流动转向”这一概念,对线性稳定性理论进行改进。这一过程要消耗声场的能量,称为“流动转向项”。这一修正被公认为是发动机燃烧不稳定中的一项重要阻尼项,对发动机稳定性预测有重要作用,此项的加入使得发动机线性稳定性预测能力有了很大提高。在发动机二维和三维模型中,由于流动模型能够考虑燃烧产生的法向射流向主流的运动过程,流动转向不再额外考虑。

从上面的分析可以看出,旋涡的产生对声能损失有一定的贡献,似乎会驱使发动机更加稳定。1995 年,Flandro 提出了旋转流动对稳定性影响的分析,在增益和阻尼因素中增加了“旋转流动”项。在后续的模型发展过程中,“旋转流动”项的计算数值与“流动转向”相同,但符号相反,刚好抵消。因此,在旋涡产生的真实影响上,现在还没有达成共识。

### 2.7.2　大尺度旋涡的脱落

就实验结果而言，大尺度旋涡的产生比之前讨论的旋涡产生要明显得多。后者在所有的固体火箭发动机中都会出现，通常影响其线性稳定性。旋涡脱落被认为是大型发动机中引起振荡的原因。得出以上结论的主要原因是涡脱落的频率和声模态的频率的近似。一些简单的实验验证了这个基本特性。大尺度旋涡的脱落与几何构型、平均速度、边界层厚度和声腔长度等有关。

在大型发动机中有三种涡脱落的形式，在第 1 章中已经有较多的描述。1974 年 Flandro 和 Jacobs 一起首次提出了声涡耦合的概念。为了研究 Titan 发动机和阿里安助推器中出现的涡脱落现象，开展了广泛的缩比实验器冷流实验，这些实验提供了广泛的内流场数据。

1986 年，Flandro 发表了他和 Jacobs 共同研究了 12 年的成果。其中包含之前所有的观点：剪切层的不稳定导致的剪切波；旋涡的传播速度要小于流动的平均速度；旋涡在固体壁面上撞击产生的压强脉冲会激发声波等。

声腔的频率主要决定于燃烧室长度，涡脱落的频率主要和几何构型和流动的平均速度有关。Flandro 应用 Michalke 早期的研究成果和实验结果分析发现涡脱落频率与 Strouhal 数有关。

$$f_s = S_t \frac{U}{\delta}$$

由于声和涡之间的耦合作用，实际的涡脱落频率很难用一个公式准确地预示。目前已经能够给出产生涡脱落的界限，但是参数的跨度较大，应用起来还很困难。涡脱落对发动机的影响一方面在稳定性分析中以模型的形式给出，另一方面，数值模拟，特别是大涡模拟被广泛应用，预估发动机中的流动稳定性。

有关涡脱落的产生机理及其对压强振荡的影响将在第 5 章中做专门的介绍。

## 2.8　分布式燃烧

铝的燃烧过程和凝相粒子的粒度分布对发动机燃烧稳定性有较大的影响。铝对燃烧不稳定的影响表现在两个方面。首先，凝相燃烧产物的形态和尺寸分布是决定燃烧不稳定中粒子阻尼效果的重要因素，阻尼作用的有效性取决于平均粒径是否接近于特定振型所要求的最佳直径。在非线性稳定性分析中，需要准确预估粒子的阻尼常数，因此需要掌握粒子粒度的确切分布。其次，金属粒子的分布式燃烧可能是燃烧不稳定的增益因素，以热声耦合的方式对压强振荡起放大作用。铝燃烧转化为三氧化二铝的过程比较复杂，可以认为大致有三种粒度分布（平均直径分别为微米级、十微米级和百微米量级）的铝并行燃烧，如图 2－19 所示。

在燃烧增益的分析中，铝的燃烧模型是最为关心的。实际上，实验研究表明，微米和百微米量级的铝燃烧规律存在明显的差别，压强对二者的影响规律是相反的。根据 Beckstead 和 King 的研究，百微米量级的铝颗粒燃烧时间随压强增加而降低，最为广泛采用的 Beckstead 燃烧模型

$$t_b = \frac{0.007\ 35 d^{1.8}}{P^{0.1} T^{0.2} (X_{O_2} + 0.6 X_{H_2O} + 0.22 X_{CO_2})} \tag{2-90}$$

式中，时间的单位是 ms；压强的单位是 100kPa(atm)；温度的单位为 K；粒度的单位是 $\mu$m；浓度的单位为摩尔分数。

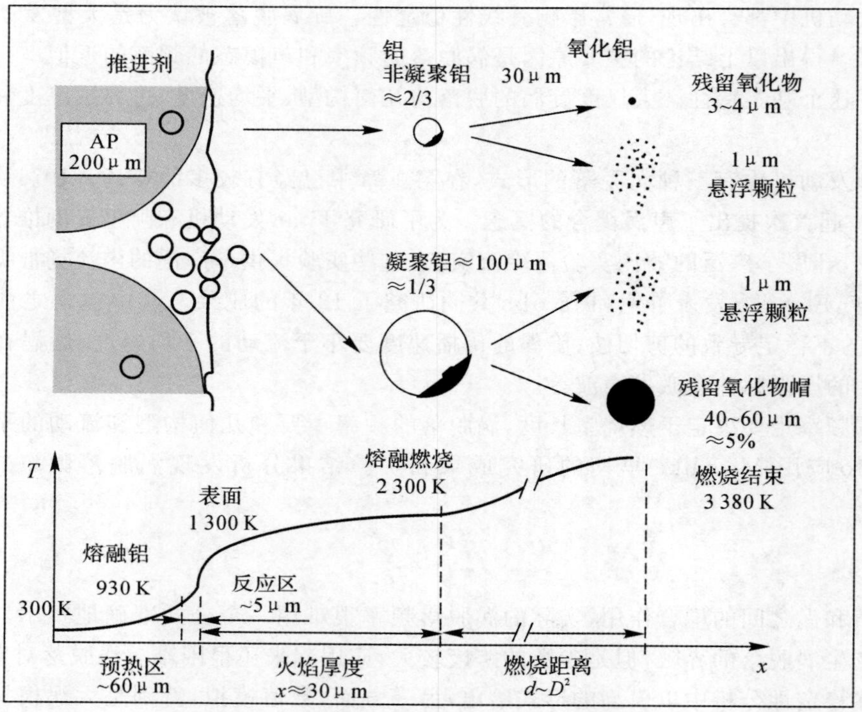


图 2-19 固体推进剂中铝燃烧的不同途径

在法国 ASSM 项目的两相流分析中，采用 Law 的模型描述铝颗粒的燃烧时间

$$\tau_c = k \frac{d_0^n}{(aX_{O_2} + bX_{H_2O} + cX_{CO_2})^{n_1} p^{n_2} T^{n_3}} \tag{2-91}$$

式中的关键参数由 Widener 和 Beckstead 给出，见表 2-3，其中时间的单位是 ms，压强的单位是 100kPa(atm)，粒度的单位是 $\mu$m。

**表 2-3 Law 模型的参数取值**

| $a$ | $b$ | $c$ | $n$ | $n_1$ | $n_2$ | $n_3$ | $k$ |
|---|---|---|---|---|---|---|---|
| 1 | 0.58 | 0.22 | 1.9 | 0.39 | 0.2 | 1.57 | 1 138 |

伊利诺伊大学 Lynch 等人对 5$\mu$m 铝开展了在高压下的实验研究。结果表明压强增加导致燃烧时间增加，与上述两个模型的结果有明显的差别。Lynch 等人基于实验结果提出的燃烧模型为

$$t_b = C_1 \frac{[P^{C_3} + C_4(\ln P - C_5)][1 - C_6(T - 2\ 500)]}{[X_{H_2O}]^{C_2}} \tag{2-92}$$

式中，参数的单位与上述模型相同，关键参数的取值见表 2-4。

**表 2-4　Lynch 燃烧模型中的关键参数取值**

| | |
|---|---|
| $C_1$ | 51.2427 |
| $C_2$ | 2.1965 |
| $C_3$ | 0.3773 |
| $C_4$ | 0($p <$ 1MPa)　　2.6566($p >$ 1MPa) |
| $C_5$ | 2.1067 |
| $C_6$ | 0($T >$ 2500K)　　0.0035481($T <$ 2500K) |

分布式燃烧效应对发动机中声不稳定性有增强作用得到了数值模拟的验证。Dupays 等人对 LP6 的缩比分段发动机(P230 的 1/15 缩比)开展了数值模拟，该发动机经过精心的设计，在受不稳定性驱动的情况下容易产生涡脱落。为了避免模拟多组分，假设铝液滴已经蒸发并且放热量近似服从 $d^2$ 定律。图 2-20 中给出了两种计算结果，并与文献中提供的单相计算结果做比较。为了能够模拟凝相产物的阻尼并简化研究，强行中止了固定尺寸液滴的燃烧，并假设铝液滴和 $Al_2O_3$ 产物具有相同的特性。第一个两相流动计算是关于 30$\mu$m 液滴生成 3$\mu$m 产物，而第二个计算是 125$\mu$m 生成 60$\mu$m 产物。根据头部压强曲线可以看出，小粒度的液滴对压强振荡水平有放大作用(见图 2-20(b))，而大粒子对其有衰减作用(见图 2-20(c))。在第一种情况下，由液滴燃烧导致的增强作用要比由气相的速度滞后和热滞后导致的阻尼更占优势。第二种情况显示了相反的趋势。在这个发动机中，大粒子和小粒子在燃烧室的一个相当小的部分里进行燃烧。由此可以推断，即使是在燃烧/滞留时间比很低的大发动机中，分布式燃烧对推进剂表面附近的剪切层上流动分布有放大作用，从而对不稳定产生增益机制。

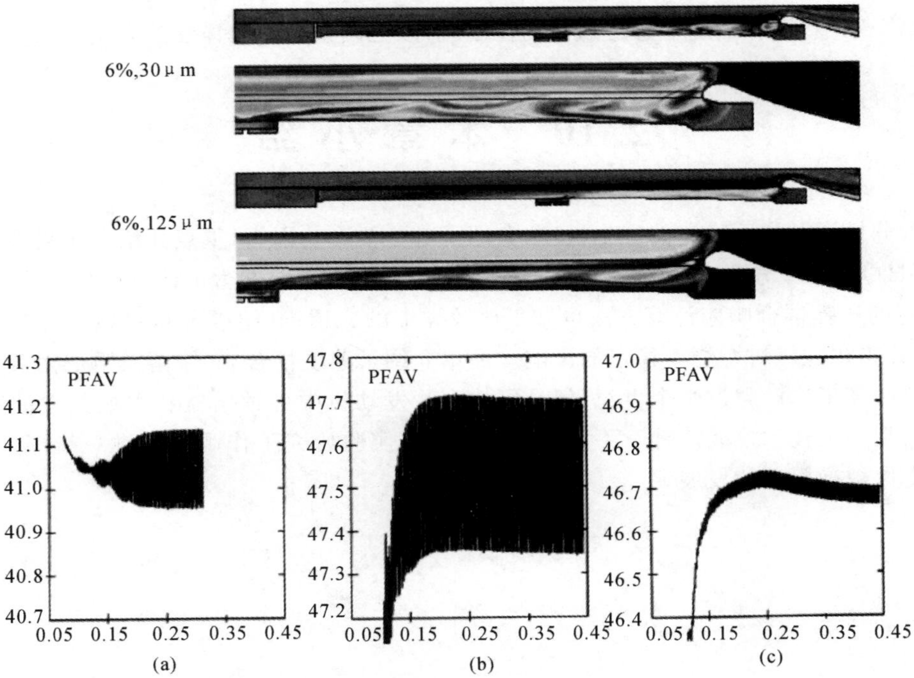


**图 2-20　LP6 数值模拟的速度云图和头部压强曲线**

## 2.9 阻 尼

除了以上描述的增益因素之外，理解燃烧不稳定需要认识其阻尼机制。阻尼主要有四种：喷管阻尼、粒子阻尼、流动耦合和结构阻尼。

(1) 喷管阻尼：在所有阻尼中，喷管阻尼通常是最大的，尤其是在轴向和横向 / 轴向混合模态中。从概念上讲是非常简单的。当声压波传到发动机喷管喉部时，一部分能量穿过喉部辐射到外部环境中。喷管阻尼的理论预测已经比较完善。

(2) 粒子阻尼：粒子阻尼只能应用于燃烧产物中含有凝相的推进剂，比如含金属的推进剂。粒子阻尼的大小取决于流场中粒子的质量分数，此外粒子尺寸也非常重要。大尺寸粒子阻尼低频振荡，而小粒子阻尼高频率振荡。对粒子阻尼的计算也已经比较完善，但推进剂燃烧产物的粒度分布还不能用模型描述。

(3) 流动耦合：流动耦合阻尼在涡脱落一节中已经做了简单介绍，关于这种耦合作用在推进剂燃面边界层附近是如何产生的基本上有两种理论。第一种是流动转向损失，从燃面垂直喷出的燃烧产物得到轴向的加速，速度方向的变化是流动转向损失的起因。第二种称为边界层损失，用来描述带有垂直于燃面流动的边界层。有时将其称为“Flandro 边界层项”，即前述的“旋转流动”。为了理解这一现象需要涉及涡量和声边界层。

(4) 结构阻尼：结构阻尼是由于声压振荡引起发动机结构变形而产生的。发动机结构包括壳体和衬层。相比于其他阻尼来说，结构阻尼非常小，但在大型固体火箭发动机中可能会很大。

在第 8 章中，结合燃烧不稳定的被动控制，对阻尼因素做更为详细的介绍。

## 2.10 本章小结

本章分析了燃烧不稳定的产生机理，介绍了其主要影响因素，重点介绍了压强耦合响应函数的 QSHOD 计算方法，简单介绍了 Zel'dovitch-Novozhilov 模型，对最近仍在发展的基于 BDP 模型的压强耦合响应计算方法也做了比较详细的介绍；介绍了分布式燃烧的几种常用模型，以及分布式燃烧对燃烧不稳定的影响。简单介绍了速度耦合、涡脱落及阻尼因素。

尽管研究工作已超过半个世纪，但是固体火箭发动机中各种增益和阻尼因素的准确计算目前仍然是一个技术挑战。针对不同推进剂的细致实验研究工作亟待于进一步深入开展，以此用来支撑精确模型的发展。

# 第3章 燃烧不稳定的理论预示方法

对固体火箭发动机燃烧不稳定的分析方法大体可以分为三类:理论分析方法、实验方法和数值模拟方法。理论分析方法分为线性方法和非线性方法。线性燃烧不稳定分析方法可以根据线性增益系数的正负来判断发动机发生线性燃烧不稳定的趋势,预估发动机发生线性燃烧不稳定的可能性。在线性燃烧不稳定分析方法的基础上建立的非线性燃烧不稳定分析方法,则可以预测发动机发生非线性燃烧不稳定的压强振荡所达到的极限幅值和平均压强上升,描述发动机发生燃烧不稳定的剧烈程度。本章介绍燃烧不稳定的线性和非线性预示方法。

美国于1976年就已经开发出标准的稳定性预测程序(SSP),但因其基于线性模型,只能预测发动机是否具有产生声不稳定的趋势,所以后期的研究一直致力于对其进行修正。法国的软件和工程组织(SEA)将两种非线性模型"气体动力学方法"和"能量平衡法"应用到SSP中去以预测振幅。实际上,线性稳定性预测方法预示稳定工作的发动机,也常常出现燃烧不稳定现象。有关燃烧稳定性理论预测的工作在国外持续开展,其中加州理工大学的F. E. C. Culick和田纳西空间研究大学的G. A. Flandro的研究工作最具有代表性。

Culick提出了较为完备的燃烧不稳定理论分析框架,包括线性分析和非线性分析,内容涉及燃烧动力学、燃烧室动力学和非线性气体动力学。Flandro曾经是加州理工大学的博士,其前期研究工作是对Culick工作的继承和发展。

Flandro从能量守恒的角度出发,以Culick的气体动力学方法为基础,提出了预测非线性燃烧不稳定的能量平衡方法。该方法假设压强振荡达到极限振幅状态后,振荡波是一种前沿陡峭的行激波,激波带来的熵增导致系统能量的耗散,从而使振幅稳定在极限状态。能量平衡法的计算中所需要的数据有工作压强、燃烧室结构参数、推进剂燃速和导纳函数等,其中推进剂和发动机结构参数均是已知的或经过计算可以得到的,只有推进剂的声导纳需要通过实验得到,并且计算中不会出现大量的偏微分方程组,可以通过简单的数值计算对极限振幅与平均压强变化进行耦合求解,计算效率高。

## 3.1 发动机声不稳定的线性理论

发动机线性稳定性分析就是从实际存在的各种阻尼和增益因素出发,计算微弱压强振荡的声能变化率 $2\alpha$ 或声压振幅变化率 $\alpha$,并根据其正负判断发动机是否稳定。燃烧室中的压强振荡经常包含一系列的固有振型。所谓稳定,就是发动机对所有可能出现的声振型都是稳定的,所以稳定性分析总是针对某一固有振型进行分析。线性稳定性分析能够预估发生不稳定燃烧的可能性。另外,相对准确的线性增益系数是预估发动机非线性燃烧不稳定的必要条件。

固体火箭发动机线性稳定性分析是非线性稳定性分析的基础,现有的线性稳定性分析又以Flandro的方法为代表。Flandro在线性稳定性分析模型中保留无滑移边界条件所导致的旋转流的作用,对线性稳定性分析方法进行了改进,得到的线性稳定性增长系数,比原来的算法更接近于实际情况。Majdalani 等人对推导得到的线性增长系数的表达式进行了体积分到面积分的转换,使得计算表达式更简单,计算更快捷方便,极大地提高了计算效率并简化了计算的过程。

Flandro 的线性稳定性分析方法通过将不稳定旋转流加入到能量平衡方程,得到了关于固体火箭发动机燃烧声不稳定的更全面的描述。平行于燃面的气体运动满足于无滑移边界条件,则会带来涡量,对声波结构和振荡速度的垂直分量产生影响,从而影响发动机的稳定性。将涡量加入到声能方法中,可以更精确地描述发动机中的声不稳定特性。此方法比以前基于无旋声场的经典方法上有了很大改进,增加了无旋模型所不具备的 6 个线性项,其中包括由于旋转流、无黏旋涡、黏性、伪声、伪压旋转和不稳定耗散带来的修正,得到由 10 个分量叠加的线性增长率。把这 10 项稳定性修正项从体积分转换成了面积分,并转换成声能形式的表达式,可以直接应用到稳定性预测中。体积分向面积分的转换极大地方便了对每个单独的稳定性增长率的分析,因为它们都是沿燃烧室控制面分布的函数,这也有效地避免了对燃烧室内部流场进行旋流分析。当使用无滑移边界条件或者响应函数时,计算中只需要一些面参数,并且所有这些需要的信息都可以从声场中获得。采用高斯散度定理将体积分变换为面积分,只需要计算边界处的参数,可以避免流场中旋转流的计算,使得实际发动机中声场的积分计算能够实现。解析表达式清晰地表明了流场参数和发动机稳定性之间的关系。此方法所呈现的规律与工程经验中的现象是一致的,如长径比越大、燃面马赫数越高、燃面导纳函数值越大,则发动机越不稳定。

此处能量计算中的压强($p$)和速度($u$)均包含无旋量和有旋量。此方法得到的线性增长率包含 10 项,代表多个影响稳定性的增益和阻尼机制。根据各项的物理意义,可以把线性增长系数的表达式扩展为如下形式:

$$\alpha_m = \alpha_1 + \alpha_2 + \alpha_3 + \cdots = \sum_{i=1}^{N} \alpha_i \tag{3-1}$$

本章把每一项都从体积分转化为面积分,并且简化为可以直接计算的形式。

**1. 物理模型**

采用翼柱(或星孔)装药的战术发动机,在燃烧后期药型一般接近内孔燃烧的圆柱,而燃烧不稳定常常发生在这个阶段。所以,针对简单构型的圆柱形内孔燃烧装药固体火箭发动机建立模型。假设发动机采用短喷管,对喷管导纳数据取近似值。

圆柱形装药内孔燃烧发动机的结构如图 3-1 所示,发动机长度为 $L$,装药内孔半径为 $R$,在发动机工作后期药柱肉厚较薄,与 $R$ 相比,可忽略不计,则装药内孔半径和燃烧室半径相等,后文统称燃烧室半径,喷管为短喷管,符合短喷管理论,喷管喉径为 $2R_t$。

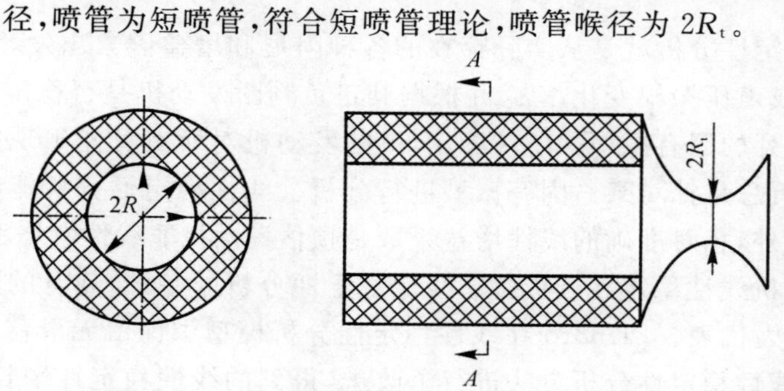


**图 3-1　圆柱形内孔燃烧装药发动机构型**

**2. 数学模型**

由于稳定性分析中的两相流项的表达尚处于研究之中，这里暂不考虑两相流的阻尼效应，假设燃烧室内的流场为单一成分理想气体。在发动机的线性稳定性模型中保持等熵流假设，但考虑传热、黏性、可压缩波、涡波等对燃烧室流场的作用，建立燃烧室内部流场的可压缩流控制方程和理想气体状态方程。对控制方程中的各个参数进行无量纲化，得到无量纲的控制方程。参数无量纲化过程如下（“∗”表示因次量；下角标 0 表示燃烧室静态参考状态）：

$$\left.\begin{aligned} p &= p^{*}/\gamma_0 \\ \rho &= \rho^{*}/\rho_0 \\ T &= T^{*}/T_0 \\ \boldsymbol{u} &= \boldsymbol{u}^{*}/a_0 \end{aligned}\right\} \tag{3-2}$$

$$\left.\begin{aligned} \boldsymbol{r} &= \boldsymbol{r}^{*}/R \\ t &= t^{*}/(R/a_0) \\ \boldsymbol{\omega} &= \boldsymbol{\omega}^{*}/(a_0/R) \\ e &= e^{*}/a_0^2 \end{aligned}\right\} \tag{3-3}$$

式中，$p,\rho,T,\boldsymbol{u},\boldsymbol{r},t,\boldsymbol{\omega},e$ 分别是燃烧室内部流场的压强、密度、温度、速度、位置、时间、涡量和比内能。无量纲的控制方程和理想气体状态方程为

连续方程：

$$\frac{\partial\rho}{\partial t}+\nabla\cdot(\rho\boldsymbol{u})=0 \tag{3-4}$$

动量方程：

$$\rho\left(\frac{\partial\boldsymbol{u}}{\partial t}+\frac{1}{2}\nabla\boldsymbol{u}\cdot\boldsymbol{u}-\boldsymbol{u}\times\boldsymbol{\omega}\right)=-\nabla p-\delta^2\nabla\times\nabla\times\boldsymbol{u}+\delta_{\mathrm{d}}^2\nabla(\nabla\cdot\boldsymbol{u}) \tag{3-5}$$

状态方程：

$$p=\rho T \tag{3-6}$$

式(3-4)、式(3-5)中的$\nabla$是 Hamilton 算子，$\gamma$ 是比热比；$\delta^2$ 和 $\delta_{\mathrm{d}}^2$ 是和黏性相关的系数，定义如下：

$$\left.\begin{aligned} \delta^2 &= \frac{\nu}{a_0 L} \\ \delta_{\mathrm{d}}^2 &= \delta^2\left(\frac{\eta}{\mu}+\frac{4}{3}\right) \end{aligned}\right\} \tag{3-7}$$

式(3-7)中的燃气参数：$\mu$ 是动力黏性系数；$\nu=\mu/\rho$ 是运动黏性系数；$\eta=-2\mu/3$ 是第二黏性系数。

## 3.2　线性稳定性求解

与 Culick 的传统方法相似，Flandro 和 Majdalani 的方法也从线性的连续方程和动量方程开始。根据小扰动原理，方程中各参量可以分解为平均量和扰动量：

$$\left.\begin{aligned}\rho &= \bar{\rho} + \rho^{(1)} \\ p &= \bar{p} + p^{(1)} \\ T &= \bar{T} + T^{(1)} \\ \boldsymbol{u} &= \bar{M}_{\mathrm{b}} \boldsymbol{U} + \boldsymbol{u}^{(1)} \\ \boldsymbol{\omega} &= \bar{M}_{\mathrm{b}}\, \nabla \times \boldsymbol{U} + \nabla \times \boldsymbol{u}^{(1)}\end{aligned}\right\} \tag{3-8}$$

式中，上标( $\bar{}$ )表示参数的平均量；上角标(1)表示参数的一阶扰动量；$\bar{M}_{\mathrm{b}}$ 是燃面平均马赫数；$\boldsymbol{U}$ 是流场的主流速度；令流场的平均涡量 $\boldsymbol{\Omega} = \nabla \times \boldsymbol{U}$。

将控制方程分解为稳态部分和非稳态部分，非稳态的连续方程和动量方程为

连续方程

$$\frac{\partial \rho^{(1)}}{\partial t} + \nabla \cdot \boldsymbol{u}^{(1)} = -\bar{M}_{\mathrm{b}} \boldsymbol{U} \cdot \nabla \rho^{(1)} \tag{3-9}$$

动量方程

$$\frac{\partial \boldsymbol{u}^{(1)}}{\partial t} + \nabla p^{(1)} = \bar{M}_{\mathrm{b}} \{ \boldsymbol{u}^{(1)} \times (\nabla \times \boldsymbol{U}) + \boldsymbol{U} \times [\nabla \times \boldsymbol{u}^{(1)}] - \nabla [\boldsymbol{U} \cdot \boldsymbol{u}^{(1)}] \} + \delta^2 \left\{ \frac{4}{3} \nabla [\nabla \cdot \boldsymbol{u}^{(1)}] - \nabla \times \nabla \times \boldsymbol{u}^{(1)} \right\} \tag{3-10}$$

为了考虑燃烧室中气体运动的能量波动，此处保留不稳定转动速度。接下来，用到了 Culick 关于内燃烧管的平均速度定义。这一结构类似于圆柱形内孔燃烧装药发动机（如图 3-2 所示中的坐标）。

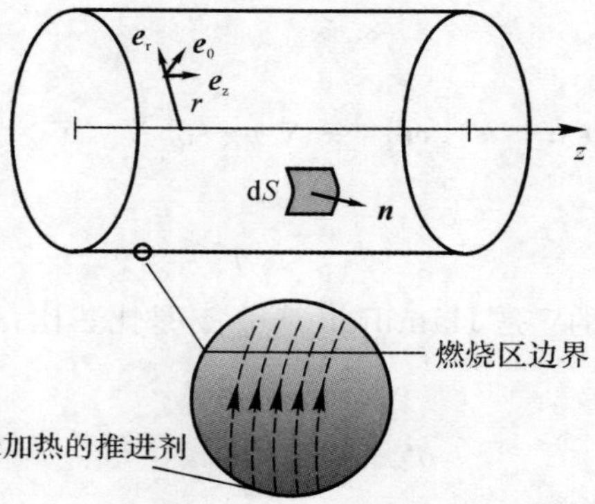


**图 3-2　圆柱形 SRM 的发动机结构和坐标系**

使用 Culick 的平均速度定义，得到

$$\boldsymbol{U} = U_r \boldsymbol{e}_r + U_z \boldsymbol{e}_z = -r^{-1} \sin(\eta) \boldsymbol{e}_r + \pi z \cos(\eta) \boldsymbol{e}_z \tag{3-11}$$

其中 $\eta = 1/(2\pi r^2)$。将流场参数（密度除外）分离为无旋量和有旋量，即

$$\left.\begin{aligned} p^{(1)} &= \hat{p} + \tilde{p} \\ \rho^{(1)} &= \hat{\rho} = \hat{p} \\ \boldsymbol{u}^{(1)} &= \hat{u} + \tilde{u} \end{aligned}\right\} \tag{3-12}$$

上标(~)和(^)分别表示有旋量和无旋量。从连续方程式(3-9)和动量方程式(3-10)推导得到流动变量，即

$$\hat{p}^{(1)} = \mathrm{e}^{-\mathrm{i}kt} \cos(k_{\mathrm{m}} z) + O(\bar{M}_{\mathrm{b}}) \tag{3-13}$$

$$\hat{\boldsymbol{u}}^{(1)}=\mathrm{i}\mathrm{e}^{-\mathrm{i}kt}\sin(k_{\mathrm{m}}z)\boldsymbol{e}_z+O(\overline{M}_{\mathrm{b}}) \tag{3-14}$$

$$\widetilde{p}^{(1)}=\mathrm{i}\overline{M}_{\mathrm{b}}\mathrm{e}^{-\mathrm{i}kt}\sin(2\eta)\,\mathrm{e}^{(\phi+\mathrm{i}\psi)}\left(\frac{1}{2}\pi z\right)\sin[\sin(\eta)k_{\mathrm{m}}z] \tag{3-15}$$

$$\widetilde{\boldsymbol{u}}^{(1)}=\mathrm{i}\mathrm{e}^{-\mathrm{i}kt}rU_r\mathrm{e}^{(\phi+\mathrm{i}\psi)}\sin[\sin(\eta)k_{\mathrm{m}}z]\boldsymbol{e}_z+O(\overline{M}_{\mathrm{b}}) \tag{3-16}$$

其中 $k$ 是无量纲复波数，$k_{\mathrm{m}}$ 是无量纲波数，且

$$k_{\mathrm{m}}=m\pi R/L=m\pi/l \tag{3-17}$$

式中，$m$ 是表示振型的正整数；$l\equiv L/R$ 是发动机的长径比。

有旋速度和压强中的指数函数表达式如下：

$$\phi(r)=\frac{\xi}{\pi^2}\left[1-\frac{1}{\sin(\eta)}-\eta\frac{\cos(\eta)}{\sin^2(\eta)}+I(\eta)-I\left(\frac{1}{2}\pi\right)\right] \tag{3-18}$$

$$\psi(r)=-[k_{\mathrm{m}}/(\pi\overline{M}_{\mathrm{b}})]\ln\left[\tan\left(\frac{1}{2}\eta\right)\right] \tag{3-19}$$

$$I(\eta)\equiv\int_0^\eta x\csc x\,\mathrm{d}x=\eta+\frac{1}{18}\eta^3+\frac{7}{1\,800}\eta^5+\frac{31}{105\,840}\eta^7+\cdots \tag{3-20}$$

其中

$$\left.\begin{aligned}\xi&\equiv\frac{k_{\mathrm{m}}^2\delta^2}{\overline{M}_{\mathrm{b}}^3}=\frac{S^2\delta^2}{\overline{M}_{\mathrm{b}}}=\frac{m^2}{l^2}\frac{\pi^2\delta^2}{\overline{M}_{\mathrm{b}}^3}\\ S&\equiv\frac{k_{\mathrm{m}}}{\overline{M}_{\mathrm{b}}}=\frac{m}{l}\frac{\pi}{\overline{M}_{\mathrm{b}}}\end{aligned}\right\} \tag{3-21}$$

式中，$\xi$ 和 $S$ 是表示黏性和 Strouhal 的无量纲参数。

类似于 Cantrell 和 Hart 使用的 Kirchoff 方法，得到燃气中滞留的声能方程。令 $\rho^{(1)}=p^{(1)}$，用声压乘以连续方程，得到：

$$p^{(1)}\left[\frac{\partial p^{(1)}}{\partial t}+\nabla\cdot\boldsymbol{u}^{(1)}\right]=\rho^{(1)}[-\overline{M}_{\mathrm{b}}\boldsymbol{U}\cdot\nabla\rho^{(1)}] \tag{3-22}$$

用速度 $\boldsymbol{u}^{(1)}$ 乘以动量方程，得到：

$$\begin{aligned}\boldsymbol{u}^{(1)}\cdot\frac{\partial\boldsymbol{u}^{(1)}}{\partial t}=\boldsymbol{u}^{(1)}\cdot\Big\{&\overline{M}_{\mathrm{b}}[\boldsymbol{u}^{(1)}\times(\nabla\times\boldsymbol{U})+\boldsymbol{U}\times(\nabla\times\boldsymbol{u}^{(1)})-\nabla(\boldsymbol{U}\cdot\boldsymbol{u}^{(1)})]-\nabla p^{(1)}+\\&\delta^2\left[\frac{4}{3}\nabla(\nabla\cdot\boldsymbol{u}^{(1)})-\nabla\times\nabla\times\boldsymbol{u}^{(1)}\right]\Big\}\end{aligned} \tag{3-23}$$

将以上两式相加，得到

$$\begin{aligned}\frac{\partial}{\partial t}\left[\frac{1}{2}\{[p^{(1)}]^2+\boldsymbol{u}^{(1)}\cdot\boldsymbol{u}^{(1)}\}\right]=&-[p^{(1)}\nabla\cdot\boldsymbol{u}^{(1)}+\boldsymbol{u}^{(1)}\cdot\nabla p^{(1)}]-\overline{M}_{\mathrm{b}}\Big\{\frac{1}{2}\boldsymbol{U}\cdot\nabla[p^{(1)}]^2+\\&\boldsymbol{u}^{(1)}\cdot\nabla[\boldsymbol{U}\cdot\boldsymbol{u}^{(1)}]-\boldsymbol{u}^{(1)}\cdot[\boldsymbol{u}^{(1)}\times(\nabla\times\boldsymbol{U})+\boldsymbol{U}\times\boldsymbol{\omega}^{(1)}]\Big\}+\\&\delta^2\boldsymbol{u}^{(1)}\cdot\left\{\frac{4}{3}\nabla[\nabla\cdot\boldsymbol{u}^{(1)}]-\nabla\times\boldsymbol{\omega}^{(1)}\right\}\end{aligned} \tag{3-24}$$

其中，不稳定振荡涡量 $\boldsymbol{\omega}^{(1)}=\nabla\times\boldsymbol{u}^{(1)}$。式(3-24)左边表示压强波所携带的势能和动能的变化率。

定义振荡能量密度为

$$e=\frac{1}{2}[\hat{p}^2+\boldsymbol{u}^{(1)}\cdot\boldsymbol{u}^{(1)}] \tag{3-25}$$

能量变化的时间远远大于振荡周期，在振荡周期内对能量密度进行时间平均。用尖括号

表示如下：

$$\langle A\rangle=\frac{1}{2\pi}k_{\mathrm{m}}e^{\alpha_{\mathrm{m}}t}\int_{0}^{2\pi/k_{\mathrm{m}}}A\mathrm{e}^{-\alpha_{\mathrm{m}}t}\mathrm{d}t \tag{3-26}$$

在燃烧室体积上对其进行积分，得到燃烧室压强振荡系统的能量方程：

$$E=\iiint_V\langle e\rangle\mathrm{d}V=\frac{1}{2}\iiint_V\langle\hat{p}^2+\boldsymbol{u}^{(1)}\cdot\boldsymbol{u}^{(1)}\rangle\mathrm{d}V \tag{3-27}$$

能量密度是对方程式(3-24)左边的定义，同时对其右边进行时间平均和空间平均，得到：

$$\frac{\mathrm{d}E}{\mathrm{d}t}=\iiint_V\langle-[p^{(1)}\nabla\cdot\boldsymbol{u}^{(1)}+\boldsymbol{u}^{(1)}\cdot\nabla p^{(1)}]-\overline{M}_{\mathrm{b}}\left\{\frac{1}{2}\boldsymbol{U}\cdot\nabla[p^{(1)}]^2+\boldsymbol{u}^{(1)}\cdot\nabla[\boldsymbol{U}\cdot\boldsymbol{u}^{(1)}]-\right.$$

$$\left.\boldsymbol{u}^{(1)}\cdot[\boldsymbol{u}^{(1)}\times(\nabla\times\boldsymbol{U})+\boldsymbol{U}\times\boldsymbol{\omega}^{(1)}]\right\}+\delta^2\boldsymbol{u}^{(1)}\cdot\left[\frac{4}{3}\nabla[\nabla\cdot\boldsymbol{u}^{(1)}]-\nabla\times\boldsymbol{\omega}^{(1)}\right]\rangle\mathrm{d}V \tag{3-28}$$

保留有旋项和无旋项，把方程式(3-12)代入声能变化方程式(3-28)，得到：

$$\frac{\mathrm{d}E}{\mathrm{d}t}=\iiint_V\langle-\nabla\cdot(\hat{p}\hat{\boldsymbol{u}})-\frac{1}{2}\overline{M}_{\mathrm{b}}(\boldsymbol{U}\cdot\nabla\hat{p}^2)-\overline{M}_{\mathrm{b}}[\hat{\boldsymbol{u}}\cdot\nabla(\boldsymbol{U}\cdot\hat{\boldsymbol{u}})]+$$

$$\frac{4}{3}\delta^2\hat{\boldsymbol{u}}\cdot\nabla(\nabla\cdot\hat{\boldsymbol{u}})+\overline{M}_{\mathrm{b}}[\hat{\boldsymbol{u}}\cdot(\hat{\boldsymbol{u}}\times\boldsymbol{\Omega})+\hat{\boldsymbol{u}}\cdot(\boldsymbol{U}\times\boldsymbol{\omega})]-$$

$$\tilde{\boldsymbol{u}}\cdot\nabla\hat{p}+\frac{4}{3}\delta^2\tilde{\boldsymbol{u}}\cdot\nabla(\nabla\cdot\hat{\boldsymbol{u}})-\hat{\boldsymbol{u}}\cdot\nabla\tilde{p}-\tilde{\boldsymbol{u}}\cdot\nabla\tilde{p}-$$

$$\overline{M}_{\mathrm{b}}[\tilde{\boldsymbol{u}}\cdot\nabla(\boldsymbol{U}\cdot\hat{\boldsymbol{u}})+\hat{\boldsymbol{u}}\cdot\nabla(\boldsymbol{U}\cdot\tilde{\boldsymbol{u}})+\tilde{\boldsymbol{u}}\cdot\nabla(\boldsymbol{U}\cdot\tilde{\boldsymbol{u}})-$$

$$\tilde{\boldsymbol{u}}\cdot(\boldsymbol{U}\times\boldsymbol{\omega})-\tilde{\boldsymbol{u}}\cdot(\tilde{\boldsymbol{u}}\times\boldsymbol{\Omega})]-$$

$$\delta^2[\hat{\boldsymbol{u}}\cdot(\nabla\times\boldsymbol{\omega})+\tilde{\boldsymbol{u}}\cdot(\nabla\times\boldsymbol{\omega})]\rangle\mathrm{d}V \tag{3-29}$$

其中，$\boldsymbol{\Omega}=\nabla\times\boldsymbol{U}$，$\boldsymbol{\omega}=\nabla\times\tilde{\boldsymbol{u}}$。

可以通过能量密度计算发动机燃烧室中能量的增加或者衰减。计算方程式(3-29)可以得到系统能量的增长率。通常复波数可以写为

$$k=k_{\mathrm{m}}+\mathrm{i}\alpha_{\mathrm{m}}+O(\overline{M}_{\mathrm{b}}^2) \tag{3-30}$$

定义方程式(3-13)～式(3-16)的实部：

$$\hat{p}=\hat{p}_{\mathrm{m}}\exp(\alpha_{\mathrm{m}}t)\cos(k_{\mathrm{m}}t) \tag{3-31}$$

$$\hat{\boldsymbol{u}}=\hat{\boldsymbol{u}}_{\mathrm{m}}\exp(\alpha_{\mathrm{m}}t)\sin(k_{\mathrm{m}}t) \tag{3-32}$$

$$\tilde{\boldsymbol{u}}=\exp(\alpha_{\mathrm{m}}t)[\tilde{\boldsymbol{u}}_{\mathrm{m}}^{r}\cos(k_{\mathrm{m}}t)+\tilde{\boldsymbol{u}}_{\mathrm{m}}^{\mathrm{i}}\sin(k_{\mathrm{m}}t)] \tag{3-33}$$

其中

$$\hat{p}_{\mathrm{m}}=\cos(k_{\mathrm{m}}z) \tag{3-34}$$

$$\hat{\boldsymbol{u}}_{\mathrm{m}}=\sin(k_{\mathrm{m}}z)\boldsymbol{e}_z \tag{3-35}$$

$$\tilde{\boldsymbol{u}}_{\mathrm{m}}^{r}=\sin(\eta)\exp(\phi)\sin(\psi)\sin[\sin(\eta)k_{\mathrm{m}}z]\boldsymbol{e}_z \tag{3-36}$$

$$\tilde{\boldsymbol{u}}_{\mathrm{m}}^{\mathrm{i}}=-\sin(\eta)\exp(\phi)\cos(\psi)\sin[\sin(\eta)k_{\mathrm{m}}z]\boldsymbol{e}_z \tag{3-37}$$

$$\tilde{p}_{\mathrm{m}}^{r}=-\frac{1}{2}\pi\zeta M_{\mathrm{b}}\sin(\psi)\sin(2\eta)\exp(\phi)\sin[\sin(\eta)k_{\mathrm{m}}z] \tag{3-38}$$

$$\tilde{p}_{\mathrm{m}}^{i}=-\frac{1}{2}\pi\zeta M_{\mathrm{b}}\cos(\psi)\sin(2\eta)\exp(\phi)\sin[\sin(\eta)k_{\mathrm{m}}z] \tag{3-39}$$

声速和压强之间的关系为

$$\hat{\boldsymbol{u}}_{\mathrm{m}}=-\nabla\hat{p}_{\mathrm{m}}/k_{\mathrm{m}} \tag{3-40}$$

基于能量密度方程使用上面的值计算能量标准方程，代入方程式(3-25)，并通过方程式(3-26)进行时间平均，可以得到

$$\langle e\rangle=\frac{1}{4}\exp(2\alpha_{\mathrm{m}}t)\,[\overbrace{\hat{p}_{\mathrm{m}}^{2}+\hat{\boldsymbol{u}}_{\mathrm{m}}\cdot\hat{\boldsymbol{u}}_{\mathrm{m}}}^{\text{无旋}}+\overbrace{2\,\hat{\boldsymbol{u}}_{\mathrm{m}}\cdot\tilde{\boldsymbol{u}}_{\mathrm{m}}^{\mathrm{i}}+\tilde{\boldsymbol{u}}_{\mathrm{m}}^{r}\cdot\tilde{\boldsymbol{u}}_{\mathrm{m}}^{r}+\tilde{\boldsymbol{u}}_{\mathrm{m}}^{\mathrm{i}}\cdot\tilde{\boldsymbol{u}}_{\mathrm{m}}^{\mathrm{i}}}^{\text{有旋}}] \tag{3-41}$$

又因为

$$\frac{\mathrm{d}E}{\mathrm{d}t}=\alpha_{\mathrm{m}}\exp(2\alpha_{\mathrm{m}}t)\,E_{\mathrm{m}}^{2} \tag{3-42}$$

可以对能量标准方程进行修正。其中 $\alpha_{\mathrm{m}}$ 是方程式(3-1)中各项的线性和，能量标准方程 $E_{\mathrm{m}}^{2}$ 表达式如下：

$$E_{\mathrm{m}}^{2}=\frac{1}{2}\iiint(\hat{p}_{\mathrm{m}}^{2}+\hat{u}_{\mathrm{m}}\cdot\hat{u}_{\mathrm{m}}+2\,\hat{u}_{\mathrm{m}}\cdot\tilde{u}_{\mathrm{m}}^{\mathrm{i}}+\tilde{u}_{\mathrm{m}}^{r}\cdot\tilde{u}_{\mathrm{m}}^{r}+\tilde{u}_{\mathrm{m}}^{\mathrm{i}}\cdot\tilde{u}_{\mathrm{m}}^{\mathrm{i}})\,\mathrm{d}V \tag{3-43}$$

对于圆柱形内孔燃烧装药的固体火箭发动机，发生轴向振荡，方程式(3-43)中的每一项都可以通过下式进行计算：

$$\hat{p}_{\mathrm{m}}\cdot\hat{p}_{\mathrm{m}}=\cos^{2}(k_{\mathrm{m}}z) \tag{3-44}$$

$$\hat{\boldsymbol{u}}_{\mathrm{m}}\cdot\hat{\boldsymbol{u}}_{\mathrm{m}}=\sin^{2}(k_{\mathrm{m}}z) \tag{3-45}$$

$$\tilde{\boldsymbol{u}}_{\mathrm{m}}^{\mathrm{i}}\cdot\tilde{\boldsymbol{u}}_{\mathrm{m}}^{\mathrm{i}}=\sin^{2}(\eta)\exp(2\phi)\sin^{2}[\sin(\eta)\,(k_{\mathrm{m}}z)\,]\cos^{2}(\psi) \tag{3-46}$$

$$\tilde{\boldsymbol{u}}_{\mathrm{m}}^{r}\cdot\tilde{\boldsymbol{u}}_{\mathrm{m}}^{r}=\sin^{2}(\eta)\exp(2\phi)\sin^{2}[\mathit{sin}(\eta)\,(k_{\mathrm{m}}z)\,]\sin^{2}(\psi) \tag{3-47}$$

$$2\,\hat{\boldsymbol{u}}_{\mathrm{m}}\cdot\tilde{\boldsymbol{u}}_{\mathrm{m}}^{\mathrm{i}}=-2\sin(k_{\mathrm{m}}z)\sin(\eta)\exp(\phi)\sin[\sin(\eta)\,(k_{\mathrm{m}}z)\,]\cos(\psi) \tag{3-48}$$

方程式(3-18)和式(3-19)中有 $\phi$ 和 $\psi$ 的表达式，代入方程式(3-43)，得到

$$\begin{aligned}E_{\mathrm{m}}^{2}=\pi\int_{0}^{1}\int_{0}^{1}\{&1+\sin^{2}(\eta)\exp(2\phi)\sin^{2}[\sin(\eta)k_{\mathrm{m}}z]-\\&2\sin(k_{\mathrm{m}}z)\sin(\eta)\exp(\phi)\sin[\sin(\eta)k_{\mathrm{m}}z]\cos(\psi)\}\,(1-y)\,\mathrm{d}y\mathrm{d}z\end{aligned} \tag{3-49}$$

将式(3-49)对 $z$ 进行积分，得到

$$\begin{aligned}E_{\mathrm{m}}^{2}=\pi\int_{0}^{1}\Big(&l+\frac{1}{2}l\exp(2\phi)\sin^{2}(\eta)-\frac{\exp(2\phi)\sin(\eta)\sin[2lk_{\mathrm{m}}\sin(\eta)]}{4k_{\mathrm{m}}}+\\&\frac{2\exp(2\phi)\cos(\psi)}{\cos^{2}(\eta)k_{\mathrm{m}}}\{\cos(lk_{\mathrm{m}})\sin(\eta)\sin[lk_{\mathrm{m}}\sin(\eta)]-\\&\sin(lk_{\mathrm{m}})\sin^{2}(\eta)\cos[lk_{\mathrm{m}}\sin(\eta)]\}\Big)\,(1-y)\,\mathrm{d}z\end{aligned} \tag{3-50}$$

对于任意阶数的振荡 $k_{\mathrm{m}}=m\pi/l$，$\sin(lk_{\mathrm{m}})=0$。积分项可以进行泰勒展开，则方程右边的第二项为

$$\frac{1}{2}l\exp(2\phi)\sin^{2}(\eta)\,(1-y)\approx\frac{1}{2}l\mathrm{e}^{-2y\xi-3\xi y^{2}}-\frac{1}{2}l\mathrm{e}^{-2y\xi-3\xi y^{2}}-\frac{1}{2}\pi^{2}l\mathrm{e}^{-2y\xi-3\xi y^{2}}y^{2}+O(y^{3}) \tag{3-51}$$

类似的，第三项为

$$-\frac{\exp(2\phi)\sin(\eta)\sin[2lk_{\mathrm{m}}\sin(\eta)]}{4k_{\mathrm{m}}}(1-y)\approx-\frac{1}{4}\pi^{2}l\mathrm{e}^{-2\xi-3\xi y^{2}}y^{2}+O(y^{3}) \tag{3-52}$$

第四项为

$$\begin{aligned}&\frac{2\exp(2\phi)\cos(\psi)}{\cos^{2}(\eta)k_{\mathrm{m}}}\{\cos(lk_{\mathrm{m}})\sin(\eta)\sin[lk_{\mathrm{m}}\sin(\eta)]\}\,(1-y)\approx\\&\qquad-l\mathrm{e}^{-\xi y-\frac{3}{2}\xi y^{2}}\cos\Big(\frac{k_{\mathrm{m}}y}{m}\Big)+l\mathrm{e}^{-\xi y-\frac{3}{2}\xi y^{2}}\cos\Big(\frac{k_{\mathrm{m}}y}{m}\Big)y+\end{aligned}$$

$$\frac{1}{4}\pi^2 l\mathrm{e}^{-\xi y-\frac{3}{2}\xi y^2}\cos\left(\frac{k_{\mathrm{m}}y}{m}\right)y^2+O(y^3) \tag{3-53}$$

此时，得到能量标准方程：

$$E_{\mathrm{m}}^2\approx\pi\int_0^1 l\left[1-y+\frac{1}{2}e^{-2\xi y-3\xi y^2}-e^{-2\xi y-3\xi y^2}y+\mathrm{e}^{-\xi y-\frac{3}{2}\xi y^2}\cos\left(\frac{k_{\mathrm{m}}y}{\overline{M}_{\mathrm{b}}}\right)-\mathrm{e}^{-2\xi y-3\xi y^2}y+\mathrm{e}^{-\xi y-\frac{3}{2}\xi y^2}\cos\left(\frac{k_{\mathrm{m}}y}{\overline{M}_{\mathrm{b}}}\right)y\right]\mathrm{d}y \tag{3-54}$$

在黏性系数 $\xi\approx 0.075$ 时，对方程式(3-54)进行积分，可以得到 $E_{\mathrm{m}}^2$ 的表达式。即

$$E_{\mathrm{m}}^2=\frac{5}{8}\pi L/R=\frac{5}{8}\pi l \tag{3-55}$$

未考虑不稳定涡能量时计算的标准能量密度为 $E_{\mathrm{m}}^2=\frac{1}{2}\pi l$，两者相对变化量约为 25%。

线性增长率 $\alpha_{\mathrm{m}}$ 是方程式(3-1)中各项的线性加和，结合方程式(3-29)和方程式(3-42)可以得到 $\alpha_{\mathrm{m}}$ 是由 10 项组成的，对方程中各项进行求解就可以计算 $\alpha_{\mathrm{m}}$。

下面依次求解这十项系数。

### 3.2.1 第一项：压力耦合响应

压力耦合响应是三个无旋量的积分，表示由于平均流携带的声能所导致的压力耦合响应和喷管阻尼。相应的能量增长率如下：

$$\alpha_1=\frac{1}{\exp(2\alpha_{\mathrm{m}}t)E_{\mathrm{m}}^2}\iiint\langle-\nabla\cdot\left[\hat{p}\hat{\boldsymbol{u}}+\frac{1}{2}\overline{M}_{\mathrm{b}}\boldsymbol{U}\hat{p}^2\right]-\overline{M}_{\mathrm{b}}\hat{\boldsymbol{u}}\cdot\nabla(\boldsymbol{U}\cdot\hat{\boldsymbol{u}})\rangle\mathrm{d}V \tag{3-56}$$

应用高斯散度定理，把式(3-56)中的第一项从体积分转换为面积分，即

$$\iiint_V\nabla\cdot\boldsymbol{D}\mathrm{d}V=\iint_S\boldsymbol{D}\cdot\boldsymbol{n}\mathrm{d}S \tag{3-57}$$

将三重积分转换为二重积分，则方程式(3-56)变为

$$\alpha_1=\underbrace{-\frac{1}{\exp(2\alpha_{\mathrm{m}}t)E_{\mathrm{m}}^2}\iint_S\langle\boldsymbol{n}\cdot\left[\hat{p}\hat{\boldsymbol{u}}+\frac{1}{2}\overline{M}_{\mathrm{b}}\boldsymbol{U}\hat{p}^2\right]\rangle\mathrm{d}S}_{\mathrm{I}}+\underbrace{\frac{1}{\exp(2\alpha_{\mathrm{m}}t)E_{\mathrm{m}}^2}\iiint_V\langle-\overline{M}_{\mathrm{b}}\left[\hat{\boldsymbol{u}}\cdot\nabla(\boldsymbol{U}\cdot\hat{\boldsymbol{u}})\right]\rangle\mathrm{d}V}_{\mathrm{II}} \tag{3-58}$$

接下来在燃烧室内部不同的地方(内燃面、惰性壁面和喷管入口)分别进行向量计算。在发动机内燃面上

$$\boldsymbol{n}\cdot\hat{\boldsymbol{u}}=-\overline{M}_{\mathrm{b}}A_{\mathrm{b}}^{(r)}\hat{p},\quad \boldsymbol{n}\cdot\boldsymbol{U}=-1 \tag{3-59}$$

在发动机内惰性壁面(非燃烧表面)上，

$$\boldsymbol{n}\cdot\hat{\boldsymbol{u}}=-\overline{M}_{\mathrm{b}}A_S^{(r)}\hat{p},\quad \boldsymbol{n}\cdot\boldsymbol{U}=0 \tag{3-60}$$

在喷管入口表面上

$$\boldsymbol{n}\cdot\hat{\boldsymbol{u}}=-\overline{M}_{\mathrm{b}}A_N^{(r)}\hat{p},\quad \boldsymbol{n}\cdot\boldsymbol{U}=U_N \tag{3-61}$$

式中，$U_N$ 是喷管入口表面 $z=l$ 处的平均轴向速度。

假设 $A_S^{(r)}$ 与其他参数相比比较小，则将方程式(3-59)～式(3-61)代入方程式(3-58)，第一个积分项变为

$$\mathrm{I}=\frac{-E_{\mathrm{m}}^{-2}}{\exp(2\alpha_{\mathrm{m}}t)}\iint_{S}\langle-\overline{M}_{\mathrm{b}}A_{\mathrm{b}}^{(r)}\hat{p}^{2}+\overline{M}_{\mathrm{b}}A_{N}^{(r)}\hat{p}^{2}+\frac{1}{2}\overline{M}_{\mathrm{b}}\hat{p}^{2}(-1+U_{\mathrm{N}})\rangle\mathrm{d}S \tag{3-62}$$

即

$$\mathrm{I}=\frac{-\overline{M}_{\mathrm{b}}E_{\mathrm{m}}^{-2}}{\exp(2\alpha_{\mathrm{m}}t)}\iint_{S}\langle\hat{p}^{2}\left[-A_{\mathrm{b}}^{(r)}-\frac{1}{2}\right]+\hat{p}^{2}\left[A_{N}^{(r)}+\frac{1}{2}U_{N}\right]\rangle\mathrm{d}S \tag{3-63}$$

由方程式(3-31)可得

$$\mathrm{I}=\frac{1}{2}\overline{M}_{\mathrm{b}}E_{\mathrm{m}}^{-2}\left(\iint_{S}\left\{\cos^{2}(k_{\mathrm{m}}z)\left[A_{\mathrm{b}}^{(r)}+\frac{1}{2}\right]\right\}\mathrm{d}S-\iint_{S}\left\{\cos^{2}(k_{\mathrm{m}}z)\left[A_{N}^{(r)}+\frac{1}{2}U_{N}\right]\right\}\mathrm{d}S\right) \tag{3-64}$$

同理,可以计算方程式(3-58)的第二个积分项。令

$$\mathrm{II}=\frac{-E_{\mathrm{m}}^{-2}}{\exp(2\alpha_{\mathrm{m}}t)}\iiint_{V}\langle\overline{M}_{\mathrm{b}}[\hat{\boldsymbol{u}}\cdot\nabla(\boldsymbol{U}\cdot\hat{\boldsymbol{u}})]\rangle\mathrm{d}V \tag{3-65}$$

应用向量特征 $\boldsymbol{A}\cdot\nabla f=\nabla\cdot(f\boldsymbol{A})-f\nabla\cdot\boldsymbol{A}$,得

$$\hat{\boldsymbol{u}}\cdot\nabla(\boldsymbol{U}\cdot\hat{\boldsymbol{u}})=\nabla\cdot[(\boldsymbol{U}\cdot\hat{\boldsymbol{u}})\hat{\boldsymbol{u}}]-(\boldsymbol{U}\cdot\hat{\boldsymbol{u}})\nabla\cdot\hat{\boldsymbol{u}} \tag{3-66}$$

则方程式(3-65)化为

$$\mathrm{II}=\frac{-\overline{M}_{\mathrm{b}}E_{\mathrm{m}}^{-2}}{\exp(2\alpha_{\mathrm{m}}t)}\iiint_{V}\langle\nabla\cdot[(\boldsymbol{U}\cdot\hat{\boldsymbol{u}})\hat{\boldsymbol{u}}]-(\boldsymbol{U}\cdot\hat{\boldsymbol{u}})\nabla\cdot\hat{\boldsymbol{u}}\rangle\mathrm{d}V \tag{3-67}$$

使用高斯散度定理,则

$$\iiint_{V}\langle\nabla\cdot[(\boldsymbol{U}\cdot\hat{\boldsymbol{u}})\hat{\boldsymbol{u}}]\rangle\mathrm{d}V=\iint_{S}\langle\boldsymbol{n}\cdot[(\boldsymbol{U}\cdot\hat{\boldsymbol{u}})\hat{\boldsymbol{u}}]\rangle\mathrm{d}S \tag{3-68}$$

又如式(3-59)～式(3-61)所示,令积分为 $O(\overline{M}_{\mathrm{b}}^{2})$,则方程式(3-67)化为

$$\mathrm{II}=\frac{\overline{M}_{\mathrm{b}}E_{\mathrm{m}}^{-2}}{\exp(2\alpha_{\mathrm{m}}t)}\iiint_{V}\langle(\boldsymbol{U}\cdot\hat{\boldsymbol{u}})\nabla\cdot\hat{\boldsymbol{u}}\rangle\mathrm{d}V \tag{3-69}$$

进行时间平均,得

$$\mathrm{II}=\frac{1}{2}\overline{M}_{\mathrm{b}}E_{\mathrm{m}}^{-2}\iiint_{V}(\boldsymbol{U}\cdot\hat{\boldsymbol{u}}_{\mathrm{m}})\nabla\cdot\hat{\boldsymbol{u}}_{\mathrm{m}}\mathrm{d}V \tag{3-70}$$

由方程式(3-40)可得

$$\nabla\cdot\hat{\boldsymbol{u}}_{\mathrm{m}}=-\nabla\cdot\nabla\hat{p}_{\mathrm{m}}/k_{\mathrm{m}}=k_{\mathrm{m}}\hat{p}_{\mathrm{m}} \tag{3-71}$$

则被积函数化为

$$(\boldsymbol{U}\cdot\hat{\boldsymbol{u}}_{\mathrm{m}})\nabla\cdot\hat{\boldsymbol{u}}_{\mathrm{m}}=-(\boldsymbol{U}\cdot\nabla\hat{p}_{\mathrm{m}})\hat{p}_{\mathrm{m}} \tag{3-72}$$

又由向量特征可得

$$\left.\begin{aligned}&\nabla\cdot(\boldsymbol{U}\hat{p}_{\mathrm{m}})=\boldsymbol{U}\cdot\nabla\hat{p}_{\mathrm{m}}+\hat{p}_{\mathrm{m}}\nabla\cdot\boldsymbol{U}\\&\nabla\cdot\boldsymbol{U}=0\\&\nabla\cdot(\boldsymbol{U}\hat{p}_{\mathrm{m}})=\boldsymbol{U}\cdot\nabla\hat{p}_{\mathrm{m}}\end{aligned}\right\} \tag{3-73}$$

方程式(3-72)可以转换为

$$-(\boldsymbol{U}\cdot\nabla\hat{p}_{\mathrm{m}})\hat{p}_{\mathrm{m}}=-(\nabla\cdot\boldsymbol{U}\hat{p}_{\mathrm{m}})\hat{p}_{\mathrm{m}}=-\frac{1}{2}(\nabla\cdot\boldsymbol{U}\hat{p}_{\mathrm{m}}^{2}) \tag{3-74}$$

方程式(3-74)代入方程式(3-70),得

$$\mathrm{II}=-\frac{1}{4}\overline{M}_{\mathrm{b}}E_{\mathrm{m}}^{-2}\iiint_{V}(\nabla\cdot\boldsymbol{U}\hat{p}_{\mathrm{m}}^{2})\mathrm{d}V \tag{3-75}$$

应用高斯散度定理,体积分转换为面积分,得

$$\mathrm{II}=-\frac{1}{2}E_{\mathrm{m}}^{-2}\overline{M}_{\mathrm{b}}\iint_{S}\left(\frac{1}{2}\boldsymbol{n}\cdot\boldsymbol{U}\hat{p}_{\mathrm{m}}^{2}\right)\mathrm{d}S=\frac{1}{2}\overline{M}_{\mathrm{b}}E_{\mathrm{m}}^{-2}\left(\iint_{S_{\mathrm{b}}}\frac{1}{2}\hat{p}_{\mathrm{m}}^{2}\mathrm{d}S-\iint_{S_{\mathrm{N}}}\frac{1}{2}U_{\mathrm{N}}\hat{p}_{\mathrm{m}}^{2}\mathrm{d}S\right)\quad(3-76)$$

结合方程式(3-76)和式(3-64),则方程(3-56)化为

$$\alpha_{1}=\frac{1}{4}\overline{M}_{\mathrm{b}}E_{\mathrm{m}}^{-2}\left[\iint_{S_{\mathrm{b}}}\cos^{2}(k_{\mathrm{m}}z)\,\mathrm{d}S-\iint_{S_{\mathrm{N}}}U_{\mathrm{N}}\cos^{2}(k_{\mathrm{m}}z)\,\mathrm{d}S\right]+$$
$$\frac{1}{2}\overline{M}_{\mathrm{b}}E_{\mathrm{m}}^{-2}\left\{\iint_{S_{\mathrm{b}}}\left[\cos^{2}(k_{\mathrm{m}}z)\left(A_{\mathrm{b}}^{(r)}+\frac{1}{2}\right)\right]\mathrm{d}S+\iint_{S_{\mathrm{N}}}\cos^{2}(k_{\mathrm{m}}z)\left(-A_{\mathrm{N}}^{(r)}-\frac{1}{2}U_{\mathrm{N}}\right)\mathrm{d}S\right\}$$
$$(3-77)$$

即

$$\alpha_{1}=\frac{1}{2}\overline{M}_{\mathrm{b}}E_{\mathrm{m}}^{-2}\iint_{S_{\mathrm{b}}}\cos^{2}(k_{\mathrm{m}}z)\,(A_{\mathrm{b}}^{(r)}+1)\,\mathrm{d}S-\frac{1}{2}\overline{M}_{\mathrm{b}}E_{\mathrm{m}}^{-2}\iint_{S_{\mathrm{N}}}\cos^{2}(k_{\mathrm{m}}z)\,(A_{\mathrm{N}}^{(r)}+U_{\mathrm{N}})\,\mathrm{d}S$$
$$(3-78)$$

式(3-78)可以表示为

$$\alpha_{1}=\frac{1}{2}\overline{M}_{\mathrm{b}}E_{\mathrm{m}}^{-2}\int_{0}^{l}\int_{0}^{2\pi}\cos^{2}(k_{\mathrm{m}}z)\,[A_{\mathrm{b}}^{(r)}+1]\,r\mathrm{d}\theta\mathrm{d}z\Big|_{r=1}-$$
$$\frac{1}{2}\overline{M}_{\mathrm{b}}E_{\mathrm{m}}^{-2}\int_{0}^{1}\int_{0}^{2\pi}\cos^{2}(k_{\mathrm{m}}z)\,[A_{N}^{(r)}+U_{N}]\,r\,\mathrm{d}\theta\mathrm{d}r\Big|_{z=l}\quad(3-79)$$

应用固体火箭发动机内弹道计算中的质量流率平衡,得到 $2\pi RLV_{\mathrm{b}}=\pi R^{2}U_{\mathrm{N}}^{*}$ 和 $U_{\mathrm{N}}=2l$,并且令 $A_{\mathrm{N}}^{(r)}=(\gamma-1)\,l$,对方程式(3-79)进行简化积分,得

$$\alpha_{1}=\frac{1}{2}\pi l\overline{M}_{\mathrm{b}}E_{\mathrm{m}}^{-2}(A_{\mathrm{b}}^{(r)}-\gamma)=\frac{4}{5}\overline{M}_{\mathrm{b}}(A_{\mathrm{b}}^{(r)}-\gamma)\quad(3-80)$$

### 3.2.2 第二项:膨胀声能损失

膨胀能量项是第四个无旋项,与 $O(\overline{M}_{\mathrm{b}}^{3})$ 同阶,通常忽略不计。对 $\alpha_2$ 进行计算。

$$\alpha_{2}=\frac{E_{\mathrm{m}}^{-2}}{\exp(2\alpha_{\mathrm{m}}t)}\iiint_{V}\langle\frac{4}{3}\delta^{2}\hat{\boldsymbol{u}}\cdot\nabla(\nabla\cdot\hat{\boldsymbol{u}})\rangle\mathrm{d}V\quad(3-81)$$

应用时间平均,得

$$\alpha_{2}=\frac{2}{3}E_{\mathrm{m}}^{-2}\iiint_{V}\delta^{2}\,\hat{\boldsymbol{u}}_{\mathrm{m}}\cdot\nabla(\nabla\cdot\hat{\boldsymbol{u}}_{\mathrm{m}})\,\mathrm{d}V\quad(3-82)$$

利用方程式(3-40)和式(3-71),则

$$\alpha_{2}=\frac{2}{3}E_{\mathrm{m}}^{-2}\iiint_{V}\delta^{2}(-\nabla\hat{p}_{\mathrm{m}}/k_{\mathrm{m}})\cdot\nabla(k_{\mathrm{m}}\hat{p}_{\mathrm{m}})\,\mathrm{d}V=-\frac{2}{3}\delta^{2}E_{\mathrm{m}}^{-2}\iiint_{V}(\nabla\hat{p}_{\mathrm{m}}\cdot\nabla\hat{p}_{\mathrm{m}})\,\mathrm{d}V\quad(3-83)$$

利用向量特征

$$\nabla\cdot(\hat{p}_{\mathrm{m}}\nabla\hat{p}_{\mathrm{m}})=\nabla\hat{p}_{\mathrm{m}}\cdot\nabla\hat{p}_{\mathrm{m}}+\hat{p}_{\mathrm{m}}\nabla^{2}\hat{p}_{\mathrm{m}}=\nabla\hat{p}_{\mathrm{m}}\cdot\nabla\hat{p}_{\mathrm{m}}-k_{\mathrm{m}}^{2}\hat{p}_{\mathrm{m}}^{2}\quad(3-84)$$

得

$$\nabla\hat{p}_{\mathrm{m}}\cdot\nabla\hat{p}_{\mathrm{m}}=\nabla\cdot(\hat{p}_{\mathrm{m}}\nabla\hat{p}_{\mathrm{m}})+k_{\mathrm{m}}^{2}\hat{p}_{\mathrm{m}}^{2}\quad(3-85)$$

方程式(3-83)化为

$$\alpha_2 = -\frac{2}{3}\delta^2 E_m^{-2}\iiint_V [\nabla \cdot (\hat{p}_m \nabla \hat{p}_m) + k_m^2 \hat{p}_m^2] dV \tag{3-86}$$

使用$\iiint_V \hat{p}_m^2 dV = \pi l/2$，方程式(3－86)化为

$$\alpha_2 = -\frac{2}{3}\delta^2 E_m^{-2}\left[\iiint_V \nabla \cdot (\hat{p}_m \nabla \hat{p}_m) dV + k_m^2 \frac{\pi l}{2}\right] \tag{3-87}$$

应用高斯散度定理，得

$$\alpha_2 = -\frac{2}{3}\delta^2 E_m^{-2}\iint_S \boldsymbol{n} \cdot (\hat{p}_m \nabla \hat{p}_m) dS - \frac{4}{3}\delta^2 k_m^2 = \frac{2}{3}\delta^2 k_m E_m^{-2}\iint_S \boldsymbol{n} \cdot (\hat{p}_m \hat{\boldsymbol{u}}_m) dS - \frac{1}{3}\delta^2 E_m^{-2} k_m^2 \tag{3-88}$$

即

$$\alpha_2 = -\frac{2}{3}\delta^2 k_m E_m^{-2}\left[\iint_{S_b} \overline{M}_b A_b^{(r)} \hat{p}_m^2 dS - \iint_{S_N} \overline{M}_b A_N^{(r)} \hat{p}_m^2 dS\right] - \frac{1}{3}\delta^2 E_m^{-2} k_m^2 \tag{3-89}$$

所以 $\alpha_2$ 为

$$\alpha_2 = -\frac{2}{3}\delta^2 E_m^{-2}\left[\int_0^l\int_0^{2\pi} \overline{M}_b A_b^{(r)} \cos(k_m z)^2 r d\theta dz\Big|_{r=1} - \int_0^1\int_0^{2\pi} \overline{M}_b A_N^{(r)} \cos(k_m z)^2 r d\theta dz\Big|_{z=l}\right] - \frac{1}{3}\delta^2 E_m^{-2} k_m^2 \tag{3-90}$$

积分得

$$\alpha_2 = -\frac{8}{15}\xi \overline{M}_b^3 - \frac{16}{15}\xi \overline{M}_b^4 k_m^{-1}(A_b^r - \gamma - 1) \tag{3-91}$$

### 3.2.3　第三项：声平均流

对于声平均流效应

$$\alpha_3 = \frac{1}{E_m^2 \exp(2\alpha_m t)}\iiint_V \langle \overline{M}_b \{\hat{\boldsymbol{u}} \cdot (\hat{\boldsymbol{u}} \times \boldsymbol{\Omega})\}\rangle dV \tag{3-92}$$

用 Culick 理论表示平均流的涡量 $\boldsymbol{\Omega}$，则

$$\boldsymbol{\Omega} = \Omega \hat{\boldsymbol{e}}_\theta = \pi^2 r z \sin(x) \boldsymbol{e}_\theta \tag{3-93}$$

使得

$$\hat{\boldsymbol{u}} \times \boldsymbol{\Omega} = -\Omega \hat{u}_z \boldsymbol{e}_r + \Omega \hat{u}_r \boldsymbol{e}_z \tag{3-94}$$

则

$$\hat{\boldsymbol{u}} \cdot (\hat{\boldsymbol{u}} \times \boldsymbol{\Omega}) = (\hat{u}_r \boldsymbol{e}_r + \hat{u}_z \boldsymbol{e}_z) \cdot (-\Omega \hat{u}_z \boldsymbol{e}_r + \Omega \hat{u}_r \boldsymbol{e}_z) = -\hat{u}_r \Omega \hat{u}_z + \hat{u}_z \Omega \hat{u}_r = 0 \tag{3-95}$$

因为 $\hat{\boldsymbol{u}} \times \boldsymbol{\Omega}$ 垂直于 $\hat{\boldsymbol{u}}$ 和 $\boldsymbol{\Omega}$，所以式(3－92)等于零。

### 3.2.4　第四项：流动转向损失

第四个参数是不稳定涡的函数，即流动转弯项。

$$\alpha_4 = \frac{1}{E_m^2 \exp(2\alpha_m t)}\iiint_V \langle \overline{M}_b \hat{\boldsymbol{u}} \cdot (\boldsymbol{U} \times \boldsymbol{\omega})\rangle dV \tag{3-96}$$

由于涡量是不稳定有旋速度的函数，$\boldsymbol{\omega}=\nabla\times\tilde{\boldsymbol{u}}$，因而

$$\hat{\boldsymbol{u}}\cdot(\boldsymbol{U}\times\boldsymbol{\omega})=\hat{\boldsymbol{u}}\cdot[\boldsymbol{U}\times(\nabla\times\tilde{\boldsymbol{u}})] \tag{3-97}$$

其中

$$\nabla\times\tilde{\boldsymbol{u}}=\left(\frac{1}{r}\frac{\partial\tilde{u}_z}{\partial\theta}-\frac{\partial\tilde{u}_\theta}{\partial z}\right)\hat{\boldsymbol{e}}_r+\left(\frac{\partial\tilde{u}_r}{\partial z}-\frac{\partial\tilde{u}_z}{\partial r}\right)\hat{\boldsymbol{e}}_\theta+\frac{1}{r}\left(\frac{\partial\tilde{u}_\theta}{\partial z}-\frac{\partial\tilde{u}_r}{\partial\theta}\right)\hat{\boldsymbol{e}}_z \tag{3-98}$$

由于方程式(3-98)左边不包含$\theta$(内流场轴对称，与$\theta$无关)，则

$$\nabla\times\tilde{\boldsymbol{u}}=\left(\frac{\partial\tilde{u}_r}{\partial z}-\frac{\partial\tilde{u}_z}{\partial r}\right)\hat{\boldsymbol{e}}_\theta \tag{3-99}$$

由于$\partial\tilde{u}_r/\partial z=O(\overline{M}_b^2)$，则方程式(3-99)化为

$$\nabla\times\tilde{\boldsymbol{u}}=-\frac{\partial\tilde{u}_z}{\partial r}\hat{\boldsymbol{e}}_\theta \tag{3-100}$$

方程式(3-97)化为

$$\hat{\boldsymbol{u}}\cdot(\boldsymbol{U}\times\boldsymbol{\omega})=\hat{\boldsymbol{u}}\cdot\left[\boldsymbol{U}\times\left(-\frac{\partial\tilde{u}_z}{\partial r}\right)\hat{\boldsymbol{e}}_\theta\right] \tag{3-101}$$

即

$$\hat{\boldsymbol{u}}\cdot(\boldsymbol{U}\times\boldsymbol{\omega})=\hat{\boldsymbol{u}}\cdot\left[\left(U_z\frac{\partial\tilde{u}_z}{\partial r}\right)\hat{\boldsymbol{e}}_r+\left(-U_r\frac{\partial\tilde{u}_z}{\partial r}\right)\hat{\boldsymbol{e}}_z\right] \tag{3-102}$$

由于声速没有径向和切向分量，则方程式(3-102)化为

$$\hat{\boldsymbol{u}}\cdot(\boldsymbol{U}\times\boldsymbol{\omega})=-\hat{u}_zU_r\frac{\partial\tilde{u}_z}{\partial r} \tag{3-103}$$

代入$\hat{u}_z$，$U_r$和$\tilde{u}_z$的值，得

$$\hat{\boldsymbol{u}}\cdot(\boldsymbol{U}\times\boldsymbol{\omega})=\sin(k_\mathrm{m}z)\,\mathrm{e}^{2\alpha_\mathrm{m}t}\sin(k_\mathrm{m}t)\,r^{-1}\sin(\eta)\left[\frac{\partial\tilde{u}_m^r}{\partial r}\cos(k_\mathrm{m}t)+\frac{\partial\tilde{u}_m^i}{\partial r}\sin(k_\mathrm{m}t)\right] \tag{3-104}$$

对方程式(3-104)进行化简，时间平均得

$$\langle\hat{\boldsymbol{u}}\cdot(\boldsymbol{U}\times\boldsymbol{\omega})\rangle=\frac{1}{2}r^{-1}\sin(k_\mathrm{m}z)\sin(\eta)\,\mathrm{e}^{2\alpha_\mathrm{m}t}\frac{\partial\tilde{u}_m^i}{\partial r} \tag{3-105}$$

则$\alpha_4$表达式为

$$\alpha_4=\frac{1}{2}\overline{M}_\mathrm{b}E_\mathrm{m}^{-2}k_\mathrm{m}^{-1}\iiint_V r^{-1}k_\mathrm{m}\sin(k_\mathrm{m}z)\sin(\eta)\frac{\partial\tilde{u}_m^i}{\partial r}\mathrm{d}V \tag{3-106}$$

在圆柱形发动机中$k_\mathrm{m}\sin(k_\mathrm{m}z)=-\nabla\hat{p}_\mathrm{m}$，则方程式(3-106)化为

$$\alpha_4=-\frac{1}{2}\overline{M}_\mathrm{b}E_\mathrm{m}^{-2}k_\mathrm{m}^{-1}\iiint_V r^{-1}\sin(\eta)\frac{\partial\tilde{u}_m^i}{\partial r}\nabla\hat{p}_\mathrm{m}\mathrm{d}V \tag{3-107}$$

被积函数为

$$r^{-1}\sin(\eta)\frac{\partial\tilde{u}_m^i}{\partial r}\nabla\hat{p}_\mathrm{m}\approx\frac{\partial}{\partial r}(-U_r\tilde{\boldsymbol{u}}_\mathrm{m}^\mathrm{i}\cdot\nabla\hat{p}_\mathrm{m})\lim_{\delta x\to 0} \tag{3-108}$$

被积函数中的径向分量由$r=1$处的上限确定，$U_r(1)=-1$，则体积分变为面积分：

$$\alpha_4=-\frac{1}{2}\overline{M}_\mathrm{b}E_\mathrm{m}^{-2}k_\mathrm{m}^{-1}\iint_{S_\mathrm{b}}\tilde{\boldsymbol{u}}_\mathrm{m}^\mathrm{i}\cdot\nabla\hat{p}_\mathrm{m}\mathrm{d}S \tag{3-109}$$

由方程式(3-40)可得

$$\alpha_4 = \frac{1}{2}\overline{M}_b E_m^{-2} \iint_{S_b} \tilde{\boldsymbol{u}}_m^i \cdot \hat{\boldsymbol{u}}_m \mathrm{d}S \tag{3-110}$$

则方程式(3-110)可写为

$$\alpha_4 = \exp(-2\alpha_m t)\overline{M}_b E_m^{-2} \iint_{S_b} \langle \tilde{\boldsymbol{u}}_m^i \cdot \hat{\boldsymbol{u}} \rangle \mathrm{d}S \tag{3-111}$$

应用流场变量的定义，则方程式(3-111)化为

$$\alpha_4 = \frac{1}{2}\overline{M}_b E_m^{-2} \int_0^l \int_0^{2\pi} -\sin(\eta)\exp(\phi)\sin(k_m z)\cos(\psi)\sin[\sin(\eta)k_m z] r \mathrm{d}\theta \mathrm{d}z \Big|_{r=1} \tag{3-112}$$

在 $r=1$ 处，方程式(3-112)中多项都简化成了 1，即 $\sin[\eta(1)]=1$，$\exp[\phi(1)]=1$，$\cos[\psi(1)]=1$，所以化简被积函数，得

$$\alpha_4 = -\frac{4}{5}\overline{M}_b \tag{3-113}$$

### 3.2.5　第五项：旋流效应

因为不稳定旋流项的保留，方程中出现了旋流效应

$$\alpha_5 = \frac{-1}{E_m^2 \exp(2\alpha_m t)} \iiint_V \langle \tilde{\boldsymbol{u}} \cdot \nabla \hat{p} \rangle \mathrm{d}V \tag{3-114}$$

其中，应用向量特征

$$\left.\begin{aligned} &\nabla \cdot (\tilde{\boldsymbol{u}}\hat{p}) = \tilde{\boldsymbol{u}} \cdot \nabla \hat{p} + \hat{p}\, \nabla \cdot \tilde{\boldsymbol{u}} \\ &\nabla \cdot \tilde{\boldsymbol{u}} = 0 \\ &\nabla \cdot (\tilde{\boldsymbol{u}}\hat{p}) = \tilde{\boldsymbol{u}} \cdot \nabla \hat{p} \end{aligned}\right\} \tag{3-115}$$

得

$$\alpha_5 = \frac{-1}{E_m^2 \exp(2\alpha_m t)} \iiint_V \langle \nabla \cdot (\tilde{\boldsymbol{u}}\hat{p}) \rangle \mathrm{d}V \tag{3-116}$$

应用高斯散度定理，得

$$\alpha_5 = \frac{-1}{E_m^2 \exp(2\alpha_m t)} \iint_S \langle \boldsymbol{n} \cdot (\tilde{\boldsymbol{u}}\hat{p}) \rangle \mathrm{d}S \tag{3-117}$$

进行时间平均，得

$$\alpha_5 = \frac{-1}{2E_m^2} \iint_S \boldsymbol{n} \cdot (\tilde{\boldsymbol{u}}_m \hat{p}_m) \mathrm{d}S \tag{3-118}$$

燃面上

$$\boldsymbol{n} \cdot \tilde{\boldsymbol{u}} = \tilde{u}_r (r=1) = -\overline{M}_b \hat{p} \tag{3-119}$$

则方程式(3-118)化为

$$\alpha_5 = \frac{1}{2} E_m^{-2} \iint_{S_b} \overline{M}_b \hat{p}_m^2 \mathrm{d}S \tag{3-120}$$

圆柱形发动机中

$$\alpha_5 = \frac{1}{2}\overline{M}_b E_m^{-2} \int_0^l \int_0^{2\pi} \cos^2(k_m z) r \mathrm{d}\theta \mathrm{d}z \Big|_{r=1} \tag{3-121}$$

得

$$\alpha_5=\frac{4}{5}\overline{M}_b \tag{3-122}$$

### 3.2.6 第六项：无黏涡量修正

无黏涡量修正项

$$\alpha_6=\frac{-1}{E_m^2\exp(2\alpha_m t)}\iiint_V\langle\overline{M}_b\tilde{\boldsymbol{u}}\cdot(\boldsymbol{U}\times\boldsymbol{\omega})\rangle dV \tag{3-123}$$

应用$\boldsymbol{\omega}=\nabla\times\tilde{\boldsymbol{u}}$进行化简，得

$$\alpha_6=\frac{\overline{M}_b}{E_m^2\exp(2\alpha_m t)}\iiint_V\langle\tilde{\boldsymbol{u}}\cdot[\boldsymbol{U}\times(\nabla\times\tilde{\boldsymbol{u}})]\rangle dV \tag{3-124}$$

展开$\nabla\times\tilde{\boldsymbol{u}}$，得到

$$\nabla\times\tilde{\boldsymbol{u}}=\left(\frac{1}{r}\frac{\partial\tilde{u}_z}{\partial\theta}-\frac{\partial\tilde{u}_\theta}{\partial z}\right)\hat{\boldsymbol{e}}_r+\left(\frac{\partial\tilde{u}_r}{\partial z}-\frac{\partial\tilde{u}_z}{\partial r}\right)\hat{\boldsymbol{e}}_\theta+\frac{1}{r}\left(\frac{\partial\tilde{u}_\theta}{\partial r}-\frac{\partial\tilde{u}_r}{\partial\theta}\right)\hat{\boldsymbol{e}}_z \tag{3-125}$$

方程式(3-125)右边的前两项既不含$\theta$项也不是$\theta$的函数，故

$$\nabla\times\tilde{\boldsymbol{u}}=\left(\frac{\partial\tilde{u}_r}{\partial z}-\frac{\partial\tilde{u}_z}{\partial r}\right)\hat{\boldsymbol{e}}_\theta \tag{3-126}$$

即

$$\boldsymbol{U}\times(\nabla\times\tilde{\boldsymbol{u}})=-U_z\left(\frac{\partial\tilde{u}_r}{\partial z}-\frac{\partial\tilde{u}_z}{\partial r}\right)\hat{\boldsymbol{e}}_r+U_r\left(\frac{\partial\tilde{u}_r}{\partial z}-\frac{\partial\tilde{u}_z}{\partial r}\right)\hat{\boldsymbol{e}}_z \tag{3-127}$$

故

$$\tilde{\boldsymbol{u}}\cdot[\boldsymbol{U}\times(\nabla\times\tilde{\boldsymbol{u}})]=-\tilde{u}_r U_z\left(\frac{\partial\tilde{u}_r}{\partial z}-\frac{\partial\tilde{u}_z}{\partial r}\right)+\tilde{u}_z U_r\left(\frac{\partial\tilde{u}_r}{\partial z}-\frac{\partial\tilde{u}_z}{\partial r}\right) \tag{3-128}$$

因为$\partial\tilde{u}_r/\partial z=O(\overline{M}_b^2)$，方程式(3-127)化为

$$\tilde{\boldsymbol{u}}\cdot[\boldsymbol{U}\times(\nabla\times\tilde{\boldsymbol{u}})]=\tilde{u}_r U_z\frac{\partial\tilde{u}_z}{\partial r}-\tilde{u}_z U_r\frac{\partial\tilde{u}_z}{\partial r} \tag{3-129}$$

因为$\tilde{u}_r=O(\overline{M}_b)$，此项体积分之后与$\overline{M}_b$合并，与$O(M_b^2)$同阶，所以方程(3-129)右边第一项可以忽略不计。方程式(3-129)化为

$$\tilde{\boldsymbol{u}}\cdot[\boldsymbol{U}\times(\nabla\times\tilde{\boldsymbol{u}})]=-\tilde{u}_z U_r\frac{\partial\tilde{u}_z}{\partial r} \tag{3-130}$$

扩展

$$\nabla\cdot\left[\boldsymbol{U}\left(\frac{1}{2}\tilde{\boldsymbol{u}}\cdot\tilde{\boldsymbol{u}}\right)\right]=\nabla\cdot\left[\boldsymbol{U}\,\frac{1}{2}(\tilde{u}_r\tilde{u}_r+\tilde{u}_z\tilde{u}_z)\right] \tag{3-131}$$

得到

$$\nabla\cdot\left[\boldsymbol{U}\,\frac{1}{2}(\tilde{u}_r\cdot\tilde{u}_r+\tilde{u}_z\cdot\tilde{u}_z)\right]=\frac{1}{2}\nabla\cdot[U_r(\tilde{u}_r\tilde{u}_r+\tilde{u}_z\tilde{u}_z)\boldsymbol{e}_r+U_N(\tilde{u}_r\tilde{u}_r+\tilde{u}_z\tilde{u}_z)\boldsymbol{e}_z] \tag{3-132}$$

应用高斯散度定理，得到

$$\frac{1}{2}\nabla\cdot[U_r(\tilde{u}_r\tilde{u}_r+\tilde{u}_z\tilde{u}_z)\boldsymbol{e}_r+U_N(\tilde{u}_r u_r+\tilde{u}_z\tilde{u}_z)\boldsymbol{e}_z]=\frac{1}{2r}U_r r^2+\frac{\partial U_r}{\partial r}\frac{r^2}{2}+U_r\tilde{u}_r\frac{\partial\tilde{u}_r}{\partial r}+$$

$$\frac{1}{2r}U_r z^2+\frac{\partial U_r}{\partial r}\frac{z^2}{2}+U_r\tilde{u}_z\frac{\partial \tilde{u}_z}{\partial r}+\frac{\partial U_z}{\partial z}\frac{r^2}{2}+U_z\tilde{u}_r\frac{\partial \tilde{u}_r}{\partial z}+\frac{\partial U_z}{\partial z}\frac{z^2}{2}+U_z\tilde{u}_z\frac{\partial \tilde{u}_z}{\partial z} \tag{3-133}$$

由于$\nabla\cdot\boldsymbol{U}=0$,方程式(3－133)中右边消去六项。方程式(3－131)化为

$$\nabla\cdot\boldsymbol{U}\left(\frac{1}{2}\tilde{\boldsymbol{u}}\cdot\tilde{\boldsymbol{u}}\right)=U_r\tilde{u}_r\frac{\partial \tilde{u}_r}{\partial r}+U_z\tilde{u}_r\frac{\partial \tilde{u}_r}{\partial z}+U_z\tilde{u}_z\frac{\partial \tilde{u}_z}{\partial z}+U_r\tilde{u}_z\frac{\partial \tilde{u}_z}{\partial r} \tag{3-134}$$

由于$\partial\tilde{u}_r/\partial z=O(M_b^2)$,方程式(3－134)化简为

$$\nabla\cdot\boldsymbol{U}\left(\frac{1}{2}\tilde{\boldsymbol{u}}\cdot\tilde{\boldsymbol{u}}\right)=U_r\tilde{u}_r\frac{\partial \tilde{u}_r}{\partial r}+U_z\tilde{u}_z\frac{\partial \tilde{u}_z}{\partial z}+U_r\tilde{u}_z\frac{\partial \tilde{u}_z}{\partial r} \tag{3-135}$$

由于$\tilde{u}_r=O(M_b)$,因而方程式(3－135)右边第一项也很小,得到

$$\nabla\cdot\boldsymbol{U}\left(\frac{1}{2}\tilde{\boldsymbol{u}}\cdot\tilde{\boldsymbol{u}}\right)=U_z\tilde{u}_z\frac{\partial \tilde{u}_z}{\partial z}+U_r\tilde{u}_z\frac{\partial \tilde{u}_z}{\partial r} \tag{3-136}$$

方程式(3－136)右边第一项积分,得

$$\iiint_V\langle U_z\hat{u}_z\frac{\partial \tilde{u}_z}{\partial z}\rangle \mathrm{d}V=\iiint_V\langle 2\pi z\cos(\eta)\,\mathrm{e}^{2\alpha_m t}\left[\tilde{u}_m^{\mathrm{r}}\cos(k_m t)+\tilde{u}_m^{\mathrm{i}}\sin(k_m t)\right]$$
$$\left[\frac{\partial \tilde{u}_m^{\mathrm{r}}}{\partial z}\cos(k_m t)+\frac{\partial \tilde{u}_m^{\mathrm{i}}}{\partial z}\sin(k_m t)\right]\rangle \mathrm{d}V \tag{3-137}$$

$\tilde{u}_m^{\mathrm{r}}$ 和 $\tilde{u}_m^{\mathrm{i}}$ 的定义如式(3－36)和式(3－37)所示。对方程式(3－137)进行时间平均,得

$$\iiint_V\langle U_z\hat{u}_z\frac{\partial \tilde{u}_z}{\partial z}\rangle \mathrm{d}V=I=\iiint_V 2\pi z\cos(\eta)\,\mathrm{e}^{2\alpha_m t}\left[\tilde{u}_m^{\mathrm{r}}\frac{\partial \tilde{u}_m^{\mathrm{r}}}{\partial z}+\tilde{u}_m^{\mathrm{i}}\frac{\partial \tilde{u}_m^{\mathrm{i}}}{\partial z}\right]\mathrm{d}V \tag{3-138}$$

将 $\tilde{u}_m^{\mathrm{r}}$ 和 $\tilde{u}_m^{\mathrm{i}}$ 的表达式代入,得

$$I=2k_m\pi\mathrm{e}^{2\alpha_m t}\iiint_V z\cos(\eta)\sin^3(\eta)\,\mathrm{e}^{2\phi}\sin[\sin(\eta)k_m z]\times$$
$$\{\sin^2(\psi)\cos[\sin(\eta)k_m z]+\cos^2(\psi)\cos[\sin(\eta)k_m z]\}\,\mathrm{d}V \tag{3-139}$$

使用三角恒等式$\cos^2(\psi)+\sin^2(\psi)=1$,方程化简为

$$I=2k_m\pi\mathrm{e}^{2\alpha_m t}\iiint_V z\cos(\eta)\sin^3(\eta)\,\mathrm{e}^{2\phi}\sin[\sin(\eta)k_m z]\cos[\sin(\eta)k_m z]\,\mathrm{d}V \tag{3-140}$$

即

$$I=2k_m\pi\mathrm{e}^{2\alpha_m t}\int_0^l\int_0^{2\pi}\int_0^1 z\cos(\eta)\sin^3(\eta)\,\mathrm{e}^{2\phi}\sin[\sin(\eta)k_m z]\cos[\sin(\eta)k_m z]\,r\,\mathrm{d}r\mathrm{d}\theta\mathrm{d}z$$

因为 $I$ 与 $\overline{M}_b^2$ 同阶,所以此项可以忽略不计。方程式(3－131)化为

$$-\nabla\cdot\boldsymbol{U}\left(\frac{1}{2}\tilde{\boldsymbol{u}}\cdot\tilde{\boldsymbol{u}}\right)=-\boldsymbol{U}_r\tilde{u}_z\frac{\partial \tilde{u}_z}{\partial r} \tag{3-141}$$

方程式(3－141)代入方程式(3－128),并应用高斯散度定理,得到

$$\alpha_6=\frac{-\overline{M}_b E_m^{-2}}{\exp(2\alpha_m t)}\iint_S\langle \boldsymbol{n}\cdot\left[U\left(\frac{1}{2}\tilde{\boldsymbol{u}}\cdot\tilde{\boldsymbol{u}}\right)\right]\rangle \mathrm{d}S \tag{3-142}$$

进一步简化方程,扩展旋流速度为垂直分量和径向分量,即

$$\tilde{\boldsymbol{u}}=(\boldsymbol{n}\cdot\tilde{\boldsymbol{u}})\boldsymbol{n}+[\tilde{\boldsymbol{u}}-(\boldsymbol{n}\cdot\tilde{\boldsymbol{u}})\boldsymbol{n}] \tag{3-143}$$

根据无滑移边界条件,径向的旋流速度等于无旋速度,即

$$\tilde{\boldsymbol{u}}-(\boldsymbol{n}\cdot\tilde{\boldsymbol{u}})\boldsymbol{n}=-[\hat{\boldsymbol{u}}-(\boldsymbol{n}\cdot\hat{\boldsymbol{u}})\boldsymbol{n}] \tag{3-144}$$

则方程式(3－143)化为

$$\tilde{\boldsymbol{u}}=-\overline{M}_b\hat{p}\boldsymbol{n}-[\hat{\boldsymbol{u}}-(\boldsymbol{n}\cdot\hat{\boldsymbol{u}})\boldsymbol{n}]=(-\overline{M}_b\hat{p}+\boldsymbol{n}\cdot\hat{\boldsymbol{u}})\boldsymbol{n}-\hat{\boldsymbol{u}} \tag{3-145}$$

则

$$\tilde{\boldsymbol{u}} \cdot \tilde{\boldsymbol{u}} = (\overline{M}_{\mathrm{b}} \hat{p})^2 - (\boldsymbol{n} \cdot \hat{\boldsymbol{u}})^2 + \hat{\boldsymbol{u}} \cdot \hat{\boldsymbol{u}} \tag{3-146}$$

将方程式(3-146)代入方程式(3-142),并进行时间平均,得

$$\alpha_6 = \frac{1}{4} E_{\mathrm{m}}^{-2} \iint_{S_{\mathrm{b}}} \overline{M}_{\mathrm{b}} (\overline{M}_{\mathrm{b}}^2 \{1 - [A_{\mathrm{b}}^{(r)}]^2\} \hat{p}^2 + \hat{\boldsymbol{u}}_{\mathrm{m}} \cdot \hat{\boldsymbol{u}}_{\mathrm{m}}) \mathrm{d}S = \frac{1}{4} E_{\mathrm{m}}^{-2} \iint_{S_{\mathrm{b}}} \overline{M}_{\mathrm{b}} (\hat{\boldsymbol{u}}_{\mathrm{m}} \cdot \hat{\boldsymbol{u}}_{\mathrm{m}}) \mathrm{d}S + O(\overline{M}_{\mathrm{b}}^3) \tag{3-147}$$

将方程式(3-40)代入上式,则

$$\alpha_6 = \frac{1}{4} k_{\mathrm{m}}^{-2} E_{\mathrm{m}}^{-2} \iint_{S_{\mathrm{b}}} \overline{M}_{\mathrm{b}} (\nabla \hat{p}_{\mathrm{m}})^2 \mathrm{d}S \tag{3-148}$$

应用压力梯度的表达式,得

$$\alpha_6 = \frac{1}{4} E_{\mathrm{m}}^{-2} \int_0^l \int_0^{2\pi} \sin (k_{\mathrm{m}} z)^2 r \mathrm{d}\theta \mathrm{d}z \bigg|_{r=1} \tag{3-149}$$

计算可得

$$\alpha_6 = \frac{2}{5} \overline{M}_{\mathrm{b}} \tag{3-150}$$

## 3.2.7 第七项:黏性阻尼

将方程式(3-29)中的第7个旋流项从体积分转换为面积分,得

$$\frac{4}{3} \iiint_V \langle \delta^2 \tilde{\boldsymbol{u}} \cdot \nabla (\nabla \cdot \hat{\boldsymbol{u}}) \rangle \mathrm{d}V = -\frac{4}{3} \delta^2 \iint_S \langle \boldsymbol{n} \cdot \tilde{\boldsymbol{u}} \partial \hat{p}^{(1)} / \partial t \rangle \mathrm{d}S \tag{3-151}$$

方程式(3-151)与 $\delta^2$ 和边界处旋流速度的径向分量同阶,可忽略不计。而黏性阻尼则不能忽略,即

$$\alpha_7 = \frac{E_{\mathrm{m}}^{-2}}{\exp(2\alpha_{\mathrm{m}} t)} \iiint_V \langle -\delta^2 (\hat{\boldsymbol{u}} + \tilde{\boldsymbol{u}}) \cdot (\nabla \times \boldsymbol{\omega}) \rangle \mathrm{d}V \tag{3-152}$$

由于 $\boldsymbol{u}^{(1)} = \hat{\boldsymbol{u}} + \tilde{\boldsymbol{u}}$,得

$$\alpha_7 = \frac{-\delta^2 E_{\mathrm{m}}^{-2}}{\exp(2\alpha_{\mathrm{m}} t)} \iiint_V \langle \boldsymbol{u}^{(1)} \cdot (\nabla \times \boldsymbol{\omega}) \rangle \mathrm{d}V \tag{3-153}$$

应用下式化简方程式(3-153),

$$\nabla \cdot (\boldsymbol{A} \times \boldsymbol{B}) = \boldsymbol{B} \cdot (\nabla \times \boldsymbol{A}) - \boldsymbol{A} \cdot (\nabla \times \boldsymbol{B}) \tag{3-154}$$

即

$$\boldsymbol{u}^{(1)} \cdot (\nabla \times \boldsymbol{\omega}) = \nabla \cdot [\boldsymbol{\omega} \times \boldsymbol{u}^{(1)}] + \boldsymbol{\omega} \cdot [\nabla \times \boldsymbol{u}^{(1)}] \tag{3-155}$$

又

$$\nabla \times \hat{\boldsymbol{u}} = \boldsymbol{0}; \quad \nabla \times \tilde{\boldsymbol{u}} = \boldsymbol{\omega}; \quad \nabla \times \boldsymbol{u}^{(1)} = \boldsymbol{\omega} \tag{3-156}$$

方程式(3-155)变为

$$\boldsymbol{u}^{(1)} \cdot (\nabla \times \boldsymbol{\omega}) = \nabla \cdot [\boldsymbol{\omega} \times \boldsymbol{u}^{(1)}] + \boldsymbol{\omega} \cdot \boldsymbol{\omega} \tag{3-157}$$

则 $\alpha_7$ 为

$$\alpha_7 = \frac{-\delta^2 E_{\mathrm{m}}^{-2}}{\exp(2\alpha_{\mathrm{m}} t)} \iiint_V \langle \nabla \cdot [\boldsymbol{\omega} \times \boldsymbol{u}^{(1)}] + \boldsymbol{\omega} \cdot \boldsymbol{\omega} \rangle \mathrm{d}V \tag{3-158}$$

应用高斯散度定理,将体积分转化为面积分,得

$$\iiint_V \langle \nabla \cdot [\boldsymbol{\omega} \times \boldsymbol{u}^{(1)}] \rangle \mathrm{d}V = \iint_S \langle \boldsymbol{n} \cdot [\boldsymbol{\omega} \times \boldsymbol{u}^{(1)}] \rangle \mathrm{d}S \tag{3-159}$$

又因为壁面无滑移边界条件，所以$\boldsymbol{u}^{(1)}$ 平行于 $\boldsymbol{n}$，则式(3-159) 等于零。则

$$\iiint_V \langle \boldsymbol{u}^{(1)} \cdot \nabla \times \boldsymbol{\omega} \rangle \mathrm{d}V = \iiint_V \langle \boldsymbol{\omega} \cdot \boldsymbol{\omega} \rangle \mathrm{d}V \tag{3-160}$$

即

$$\alpha_7 = \frac{-\delta^2 E_\mathrm{m}^{-2}}{\exp(2\alpha_\mathrm{m} t)} \iiint_V \langle \boldsymbol{\omega} \cdot \boldsymbol{\omega} \rangle \mathrm{d}V \tag{3-161}$$

壁面上

$$\boldsymbol{\omega} = \nabla \times \boldsymbol{u}^{(1)} = \omega\, \boldsymbol{e}_\theta = \boldsymbol{e}_\theta \left( \frac{\partial u_r}{\partial z} - \frac{\partial u_z}{\partial r} \right) = -\boldsymbol{e}_\theta \frac{\partial u_z}{\partial r} \tag{3-162}$$

即

$$\omega = \tilde{\omega} \exp(\alpha_\mathrm{m} t) \exp(-\mathrm{i} k_\mathrm{m} t)\, \boldsymbol{e}_\theta \tag{3-163}$$

其中

$$\tilde{\omega} = r \frac{k_\mathrm{m}}{\overline{M}_\mathrm{b}} \exp(\alpha_\mathrm{m} t) \exp[\mathrm{i}\psi(r)] \sin[k_\mathrm{m} z \sin(\eta)]; \quad \eta = -\frac{1}{2}\pi r^2 \tag{3-164}$$

$\boldsymbol{\omega}$ 的实部为

$$\begin{aligned} \mathrm{Re}\boldsymbol{\omega} = {} & r \frac{k_\mathrm{m}}{\overline{M}_\mathrm{b}} \exp(\alpha_\mathrm{m} t) \exp(\phi^{(r)}) \cos(\psi - k_\mathrm{m} t) \sin[k_\mathrm{m} z \sin(\eta)] \hat{\boldsymbol{e}}_\theta = \\ & r\exp(\alpha_\mathrm{m} t) \frac{k_\mathrm{m}}{\overline{M}_\mathrm{b}} \exp(\phi^{(r)}) \sin[k_\mathrm{m} z \sin(\eta)] [\cos(\psi)\cos(k_\mathrm{m} t) + \sin(\psi)\sin(k_\mathrm{m} t)] e_\theta \end{aligned} \tag{3-165}$$

所以，在壁面上，

$$\begin{aligned} \boldsymbol{\omega} \cdot \boldsymbol{\omega} = {} & \exp(2\alpha_\mathrm{m} t) \left\{ r \frac{k_\mathrm{m}}{\overline{M}_\mathrm{b}} \exp[\phi^{(r)}] \sin[k_\mathrm{m} z \sin(\eta)] \right\} \times \\ & [\cos(\psi)\cos(k_\mathrm{m} t) + \sin(\psi)\sin(k_\mathrm{m} t)]^2 \end{aligned} \tag{3-166}$$

对方程式(3-166) 进行时间平均，进一步化简，得

$$\langle \boldsymbol{\omega} \cdot \boldsymbol{\omega} \rangle = \frac{1}{2\pi} k_\mathrm{m} e^{\alpha_\mathrm{m} t} \int_0^{2\pi/k_\mathrm{m}} \omega \cdot \omega \mathrm{e}^{-\alpha_\mathrm{m} t} \mathrm{d}t \tag{3-167}$$

令

$$\begin{aligned} \langle \boldsymbol{\omega} \cdot \boldsymbol{\omega} \rangle = {} & \mathrm{e}^{2\alpha_\mathrm{m} t} \frac{1}{2} \{ r (k_\mathrm{m}/\overline{M}_\mathrm{b}) \mathrm{e}^{\phi^{(r)}} \sin[k_\mathrm{m} z \sin(\eta)] \}^2 = \\ & (k_\mathrm{m}/\overline{M}_\mathrm{b})^2 \mathrm{e}^{2\alpha_\mathrm{m} t} \frac{1}{2} \{ r\mathrm{e}^{\phi^{(r)}} \sin[k_\mathrm{m} z \sin(\eta)] \}^2 [\cos^2(\psi) + \sin^2(\psi)] \end{aligned} \tag{3-168}$$

不稳定速度 $\tilde{u}_z$ 的表达式如下：

$$\tilde{u}_z = \mathrm{i} r U_r \mathrm{e}^{\alpha_\mathrm{m} t + \phi^{(r)}} \mathrm{e}^{\mathrm{i}[\psi(r) + \phi^{(\mathrm{i})}]} \sin[k_\mathrm{m} z \sin(\eta)] \mathrm{e}^{-\mathrm{i}k_\mathrm{m} t} \tag{3-169}$$

因为 $\mathrm{e}^{\mathrm{i}\phi^{(\mathrm{i})}}(1) \approx 1$，所以式(3-169) 化简为

$$\tilde{u}_z = \mathrm{i} r U_r \mathrm{e}^{\alpha_\mathrm{m} t} \mathrm{e}^{\phi^{(r)}} \mathrm{e}^{\mathrm{i}[\psi(r) - k_\mathrm{m} t]} \sin[k_\mathrm{m} z \sin(\eta)] \tag{3-170}$$

方程(3-170) 展开为

$$\tilde{u}_z = \mathrm{i} r U_\mathrm{r} \mathrm{e}^{\alpha_\mathrm{m} t} \mathrm{e}^{\phi^{(r)}} \sin[k_\mathrm{m} z \sin(\eta)] [\cos(\psi - k_\mathrm{m} t) + \mathrm{i}\sin(\psi - k_\mathrm{m} t)] \tag{3-171}$$

即

$$\tilde{u}_z = rU_r e^{\alpha_m t} e^{\phi^{(r)}} \sin[k_m z \sin(\eta)][\mathrm{i}\cos(\psi - k_m t) + \mathrm{i}\sin(\psi - k_m t)] \tag{3-172}$$

则 $\tilde{u}_z$ 的实部为

$$\mathrm{Re}\tilde{u}_z = -rU_r e^{\alpha_m t} e^{\phi^{(r)}} \sin[k_m z \sin(\eta)][\sin(\psi)\cos(k_m t) - \cos(\psi)\sin(k_m t)] \tag{3-173}$$

所以

$$\tilde{u}_z^2 = \{rU_r e^{\alpha_m t} e^{\phi^{(r)}} \sin[k_m z \sin(\eta)]\}^2 \cdot [\sin^2(\psi)\cos^2(k_m t) - 2\sin(\psi)\cos(\psi)\sin(k_m t)\cos(k_m t) + \cos^2(\psi)\sin^2(k_m t)] \tag{3-174a}$$

对 $\tilde{u}_z^2$ 进行时间平均，得

$$\langle \tilde{u}_z^2 \rangle = \frac{1}{2} e^{2\alpha_m t} \{rU_r e^{\alpha_m t} e^{\phi^{(r)}} \sin[k_m z \sin(\eta)]\}^2 \tag{3-174b}$$

鉴于 $\boldsymbol{\omega}\cdot\boldsymbol{\omega}$ 和 $\tilde{u}_z$ 之间的关系

$$\langle \boldsymbol{\omega}\cdot\boldsymbol{\omega} \rangle \approx \langle (k_m/\overline{M}_b)^2 z^2 \rangle \approx e^{2\alpha_m t} (k_m/\overline{M}_b)^2 \tilde{u}_m \frac{\partial \tilde{u}_m}{\partial r} = \frac{1}{2}(k_m/\overline{M}_b)^2 e^{2\alpha_m t} \frac{\partial \tilde{u}_m^2}{\partial r} \tag{3-175}$$

则 $\alpha_7$ 表达式为

$$\alpha_7 = -\frac{1}{4}\delta^2 E_m^{-2} (k_m/\overline{M}_b)^2 \iiint_V \frac{\partial \tilde{u}_m^2}{\partial r} \mathrm{d}V \tag{3-176}$$

圆柱形内孔装药发动机中

$$\alpha_7 = -\frac{1}{4}\delta^2 E_m^{-2} (k_m/\overline{M}_b)^2 \iint_S \left(\int_0^1 \frac{\partial \tilde{u}_m^2}{\partial r} \mathrm{d}r\right) \mathrm{d}S \tag{3-177}$$

式(3-177)可以化简为

$$\alpha_7 = -\frac{1}{4}\delta^2 E_m^{-2} (k_m/\overline{M}_b)^2 \iint_S \tilde{u}_m^2 \Big|_{r=1} \mathrm{d}S \tag{3-178}$$

应用无滑移边界条件，使得 $\tilde{u}_m = -\hat{u}_m$，又 $\hat{u}_m = \sin(k_m z)$，得

$$\alpha_7 = -\frac{1}{4}\delta^2 E_m^{-2} (k_m/\overline{M}_b)^2 \iint_S [\sin^2(k_m z)] \mathrm{d}S \tag{3-179}$$

或记作

$$\alpha_7 = -\frac{1}{4}\delta^2 E_m^{-2} \overline{M}_b^{-2} \iint_S \left(\frac{\partial \hat{p}_m}{\partial z}\right)^2 \mathrm{d}S \tag{3-180}$$

$\alpha_7$ 的通用表达式为

$$\alpha_7 = -\frac{1}{4}\delta^2 E_m^{-2} \overline{M}_b^{-2} \iint_S (\nabla \hat{p}_m)^2 \mathrm{d}S \tag{3-181}$$

在圆柱形内孔装药发动机中应用时，$\alpha_7$ 要乘以系数 2/3，即

$$\alpha_7 = -\frac{1}{6}\delta^2 E_m^{-2} \overline{M}_b^{-2} \iint_S (\nabla \hat{p}_m)^2 \mathrm{d}S \tag{3-182}$$

将压强扰动 $\hat{p}_m$ 的表达式代入式(3-182)，得

$$\alpha_7 = -\frac{1}{6}\delta^2 E_m^{-2} \overline{M}_b^{-2} \int_0^l \int_0^{2\pi} \sin(k_m z)^2 r \mathrm{d}\theta \mathrm{d}z \Big|_{r=1} \tag{3-183}$$

即

$$\alpha_7 = -\frac{4}{15}\xi \overline{M}_b \tag{3-184}$$

## 3.2.8 第八项:伪声波修正

伪声修正是涡量场中的拟压强导致 $\tilde{p}$ 的,前两项的表达式为

$$\alpha_8 = \frac{E_m^{-2}}{\exp(2\alpha_m t)} \iiint_V \langle -\hat{\boldsymbol{u}} \cdot \nabla \tilde{p} \rangle \mathrm{d}V \tag{3-185}$$

伪压强 $\tilde{p}$ 表达式如下:

$$\tilde{p} = \exp(\alpha_m t) \left[\tilde{p}_m^r \cos(k_m t) + \tilde{p}_m^i \sin(k_m t)\right] \tag{3-186}$$

由方程式(3-38)和式(3-39)可得

$$\nabla \tilde{p} = \exp(\alpha_m t) \left[\cos(k_m t) \nabla \tilde{p}_m^r + \sin(k_m t) \nabla \tilde{p}_m^i\right] \tag{3-187}$$

展开得

$$\nabla \tilde{p}_m^r = \frac{\partial}{\partial r}(\tilde{p}_m^r)\boldsymbol{e}_r + \frac{\partial}{\partial z}(\tilde{p}_m^r)\boldsymbol{e}_z \approx \frac{-\pi}{2}(k_m/\boldsymbol{U}_r) z\cos(\psi)\sin(2\eta)\exp(\phi)\sin[k_m z\sin(x)]\boldsymbol{e}_r - \frac{1}{2}\pi\overline{M}_b\sin(\psi)\sin(2\eta)\exp(\phi)\{\sin[k_m z\sin(\eta)] + k_m z\sin(\eta)\cos[k_m z\sin(\eta)]\}\boldsymbol{e}_z \tag{3-188}$$

和

$$\nabla \tilde{p}_m^i = \frac{\partial}{\partial r}(\tilde{p}_m^i)\boldsymbol{e}_r + \frac{\partial}{\partial r}(\tilde{p}_m^i)\boldsymbol{e}_z \approx -\frac{1}{2}\pi(k_m/U_r) z\sin(\psi)\sin(2\eta)\exp(\phi)\sin[k_m z\sin(\eta)]\boldsymbol{e}_r + \frac{1}{2}\pi\overline{M}_b\cos(\psi)\sin(2\eta)\exp(\phi)\{\sin[k_m z\sin(\eta)] + k_m z\sin(\eta)\cos[k_m z\sin(\eta)]\}\boldsymbol{e}_z \tag{3-189}$$

令

$$\hat{\boldsymbol{u}} \cdot \nabla \tilde{p} \approx \frac{\pi}{2}\overline{M}_b \exp(2\alpha_m t)\sin(k_m z)\sin(k_m t)\sin(2\eta)\exp(\phi) \times \{\sin[k_m z\sin(\eta)] + k_m z\sin(\eta)\cos[k_m z\sin(\eta)]\} \times [\cos(\psi)\sin(k_m t) - \sin(\psi)\cos(k_m t)] \tag{3-190}$$

时间平均,得到

$$\langle \hat{\boldsymbol{u}} \cdot \nabla \tilde{p} \rangle = \frac{\pi}{4}\overline{M}_b \exp(2\alpha_m t + \phi)\sin(k_m z)\sin(2\eta)\cos(\psi) \times \{\sin[k_m z\sin(\eta)] + k_m z\sin(\eta)\cos[k_m z\sin(\eta)]\} \tag{3-191}$$

则

$$\alpha_8 = -E_m^{-2} \iiint_V \frac{1}{4}\pi\overline{M}_b \exp(\phi)\sin(k_m z)\sin(2\eta)\cos(\psi) \times \{\sin[k_m z\sin(\eta)] + k_m z\sin(\eta)\cos[k_m z\sin(\eta)]\}\mathrm{d}V \tag{3-192}$$

计算体积分,得

$$\alpha_8 = -\frac{1}{4}\pi\overline{M}_b E_m^{-2} \int_0^{2\pi}\int_0^l\int_0^1 r\sin(k_m z)\sin(2\eta)\mathrm{e}^{\phi}\cos(\psi)\{\sin[k_m z\sin(\eta)] + k_m z\sin(\eta)\cos[k_m z\sin(\eta)]\}\mathrm{d}r\mathrm{d}z\mathrm{d}\theta =$$

$$-\frac{1}{2}\pi^2\overline{M}_b E_m^{-2} \int_0^l\int_0^1 r\sin(k_m z)\sin(2\eta)\exp(\phi)\cos(\psi)$$

$$\{\sin[k_m z\sin(\eta)]+k_m z\sin(\eta)\cos[k_m z\sin(\eta)]\}\,\mathrm{d}r\mathrm{d}z \tag{3-193}$$

方程式(3-193)对 $z$ 进行积分,得

$$\alpha_8=-\frac{1}{4}\pi\overline{M}_b k_m^{-1}E_m^{-2}\int_0^1 Q(r)\,\mathrm{d}r \tag{3-194}$$

其中

$$Q(r)=r\exp(\phi)\cos(\psi)\sin(2\eta)\sec^3(\eta)(\cos(k_m l)\{-2k_m l\cos(\eta)\cos[k_m l\sin(\eta)]\sin(x)+[\cos(2\eta)-3]\sin^2(\eta)\sin[k_m l\sin(\eta)]-2\cos[k_m l\sin(\eta)]\tan(\eta)\}) \tag{3-195}$$

线性化并对 $r$ 积分,得

$$\alpha_8=-\frac{1}{24}\pi^3 l\overline{M}_b E_m^{-2}\int_0^1 \mathrm{e}^{-\xi y}\cos(k_m y/\overline{M}_b)\{[2(\pi k_m l)^2-\pi^2+3]y^3-9y^2+6y\}\,\mathrm{d}y \tag{3-196a}$$

或记作

$$\alpha_8=\frac{1}{4}\pi^3 l\overline{M}_b^3 k_m^{-2}E_m^{-2}(1+\overline{M}_b^2\xi/k_m^2)^{-3}\{1-\overline{M}_b^2 k_m^{-2}\times[9\xi+(3-\pi^2+2\pi^2 k_m^2 l^2)(1+\overline{M}_b^2\xi^2/k_m^2)^{-1}]+O(\overline{M}_b^7 k_m^{-6})\} \tag{3-196b}$$

即

$$\alpha_8=\frac{2}{5}\frac{\overline{M}_b^3 l^2}{m^2}\left[1+\frac{\overline{M}_b^2\xi^2 l^2}{(m\pi)^2}\right]^{-3}\left\{1-\frac{\overline{M}_b^2 l^2}{(m\pi)^2}\left\{9\xi+(3-\pi^2+2\pi^4 m^2)\left[1+\frac{\overline{M}_b^2\xi^2 l^2}{(m\pi)^2}\right]^{-1}\right\}\right\} \tag{3-197}$$

发动机中 $\xi$ 很小,则

$$\alpha_8=\frac{2}{5}\frac{\overline{M}_b^3 l^2}{m^2}\left[1-3\xi^2\frac{\overline{M}_b^2 l^2}{(m\pi)^2}\right]\ll O(1) \tag{3-198}$$

### 3.2.9 第九项:有旋量修正

伪压强和旋流速度表示的有旋量修正项

$$\alpha_9=\frac{-E_m^{-2}}{\exp(2\alpha_m t)}\iiint_V\langle\tilde{\boldsymbol{u}}\cdot\nabla\tilde{p}\rangle\,\mathrm{d}V \tag{3-199}$$

根据哈密顿算符的运算规则,得

$$\left.\begin{aligned}&\nabla\cdot(\widetilde{\boldsymbol{u}p})=\tilde{\boldsymbol{u}}\cdot\nabla\tilde{p}+\tilde{p}\,\nabla\cdot\tilde{\boldsymbol{u}}\\&\nabla\cdot\tilde{\boldsymbol{u}}=0\\&\nabla\cdot(\widetilde{\boldsymbol{u}p})=\tilde{\boldsymbol{u}}\cdot\nabla\tilde{p}\end{aligned}\right\} \tag{3-200}$$

$\alpha_9$ 化为

$$\alpha_9=\frac{-E_m^{-2}}{\exp(2\alpha_m t)}\iiint_V\langle\nabla\cdot(\widetilde{\boldsymbol{u}p})\rangle\,\mathrm{d}V \tag{3-201}$$

应用散度定理,得到

$$\alpha_9=\frac{-E_m^{-2}}{\exp(2\alpha_m t)}\iint_S\langle\boldsymbol{n}\cdot(\widetilde{\boldsymbol{u}p})\rangle\,\mathrm{d}S \tag{3-202}$$

对方程(3-202)进行时间平均,得

$$\alpha_9 = -\frac{1}{2}E_m^{-2}\iint_{S_N}[\tilde{u}_m^{(r)}\tilde{p}_m^{(r)} + \tilde{u}_m^{(i)}\tilde{p}_m^{(i)}]\mathrm{d}S \tag{3-203}$$

将各参数表达式代入上式,得

$$\alpha_9 = -\frac{1}{4}\pi E_m^{-2}\overline{M}_b\iint_{S_N}[-\sin(\eta)\sin(2\eta)\sin^2(\psi)\exp(2\phi)\sin^2[\sin(\eta)k_m z]z - \sin(\eta)\sin(2\eta)\cos^2(\psi)\exp(2\phi)\sin^2[\sin(\eta)k_m z]z]\mathrm{d}S \tag{3-204}$$

利用 $\sin(2\eta)=2\cos(\eta)\sin(\eta)$ 和 $\sin^2(\psi)+\cos^2(\psi)=1$,得

$$\alpha_9 = \frac{1}{2}\pi E_m^{-2}\overline{M}_b\int_0^1\int_0^{2\pi}[\sin(\eta)\sin(2\eta)\exp(2\phi)\sin^2[\sin(\eta)k_m z]z]r\,\mathrm{d}\theta\mathrm{d}r\Big|_{z=l} \tag{3-205}$$

即

$$\alpha_9 = \frac{5}{6}\pi^2 l\overline{M}_b E_m^{-2}\left\{[\pi^2 + 4(\xi+\sqrt{2})^2]^{-1} - \frac{1}{500}\right\} \tag{3-206}$$

### 3.2.10 第十项:不稳定耗散

不稳定有旋能量会在燃烧室边界的下游产生新的耗散,

$$\alpha_{10} = \frac{-\overline{M}_b E_m^{-2}}{\exp(2\alpha_m t)}\iiint_V\langle(\hat{\boldsymbol{u}}+\tilde{\boldsymbol{u}})\cdot\nabla(\boldsymbol{U}\cdot\tilde{\boldsymbol{u}})\rangle\mathrm{d}V \tag{3-207}$$

使用$\boldsymbol{u}^{(1)}=\hat{\boldsymbol{u}}+\tilde{\boldsymbol{u}}$,可将方程式(3-207)化为二重积分,即

$$\boldsymbol{u}^{(1)}\cdot[\nabla(\boldsymbol{U}\cdot\tilde{\boldsymbol{u}})] = \nabla\cdot[\boldsymbol{u}^{(1)}(\boldsymbol{U}\cdot\tilde{\boldsymbol{u}})] - (\boldsymbol{U}\cdot\tilde{\boldsymbol{u}})\nabla\cdot\boldsymbol{u}^{(1)} \tag{3-208}$$

方程式(3-208)右边第一项可以写作

$$\iiint_V\langle\nabla\cdot[\boldsymbol{u}^{(1)}(\boldsymbol{U}\cdot\tilde{\boldsymbol{u}})]\rangle\mathrm{d}V = \iiint_V\langle\nabla\cdot[\tilde{\boldsymbol{u}}(\boldsymbol{U}\cdot\tilde{\boldsymbol{u}})] + \nabla\cdot[\hat{\boldsymbol{u}}(\boldsymbol{U}\cdot\tilde{\boldsymbol{u}})]\rangle\mathrm{d}V \tag{3-209}$$

应用高斯散度定理,转换为面积分,即

$$\iiint_V\langle\nabla\cdot[\tilde{\boldsymbol{u}}(\boldsymbol{U}\cdot\tilde{\boldsymbol{u}})] + \nabla\cdot[\hat{\boldsymbol{u}}(\boldsymbol{U}\cdot\tilde{\boldsymbol{u}})]\rangle\mathrm{d}V = \iint_S\langle\boldsymbol{n}\cdot[\tilde{\boldsymbol{u}}(\boldsymbol{U}\cdot\tilde{\boldsymbol{u}})] + \boldsymbol{n}\cdot[\hat{\boldsymbol{u}}(\boldsymbol{U}\cdot\tilde{\boldsymbol{u}})]\rangle\mathrm{d}S \tag{3-210}$$

方程式(3-210)左、右两边的第二项均与$O(\overline{M}_b^2)$同阶,可忽略不计,得到

$$\iiint_V\langle\nabla\cdot[\tilde{\boldsymbol{u}}(\boldsymbol{U}\cdot\tilde{\boldsymbol{u}})]\rangle\mathrm{d}V = \iint_S\langle\boldsymbol{n}\cdot[\tilde{\boldsymbol{u}}(\boldsymbol{U}\cdot\tilde{\boldsymbol{u}})]\rangle\mathrm{d}S \tag{3-211}$$

类似的,方程式(3-208)右边第二项可以写为

$$-(\boldsymbol{U}\cdot\tilde{\boldsymbol{u}})\nabla\cdot\boldsymbol{u}^{(1)} = -(\boldsymbol{U}\cdot\tilde{\boldsymbol{u}})\nabla\cdot\hat{\boldsymbol{u}} - (\boldsymbol{U}\cdot\tilde{\boldsymbol{u}})\nabla\cdot\tilde{\boldsymbol{u}} \tag{3-212}$$

因为$\nabla\cdot\tilde{\boldsymbol{u}}=0$,方程式(3-212)化简为

$$(\boldsymbol{U}\cdot\tilde{\boldsymbol{u}})\nabla\cdot\boldsymbol{u}^{(1)} = (\boldsymbol{U}\cdot\tilde{\boldsymbol{u}})\nabla\cdot\hat{\boldsymbol{u}} \tag{3-213}$$

最后,$\alpha_{10}$ 化为

$$\alpha_{10} = \frac{-\overline{M}_b E_m^{-2}}{\exp(2\alpha_m t)}\left\{\iint_S\langle\boldsymbol{n}\cdot[\tilde{\boldsymbol{u}}(\boldsymbol{U}\cdot\tilde{\boldsymbol{u}})]\rangle\mathrm{d}S - \iiint_V\langle(\boldsymbol{U}\cdot\tilde{\boldsymbol{u}})\nabla\cdot\hat{\boldsymbol{u}}\rangle\mathrm{d}V\right\} \tag{3-214}$$

计算方程式(3-214)右边的第二项,得

$$\iiint_V \langle (\boldsymbol{U} \cdot \tilde{\boldsymbol{u}}) \nabla \cdot \hat{\boldsymbol{u}} \rangle \mathrm{d}V = \iiint_V \langle \pi z \cos(\eta) \sin(\eta) \mathrm{e}^{\phi} \sin(\psi) \sin[\sin(\eta) k_{\mathrm{m}} z] \times \cos(k_{\mathrm{m}} z) \mathrm{e}^{2\alpha_{\mathrm{m}} t} \cos(k_{\mathrm{m}} t) \sin(k_{\mathrm{m}} t) \rangle \mathrm{d}V \tag{3-215}$$

即

$$\alpha_{10} = \frac{-\overline{M}_{\mathrm{b}}}{E_{\mathrm{m}}^2 \exp(2\alpha_{\mathrm{m}} t)} \iint_S \langle \boldsymbol{n} \cdot [\tilde{\boldsymbol{u}}(\boldsymbol{U} \cdot \tilde{\boldsymbol{u}})] \rangle \mathrm{d}S \tag{3-216}$$

对方程式(3-216)进行时间平均,得

$$\alpha_{10} = \frac{1}{2} \overline{M}_{\mathrm{b}} E_{\mathrm{m}}^{-2} \iint_{S_{\mathrm{N}}} \{ [\tilde{u}_{\mathrm{m}}^{(\mathrm{r})}]^2 + [\tilde{u}_{\mathrm{m}}^{(\mathrm{i})}]^2 \} U_z \mathrm{d}S \tag{3-217}$$

将各参数表达式代入,得

$$\alpha_{10} = -\frac{1}{2} \pi E_{\mathrm{m}}^{-2} \overline{M}_{\mathrm{b}} \iint_{S_{\mathrm{N}}} [\sin^2(\eta) \cos(\eta) \sin^2(\psi) \exp(2\phi) \sin^2[\sin(\eta) k_{\mathrm{m}} z] z + \sin^2(\eta) \cos(\eta) \cos^2(\psi) \exp(2\phi) \sin^2[\sin(\eta) k_{\mathrm{m}} z] z] \mathrm{d}S \tag{3-218}$$

利用 $\sin(2\eta) = 2\cos(\eta)\sin(\eta)$ 和 $\sin^2(\psi) + \cos^2(\psi) = 1$,得

$$\alpha_{10} = -\frac{1}{2} \pi E_{\mathrm{m}}^{-2} \overline{M}_{\mathrm{b}} \int_0^1 \int_0^{2\pi} [\sin(\eta) \sin(2\eta) \exp(2\varphi) \sin[\sin(\eta) k_{\mathrm{m}} z]^2 z] r \mathrm{d}\theta \mathrm{d}r \Big|_{z=l} \tag{3-219}$$

即

$$\alpha_{10} = -\frac{5}{6} \pi^2 l \overline{M}_{\mathrm{b}} E_{\mathrm{m}}^{-2} \left\{ [\pi^2 + 4(\xi + \sqrt{2})^2]^{-1} - \frac{1}{500} \right\} \tag{3-220}$$

## 3.3 线性稳定性分析算例

### 1. 发动机参数

针对一系列具有代表性的发动机结构和推进剂特性参数进行数值计算,表 3-1 给出了发动机的物理参数和结构参数。

表 3-1 三种典型发动机的物理参数和结构参数

| 参数 \ 发动机 | $L$/m | $R$/m | $M_{\mathrm{b}}$ | $\delta$ | $k_{\mathrm{m}}$ | $S$ | $\xi$ | $f$/Hz | $A_{\mathrm{b}}^{(\mathrm{r})}$ | $a_0/(\mathrm{m \cdot s^{-1}})$ |
|---|---|---|---|---|---|---|---|---|---|---|
| 小发动机 | 0.60 | 0.025 | 1.7e−3 | 5.49e−4 | 1.31e−1 | 77.00 | 1.0512 | 1227 | 2.5 | 1472 |
| 战术发动机 | 2.03 | 0.102 | 3.1e−3 | 2.74e−4 | 1.58e−1 | 50.92 | 0.0628 | 360 | 1.2 | 1462 |
| 航天飞机 SRB | 35.1 | 0.700 | 2.3e−3 | 1.04e−4 | 6.27e−2 | 27.24 | 0.0035 | 19.5 | 1.0 | 1369 |

### 2. 计算结果

计算得到的线性增长系数 $\alpha$ 及各个分量的值并用 $\alpha^* = \alpha a_0 / R$ 进行有量纲化列于表 3-2。

声平均流修正 $\alpha_3=0$，跳过不计。

**表 3-2　线性增长系数和各个系数的计算结果**

| 参数 / 发动机 | $\alpha_{1-4}^{*}$ 传统算法 | $\alpha_{1-10}^{*}$ 改进算法 | $\lvert\Delta\alpha/\alpha\rvert$ / % | $\alpha_1^{*}$ | $\alpha_2^{*}$ | $\alpha_4^{*}$ | $\alpha_5^{*}$ | $\alpha_6^{*}$ | $\alpha_7^{*}$ | $\alpha_8^{*}$ | $\alpha_9^{*}$ | $\alpha_{10}^{*}$ |
|---|---|---|---|---|---|---|---|---|---|---|---|---|
| 小发动机 | 20.019 | 85.9804 | 332.9 | 96.0922 | −0.0002 | −80.0768 | 80.0768 | 40.0384 | −27.5171 | 0.0083 | 22.6412 | −22.6412 |
| 战术发动机 | −48.8767 | 3.4374 | 107.0 | −3.5547 | 0 | −35.5467 | 35.5467 | 17.7733 | −0.7394 | 0.0087 | 10.0506 | −10.0506 |
| 航天飞机 SRB | −5.8476 | −0.2990 | 94.9 | −1.0796 | 0 | −3.5985 | 3.5985 | 1.7993 | −0.0042 | 0.0031 | 1.0175 | −1.0175 |

## 3.4　发动机声不稳定的非线性理论

前面已经描述了线性不稳定和非线性不稳定的概念和相互关系，经过线性增长阶段之后，固体发动机最终表现出的周期性压强振荡为非线性不稳定。接下来将详细介绍非线性不稳定的现象、特征及其预示方法。

固体火箭发动机不稳定燃烧中的许多现象是非线性的，例如振荡压强的生成、生长、保持、消失以及脉冲触发对稳定系统的影响。与线性稳定性理论不同，非线性理论的研究范畴不在于挖掘更多的增益、激励机理，而是对声场能量交换机理进行探索，对压强振幅、平均压强上升等参数进行定量化研究。迄今已有大量文献对非线性现象进行了研究，根据非线性不稳定燃烧的表征可归纳概括为三种典型的非线性现象：脉冲触发、极限振幅以及平均压强上升。

装药燃烧过程中，如果受到了某一脉冲激励，则有可能使系统能量急剧增高从而导致压强振幅突增，并迅速发展为极限振幅状态。但研究表明，激励脉冲所需能量较大，难以准确解析预估。由于脉冲触发与推进剂配方有关，因此对此现象主要依靠实验研究。

当发动机内压强振荡幅值不再增大，而是稳定在某一极限状态时，这种非线性现象叫作极限振幅。Flandro 等从能量守恒角度出发，认为燃烧室内行激波内部各级谐波相互作用带来的能量损失，导致压强振荡幅值稳定在一定范围内。类似于量子力学的能量分布，一旦低阶振荡的能量升高，能量向高阶谐波传递。

一般情况下，平均压强上升会与极限振幅同时出现，推进剂宏观燃速增加造成了平均压强高于预估平衡压强。此时传统准稳态假设（即假设平均物理量与扰动物理量相互独立）不再适用。因为极限振幅与平均压强相互作用，故须耦合求解。

线性预估理论只能根据增益系数的正负来判断发动机是否有发生不稳定燃烧的趋势，而不能准确估计压强振荡幅值，也不能解释平均压强上升等非线性现象。目前对非线性稳定性一般采用两种预估方法，分别是 Culick 和 Yang 等提出的气体动力学法与 Flandro 等提出的平衡能量法。

Culick 的气体动力学法是在线性理论的基础上扩展成为一种非线性的预估方法，认为极限振幅是由多种声模态叠加以及声压振幅随时间变化综合作用的结果，能量从低阶声模态向高阶声模态传递，直至达到极限振幅状态。Culick 利用数学解析的方式比较准确地描述了前沿陡峭波的形成过程，但没有深入分析压强振荡达到极限振幅以后燃气的运动状态，尤其是对平均压强上升的处理；其次，该方法的求解会引入大量偏微分方程组，计算效率低；此外，该方法仅适用于某一时刻工况的计算，不太适合对燃烧的动态过程进行求解。

在气体动力学法的基础上，Flandro 从能量守恒的角度出发，提出了平衡能量法。该方法的基本假设是振荡达到极限振幅状态后，振荡波是一种前沿陡峭的行激波，如图 3－3 所示。形成激波的各阶谐波之间相互作用，能量从低阶谐波向高阶谐波传递带来熵增，导致系统能量的额外耗散，从而使系统振幅稳定在极限状态。前沿陡峭波是多个声振型叠加的表现，在计算中可直接采用不同频率余弦波叠加形成的陡峭锯齿波代替，同时假设各模态声波的相对振幅固定不变，可直接由基频振幅求得。对于简单管型装药，平衡能量法与气体动力学方法得到的结果是基本一致的，并且平衡能量法的计算过程不会出现大量的偏微分方程组，可方便地耦合极限振幅与平均压强以求解平均压强上升，计算效率极大提高。

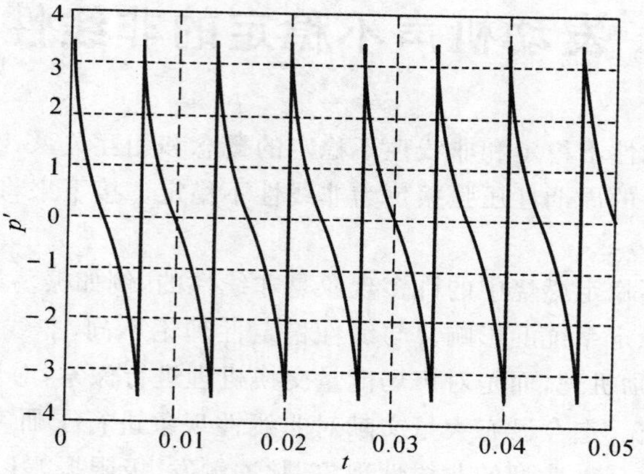


**图 3－3　陡峭前沿波示意图**

对发动机燃烧不稳定的经典分析是基于无旋声波系统的假设得出的。观察到的发动机振荡频率正好和燃烧室的驻波声模式一致，这一现象证实了声理论的正确性。然而，不稳定理论假设无旋声波会导致不能符合正确的边界条件（例如无滑移边界），以及重要的流场特征的丢失，例如非稳旋涡状态，它可能对结果的正确性有重要影响。应用无旋声学模型也很难正确处理有限幅值的波。很多证据表明，火箭发动机中压强振荡的高振幅波系统更类似行波前端。早期的研究工作试图考虑陡峭波效应，但是采用的分析方法并不能得到实用的结果。这些工作通常基于特征线法，并没用使用实际不稳定评估算法所需的通用计算方法。

### 3.4.1　旋涡流效应

过去的 10 年中，在理解旋涡的准确根源和对振荡流场变化影响方面取得了明显的进步。理论分析、数值和实验研究都表明旋转流动效应在固体火箭发动机气动不稳定中有重要作用，因此研究者们努力做了大量的工作去构建对声学模型的修正。目前对不稳定流的理解已经非常深入，理论分析的结果与实验测量和数值模拟非常一致。

这些模型用于系统稳定性的三维计算，最先尝试的就是通过修正声学不稳定算法以考虑旋流效应。在这一过程中，有人发现了经典的流动转弯修正的根源和三维表达式，相关项在 SSP 中出现。尤其是，在一个全长圆柱形药柱中的得到了取消流动转弯能量损失的旋转修正项。然而，因为这些结果都是基于不完整的系统能量平衡得出的，所以目前看来未必是可信的。

Culick 的稳定性估算过程是基于对无旋声波的指数增长(或衰减)的计算；这些结果相当于 Cantrell 和 Hart 早期使用的能量平衡模型。在所有这些计算中，系统能量都是用经典 Kirchoff(无旋和等熵)声能密度表达的。所以，它不能表示包含声学和旋转流效应的整个不稳定流场，因此就忽略了旋涡波携带的动能。在给定的时间，系统包含的实际平均不稳定能量大约比单独的声能大 25%。另外，决定燃烧室稳定性特征的能量源和汇的表达也必须进行修正。所做的工作仅仅是通过考虑旋流源项对声增长率进行修正，并没有全面反映涡的生成和耦合效应。

### 3.4.2　非线性效应

非线性效应在控制发动机燃烧室压力振荡的非线性特性中有重要作用。因此，仅仅是严格的线性模型在目前情况下基本没有意义。振荡的时间历程化、极限幅值和导致稳定发动机转变为剧烈振荡的临界触发脉冲幅值的建模都非常关键。脉冲可能是由随机扰动引起的，也可能是衬层或绝热层碎片经过喷管，引起喷管有效喉部面积瞬间变小而导致的。因此，对于发动机这方面行为的研究很重要。

如前所述，激波是固体火箭发动机轴向振荡非线性的一个重要特征。毫无疑问，当波动增长到有限幅值的时候，激波特征在气体运动中占据主导地位。变陡峭过程是气柱非线性共振的自然特征。尽管液体发动机工作者实验验证了其可能性，但是激波对燃烧不稳定的作用仍然没有得到广泛认同。目前的液体和固体发动机不稳定预测方法都忽略了这一明显的主要问题。如果想建立完整的理论基础，必须考虑这一特性对非线性的影响。

### 3.4.3　数学方法

早期的扰动方法将问题的解限定于线性气体运动，其他特别的方法，如 Culick 用于研究燃烧不稳定非线性特性的方法，与早期的方法之间存在鸿沟，需要引入方法将两者联系起来。图 3－4 绘制了用 Culick 模型预测的波系统随时间演化，取动画中的一幅。在该图显示的时刻，波形几乎达到了最后的有限振幅状态，波阵面向左方移动。这个波形是 20 个声模式的组合。低阶模式的能量向高阶模式连续传递，直到达到图中所示的能量定态。这种“模式耦合”效应很清楚地展现了自然陡峭过程，该过程以一系列驻波声模式开始，最终转变成了一个单独的陡峭前沿行波。一旦出现极限振幅状况，那么波就在燃烧室两端之间前后移动。振荡周期和一阶轴向声振模式一致。J. French 已经在 SSP 中完全实现了 Culick 的非线性模型。现在可以计算任意燃烧室横截面形状分布的多阶轴向模式。

现在的中心问题是理解完全陡峭状态的气体运动。图 3－5 展示了所面临的问题。该图简要地表达了试验中出现的燃烧不稳定的全部特征，而且它提供了一种对各种燃烧不稳定分析方法进行分类的有效方式。图 3-5 表明，如果波是由噪声以线性模式增长得到的，那么运动就是线性的，每个声模式在特有的频率下根据能量增加和损失平衡独立增长。总的来说，最低阶模式增长得很快，因为只需要极少的能量就能被触发。随着振荡达到有限幅值，非线性效应出现，并且在某一段时期内，能量从低阶模式到高阶分支模式重新分布，这是 Culick 的非线性模型。

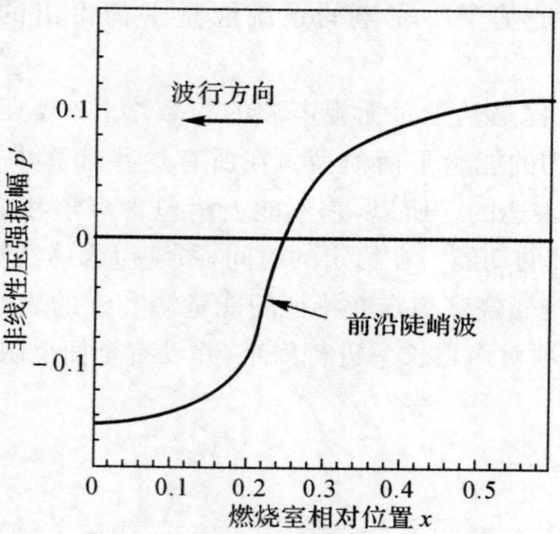


**图 3-4　Culick 的完全陡峭波**

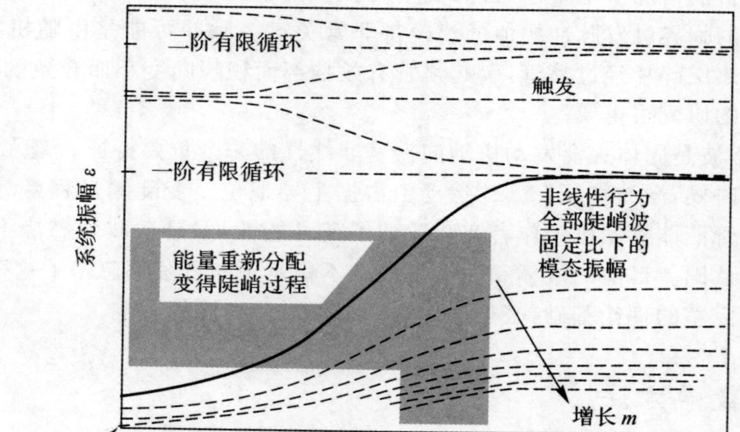


**图 3-5　系统幅值的非线性演化**

随着波变得陡峭，各种构成声波模式的相对幅值达到了和类激波行为相一致的冻结态。这就是图中所展示的完全非线性状态。在发动机脉冲测试中，陡峭过程几乎是瞬时的。例如，Brownlee 提到当施加脉冲触发时，“当入射流干扰横贯发动机长度的时候，部分在喷管端被反射，并且在一个循环内变成了陡峭前缘的类激波波形”。因此在对类似效应建模的时候，没必要追踪整个变陡峭的过程。已经可以从一个大的试验结果数据库估算得到相对波动幅值。已经获得了相对幅值的精确信息，并不需要对极限循环和触发幅值做准确估计。

对发动机设计者来说，必须构建一种数学方法来获得在完全陡峭状态系统所能达到的极限幅值，这是评估潜在的振动程度、热负荷恶劣程度以及脆弱的喷注器部件受力状况所需要的关键信息。

简化非线性问题的关键是假设完全陡峭的行波是燃烧室简正模式的合成：

$$p(r,t)=\varepsilon(t)\sum_{n=1}^{\infty}A_n(t)\psi_n(r) \tag{3-221}$$

式中，$\varepsilon(t)$ 是瞬态幅值；$n$ 是表示模态的整数。这是得到验证的简化方法，是 Culick 计算方法的最后形式。它完全符合所有实验表现的特征，并已经应用到非线性求解中去。

### 3.4.4 简正模式重叠获得的受冲击声波行波

方程式(3-242)为避免非稳态流模型中有关的计算困难提供了一个有效的方法。对于燃烧室横截面积为常数的简单轴向振荡问题，加和形式的方程表达式如下：

$$\left.\begin{aligned}A_n(t)&=\left(\frac{8n}{4n^2+1}\right)\sin\left(\frac{n\pi a_0}{L}t\right)\\ \psi_n(r)&=\cos\left(\frac{n\pi}{L}z\right)\end{aligned}\right\} \tag{3-222}$$

式中，$L$ 是燃烧室长度；$z$ 是轴向位置。如果用这些参数来计算方程式(3-221)，就可以得到图 3-6(a) 中所示的波形。与图 3-6(b) 中所示的测试得到的波形进行对比，实验数据来自于对一个经历高幅非线性轴向压强振荡的液体火箭预燃室的精确压力测量。

通过对数据进行傅里叶级数相配合，方程式(3-221)的波形可以用来描绘所有的实验波形。众所周知，一旦波达到了极限循环状态，波形就会保持在冻结状态；只有振幅会随时间发生变化。

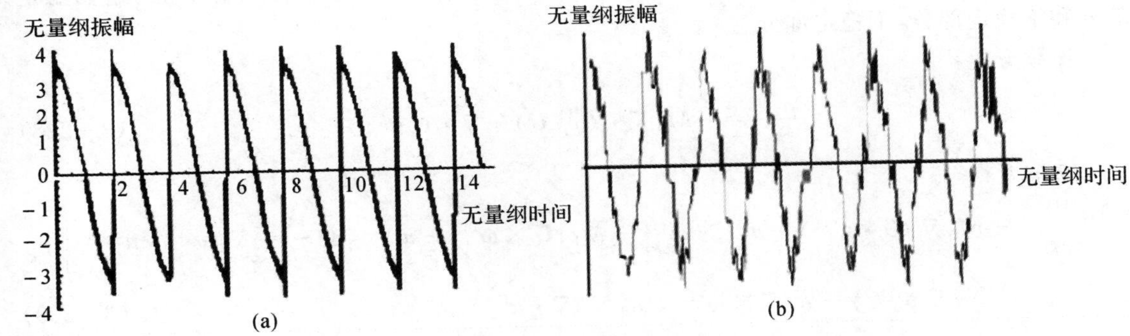


**图 3-6 测试波形和计算波形的对比**

(a) 考虑 20 阶谐波的计算波形；(b) 试验中的振荡波形

## 3.5 声不稳定的非线性分析

### 3.5.1 基本方程

这里所考虑的是圆柱形内孔燃烧装药，纵向振型的非线性声不稳定，其物理模型(见图

3-1）和数学模型均与线性分析相似，只是此处假设燃烧室平均压强是随时间变化的，在进行无量纲化的过程中令 $p=p^*/P_0$，使得方程表达稍微有些区别，又由于对方程的处理过程不同，就得到了不同的结果。

无量纲的控制方程和理想气体状态方程如下：

连续方程：

$$\frac{\partial\rho}{\partial t}+\nabla\cdot(\rho\boldsymbol{u})=0 \tag{3-223}$$

动量方程：

$$\rho\left(\frac{\partial\boldsymbol{u}}{\partial t}+\frac{1}{2}\nabla\boldsymbol{u}\cdot\boldsymbol{u}-\boldsymbol{u}\times\boldsymbol{\omega}\right)=-\frac{1}{\gamma}\nabla p-\delta^2\nabla\times\nabla\times\boldsymbol{u}+\delta_{\mathrm{d}}^2\nabla(\nabla\cdot\boldsymbol{u}) \tag{3-224}$$

能量方程：

$$\begin{aligned}\frac{\partial}{\partial t}\left[\rho\left(e+\frac{1}{2}\boldsymbol{u}\cdot\boldsymbol{u}\right)\right]+\nabla\cdot\left[\rho\boldsymbol{u}\left(e+\frac{1}{2}\boldsymbol{u}\cdot\boldsymbol{u}\right)\right]=\\ \frac{\delta^2}{(\gamma-1)Pr}\nabla^2T-\frac{1}{\gamma}\nabla\cdot(p\boldsymbol{u})+\rho\boldsymbol{u}\cdot(\boldsymbol{u}\times\boldsymbol{\omega})+\\ \delta^2[\boldsymbol{\omega}\cdot\boldsymbol{\omega}-\boldsymbol{u}\cdot\nabla\times\boldsymbol{\omega}]+\delta_{\mathrm{d}}^2[(\nabla\cdot\boldsymbol{u})^2+\boldsymbol{u}\cdot\nabla(\nabla\cdot\boldsymbol{u})]\end{aligned} \tag{3-225}$$

状态方程：

$$p=\rho T \tag{3-226}$$

$$Pr=\frac{c_{\mathrm{p}}\mu}{\kappa} \tag{3-227}$$

其中，能量方程中 $Pr$ 是普朗特常数；$c_{\mathrm{p}}$ 是比定压热容；$\kappa$ 是导温系数。将控制方程分解为稳定部分和不稳定部分，不稳定部分为

连续方程：

$$\frac{\partial\rho^{(1)}}{\partial t}=-\overline{M}_{\mathrm{b}}\nabla\cdot(\rho^{(1)}\boldsymbol{U})-\nabla\cdot(\bar{\rho}\boldsymbol{u}^{(1)}) \tag{3-228}$$

动量方程：

$$\begin{aligned}\frac{\partial\boldsymbol{u}^{(1)}}{\partial t}=-\overline{M}_{\mathrm{b}}\nabla(\boldsymbol{U}\cdot\boldsymbol{u}^{(1)})+\boldsymbol{u}^{(1)}\times\boldsymbol{\omega}^{(1)}+\overline{M}_{\mathrm{b}}\left[\boldsymbol{U}\times\boldsymbol{\omega}^{(1)}+\boldsymbol{u}^{(1)}\times\boldsymbol{\Omega}-\frac{1}{2}\nabla(\boldsymbol{u}^{(1)}\cdot\boldsymbol{u}^{(1)})\right]+\\ \frac{1}{\bar{\rho}}[-\nabla p^{(1)}/\gamma-\delta^2\nabla\times\boldsymbol{\omega}^{(1)}+\delta_{\mathrm{d}}^2\nabla(\nabla\cdot\boldsymbol{u}^{(1)})]\end{aligned} \tag{3-229}$$

状态方程：

$$p^{(1)}=(\overline{T}\rho^{(1)}+\bar{\rho}T^{(1)})+(\rho^{(1)}T^{(1)}) \tag{3-230}$$

扰动量也称为振荡变量，可分解为基于压强振荡幅值 $\varepsilon$ 的扰动量表达式：

$$\left.\begin{aligned}\rho^{(1)}&=\varepsilon(t)\rho'\\ p^{(1)}&=\varepsilon(t)p'\\ T^{(1)}&=\varepsilon(t)T'\\ \boldsymbol{u}^{(1)}&=\varepsilon(t)\boldsymbol{u}'\\ \nabla\times\boldsymbol{u}^{(1)}&=\varepsilon(t)\nabla\times\boldsymbol{u}'\end{aligned}\right\} \tag{3-231}$$

其中，带“′”的参量描述了扰动变量的波形和相位等信息。

所有的流场参数都可以分离为无旋量和有旋量，即

$$\left.\begin{aligned} p^{(1)} &= \hat{p} + \tilde{p} \\ \rho^{(1)} &= \frac{\hat{p}}{\gamma} \\ \boldsymbol{u}^{(1)} &= \hat{\boldsymbol{u}} + \tilde{\boldsymbol{u}} \end{aligned}\right\} \tag{3-232}$$

上式中各项表达式与线性部分类似，区别仅在于

$$\frac{\hat{p}_{\mathrm{m}}}{\gamma} = \cos(k_{\mathrm{m}} z) \tag{3-233}$$

$$\hat{\boldsymbol{u}}_{\mathrm{m}} = -\nabla \hat{p}_{\mathrm{m}} / (\gamma k_{\mathrm{m}}) \tag{3-234}$$

### 3.5.2　能量密度的求解

定义单位体积的能量密度为 $E^*$，则

$$E^* = \rho^* \left( e^* + \frac{1}{2} \boldsymbol{V}^* \cdot \boldsymbol{V}^* \right) \tag{3-235}$$

标准化得到振荡系统的能量密度 $E$，则

$$E = \frac{E^*}{\rho_0 a_0^2} = \frac{\rho^*}{\rho_0} \left( \frac{e^*}{a_0^2} + \frac{1}{2} \frac{\boldsymbol{V}^* \cdot \boldsymbol{V}^*}{a_0^2} \right) = \rho \left( e + \frac{1}{2} \boldsymbol{V} \cdot \boldsymbol{V} \right) \tag{3-236}$$

即

$$E \equiv \rho \left( e + \frac{1}{2} \boldsymbol{u} \cdot \boldsymbol{u} \right) \tag{3-237}$$

用温度表示内能：

$$e^* = C_V T^* = \frac{R_0}{\gamma - 1} T^* \tag{3-238}$$

其中 $R_0$ 是通用气体常数，则

$$e = \frac{e^*}{a_0^2} = \frac{R_0}{(\gamma - 1)} \frac{T^*}{a_0^2} = \frac{R_0}{(\gamma - 1)} \frac{T^*}{(\gamma R_0 T_0)} = \frac{T}{\gamma - 1} \tag{3-239}$$

对于理想气体，能量方程式(3-225)变为

$$\begin{aligned} \frac{\partial E}{\partial t} = & -\nabla \cdot \left\{ \rho \boldsymbol{u} \left[ \frac{T}{\gamma(\gamma - 1)} + \frac{1}{2} \boldsymbol{u} \cdot \boldsymbol{u} \right] \right\} + \left\{ -\frac{1}{\gamma} \nabla \cdot (p \boldsymbol{u}) + \rho \boldsymbol{u} \cdot (\boldsymbol{u} \times \boldsymbol{\omega}) + \right. \\ & \left. \delta^2 (\boldsymbol{\omega} \cdot \boldsymbol{\omega} - \boldsymbol{u} \cdot \nabla \times \boldsymbol{\omega}) + \frac{\delta^2}{(\gamma - 1) Pr} \nabla^2 T + \delta_{\mathrm{d}}^2 \left[ (\nabla \cdot \boldsymbol{u})^2 + \boldsymbol{u} \cdot \nabla (\nabla \cdot \boldsymbol{u}) \right] \right\} \end{aligned} \tag{3-240}$$

能量密度 $E$ 可分为稳定部分和不稳定部分：

$$E = \bar{E} + E' = \frac{\rho T}{\gamma(\gamma - 1)} + \frac{1}{2} \rho \boldsymbol{u} \cdot \boldsymbol{u} \tag{3-241}$$

其中，不稳定部分的表达式为

$$\begin{aligned} E' = & \left[ \frac{\bar{T} \rho^{(1)} + \bar{\rho} T^{(1)}}{\gamma(\gamma - 1)} + \bar{\rho} \bar{M}_{\mathrm{b}} \boldsymbol{U} \cdot \boldsymbol{u}^{(1)} + \frac{1}{2} \bar{M}_{\mathrm{b}}^2 \rho^{(1)} \boldsymbol{U} \cdot \boldsymbol{U} \right]_1 + \\ & \left[ \frac{\rho^{(1)} T^{(1)}}{\gamma(\gamma - 1)} + \rho^{(1)} \bar{M}_{\mathrm{b}} \boldsymbol{U} \cdot \boldsymbol{u}^{(1)} + \frac{1}{2} \bar{\rho} \boldsymbol{u}^{(1)} \cdot \boldsymbol{u}^{(1)} \right]_2 + \\ & \left( \frac{1}{2} \rho^{(1)} \boldsymbol{u}^{(1)} \cdot \boldsymbol{u}^{(1)} \right)_3 \end{aligned} \tag{3-242}$$

扩展方程式(3-242)的第二项得到

$$\frac{1}{2}\rho\boldsymbol{u}\cdot\boldsymbol{u}=\frac{1}{2}\bar{\rho}\overline{M}_b^2\boldsymbol{U}\cdot\boldsymbol{U}+\frac{1}{2}(2\overline{M}_b\bar{\rho}\boldsymbol{U}\cdot\boldsymbol{u}^{(1)}+\bar{\rho}\boldsymbol{u}^{(1)}\cdot\boldsymbol{u}^{(1)}+\overline{M}_b^2\rho^{(1)}\boldsymbol{U}\cdot\boldsymbol{U}+2\overline{M}_b\rho^{(1)}\boldsymbol{U}\cdot\boldsymbol{u}^{(1)}+\rho^{(1)}\boldsymbol{u}^{(1)}\cdot\boldsymbol{u}^{(1)}) \quad (3-243)$$

使用能量方程和线性化方程，得到

$$(P+p^{(1)})=(\bar{\rho}+\rho^{(1)})(\overline{T}+T^{(1)})=\bar{\rho}\overline{T}+(\overline{T}\rho+\bar{\rho}\mathrm{T}^{(1)})+(\rho^{(1)}T^{(1)}) \quad (3-244)$$

$$\begin{cases}\overline{P}=\bar{\rho}\overline{T}\\ p^{(1)}=(\overline{T}\rho^{(1)}+\bar{\rho}\mathrm{T}^{(1)})+(\rho^{(1)}T^{(1)})\end{cases} \quad (3-245)$$

代入方程式(3-241)和式(3-244)得到

$$E=\frac{1}{\gamma(\gamma-1)}[\bar{\rho}\overline{T}+(\overline{T}\rho^{(1)}+\bar{\rho}\mathrm{T}^{(1)})+(\rho^{(1)}T^{(1)})]+\frac{1}{2}\bar{\rho}\overline{M}_b^2\boldsymbol{U}\cdot\boldsymbol{U}+\frac{1}{2}(2\overline{M}_b\bar{\rho}\boldsymbol{U}\cdot\boldsymbol{u}^{(1)}+\bar{\rho}\boldsymbol{u}^{(1)}\cdot\boldsymbol{u}^{(1)}+\overline{M}_b^2\rho^{(1)}\boldsymbol{U}\cdot\boldsymbol{U}+2\overline{M}_b\rho^{(1)}\boldsymbol{U}\cdot\boldsymbol{u}^{(1)}+\rho^{(1)}\boldsymbol{u}^{(1)}\cdot\boldsymbol{u}^{(1)}) \quad (3-246)$$

能量密度不稳定部分的表达式为

$$E'=\left[\frac{\overline{T}\rho^{(1)}+\bar{\rho}\mathrm{T}^{(1)}}{\gamma(\gamma-1)}+\bar{\rho}\overline{M}_b\boldsymbol{U}\cdot\boldsymbol{u}^{(1)}+\frac{1}{2}\overline{M}_b^2\rho^{(1)}\boldsymbol{U}\cdot\boldsymbol{U}\right]_1+\left[\frac{\rho^{(1)}T^{(1)}}{\gamma(\gamma-1)}+\rho^{(1)}\overline{M}_b\boldsymbol{U}\cdot\boldsymbol{u}^{(1)}+\frac{1}{2}\bar{\rho}\boldsymbol{u}^{(1)}\cdot\boldsymbol{u}^{(1)}\right]_2+\left[\frac{1}{2}\rho^{(1)}\boldsymbol{u}^{(1)}\cdot\boldsymbol{u}^{(1)}\right]_3 \quad (3-247)$$

能量密度可以进一步分解为

$$E=\overline{E}+E'=E_0+E_1+E_2+E_3 \quad (3-248)$$

其中

$$\left.\begin{aligned}E_0&=\frac{\overline{P}}{\gamma(\gamma-1)}+O(\overline{M}_b^2)\\ E_1&=\frac{(\bar{\rho}T^{(1)}+\overline{T}\rho^{(1)})}{\gamma(\gamma-1)}+\frac{1}{2}\bar{\rho}\boldsymbol{u}^{(1)}\cdot\boldsymbol{u}^{(1)}+O(\overline{M}_b^2)\\ E_2&=\frac{\rho^{(1)}T^{(1)}}{\gamma(\gamma-1)}+\rho^{(1)}\overline{M}_b\boldsymbol{U}\cdot\boldsymbol{u}^{(1)}+\frac{1}{2}\bar{\rho}\boldsymbol{u}^{(1)}\cdot\boldsymbol{u}^{(1)}+O(\overline{M}_b^2)\\ E_3&=\frac{1}{2}\rho^{(1)}\boldsymbol{u}^{(1)}\cdot\boldsymbol{u}^{(1)}+O(\overline{M}_b^2)\end{aligned}\right\} \quad (3-249)$$

对式(3-249)各项进行时间平均，第一项和第三项时间平均为零。只余下包含扰动量平方项的第二项：

$$E_2=\frac{\rho^{(1)}T^{(1)}}{\gamma(\gamma-1)}+\rho^{(1)}\overline{M}_b\boldsymbol{U}\cdot\boldsymbol{u}^{(1)}+\frac{1}{2}\bar{\rho}\boldsymbol{u}^{(1)}\cdot\boldsymbol{u}^{(1)} \quad (3-250)$$

从方程式(2-229)～式(2-230)可以得到

$$\rho^{(1)}=p^{(1)}/\gamma+O(\varepsilon^2) \quad (3-251)$$

$$T^{(1)}=\frac{(\gamma-\overline{T})}{\gamma\bar{\rho}}p^{(1)}+\mathrm{O}(\varepsilon^2) \quad (3-252)$$

把方程式(3-251)和式(3-252)代入方程式(3-250)，可以得到：

$$E_2=\frac{1}{\gamma^3\bar{p}}[p^{(1)}]^2+\rho^{(1)}\overline{M}_b\boldsymbol{U}\cdot\boldsymbol{u}^{(1)}+\frac{1}{2}\bar{\rho}\boldsymbol{u}^{(1)}\cdot\boldsymbol{u}^{(1)} \quad (3-253)$$

基于包含 ε 的扰动量表达式，方程式(3-249)可以写为

$$\left.\begin{aligned}E_1&=\varepsilon E_1=\varepsilon\left[\frac{(\bar{\rho}T'+\bar{T}\rho')}{\gamma(\gamma-1)}+\bar{\rho}\overline{M}_{\mathrm{b}}\cdot\boldsymbol{U}\cdot\boldsymbol{u}'\right]\\E_2&=\varepsilon^2E_2=\varepsilon^2\left[\frac{1}{\gamma^3\overline{P}}(p')^2+\rho'\overline{M}_{\mathrm{b}}\boldsymbol{U}\cdot\boldsymbol{u}'+\frac{1}{2}\bar{\rho}\boldsymbol{u}'\cdot\boldsymbol{u}'\right]\\E_3&=\varepsilon^3E_3=\varepsilon^3\left(\frac{1}{2}\rho'\boldsymbol{u}'\cdot\boldsymbol{u}'\right)\end{aligned}\right\}\tag{3-254}$$

注意到，稳定部分已经略去。唯一保留的能量项就是二阶项，因为一阶项和三阶项在进行时间平均的时候消去了。把方程式(3-254)代入式(3-240)方程，得到

$$\begin{aligned}&-\nabla\cdot\left\{\rho\boldsymbol{u}\left[\frac{T}{\gamma(\gamma-1)}+\frac{1}{2}\boldsymbol{u}\cdot\boldsymbol{u}\right]\right\}-2\varepsilon\frac{\mathrm{d}\varepsilon}{\mathrm{d}t}\langle E_2\rangle=\langle-\frac{1}{\gamma}\nabla\cdot(p\boldsymbol{u})+\rho\boldsymbol{u}\cdot(\boldsymbol{u}\times\boldsymbol{\omega})+\\&\delta^2[\boldsymbol{\omega}\cdot\boldsymbol{\omega}-\boldsymbol{u}\cdot\nabla\times\boldsymbol{\omega}]+\delta_{\mathrm{d}}^2\boldsymbol{u}\cdot\nabla(\nabla\cdot\boldsymbol{u})\rangle-\frac{1}{\gamma(\gamma-1)}\langle\frac{\mathrm{d}\overline{P}}{\mathrm{d}t}\rangle+\\&\left[\frac{\delta^2}{(\gamma-1)Pr}\nabla^2T+\delta_{\mathrm{d}}^2(\nabla\cdot\boldsymbol{u})^2\right]\end{aligned}\tag{3-255}$$

其中

$$\frac{\partial E}{\partial t}=\frac{\partial E_0}{\partial t}+\frac{\mathrm{d}\varepsilon}{\mathrm{d}t}E_1+2\varepsilon\frac{\mathrm{d}\varepsilon}{\mathrm{d}t}E_2+3\varepsilon^2\frac{\mathrm{d}\varepsilon}{\mathrm{d}t}E_3\tag{3-256}$$

令

$$\frac{\partial E_0}{\partial t}=\frac{1}{\gamma(\gamma-1)}\langle\frac{\mathrm{d}\overline{P}}{\mathrm{d}t}\rangle\tag{3-257}$$

又因为

$$\langle E_2\rangle=\frac{1}{\gamma^3\overline{P}}\langle(p')^2\rangle+\frac{1}{2}\bar{\rho}\langle\boldsymbol{u}'\cdot\boldsymbol{u}'\rangle\tag{3-258}$$

并且

$$\langle E_1\rangle=\langle\frac{(\bar{\rho}T'+\bar{T}\rho')}{\gamma(\gamma-1)}+\bar{\rho}\overline{M}_{\mathrm{b}}\boldsymbol{U}\cdot\boldsymbol{u}'\rangle=0\quad 和\quad\langle E_3\rangle=\langle\frac{1}{2}\rho'\boldsymbol{u}'\cdot\boldsymbol{u}'\rangle=0\tag{3-259}$$

在方程式(3-302)的右边对这些项进行扩展，得到

$$\begin{aligned}\rho\boldsymbol{u}T&=(\bar{\rho}+\varepsilon\rho')(\overline{M}_{\mathrm{b}}\boldsymbol{U}+\varepsilon\boldsymbol{u}')(\bar{T}+\varepsilon\mathbf{T}')=(\overline{M}_{\mathrm{b}}\boldsymbol{U}+\varepsilon\boldsymbol{u}')(\bar{\rho}\bar{T}+\varepsilon\bar{\rho}T'+\varepsilon\rho'\bar{T}+\varepsilon^2\rho'T')=\\&\overline{M}_{\mathrm{b}}\boldsymbol{U}\bar{\rho}\bar{T}+\varepsilon(\overline{M}_{\mathrm{b}}\boldsymbol{U}\bar{\rho}T'+\overline{M}_{\mathrm{b}}\boldsymbol{U}\rho'\bar{T}+\boldsymbol{u}'\bar{\rho}\bar{T})+\\&\varepsilon^2(\overline{M}_{\mathrm{b}}\boldsymbol{U}\rho'T'+\boldsymbol{u}'\bar{\rho}T'+\boldsymbol{u}'\rho'\bar{T})+\varepsilon^3\boldsymbol{u}'\rho'T'\end{aligned}\tag{3-260}$$

所以，进行时间平均，只剩下

$$\langle\rho\boldsymbol{u}T\rangle=\overline{M}_{\mathrm{b}}\boldsymbol{U}\bar{\rho}\bar{T}+\varepsilon^2\langle\overline{M}_{\mathrm{b}}\boldsymbol{U}\rho'T'+\boldsymbol{u}'\bar{\rho}T'+\boldsymbol{u}'\rho'\bar{T}\rangle\tag{3-261}$$

第一项可以写为

$$\begin{aligned}-\langle\nabla\cdot\frac{\rho\boldsymbol{u}T}{\gamma(\gamma-1)}\rangle=-\nabla\left(\frac{\overline{M}_{\mathrm{b}}\boldsymbol{U}\overline{P}}{\gamma(\gamma-1)}\right)-\varepsilon^2\frac{1}{\gamma(\gamma-1)}[\overline{M}_{\mathrm{b}}\nabla\cdot(\boldsymbol{U}\langle\rho'T'\rangle)+\\\nabla\cdot\langle\boldsymbol{u}'(\bar{\rho}\mathbf{T}'+\bar{T}\rho')\rangle]\end{aligned}\tag{3-262}$$

对第二项进行扩展，并且略去与 $\overline{M}_{\mathrm{b}}^2$ 同阶的项，得到

$$\begin{aligned}\rho\boldsymbol{u}(\boldsymbol{u}\cdot\boldsymbol{u})=&\varepsilon^2\overline{M}_{\mathrm{b}}\bar{\rho}[2\boldsymbol{u}'(\boldsymbol{U}\cdot\boldsymbol{u}')+\boldsymbol{U}(\boldsymbol{u}'\cdot\boldsymbol{u}')]+\\&\varepsilon^3[2\overline{M}_{\mathrm{b}}\boldsymbol{u}'\rho'(\boldsymbol{U}\cdot\boldsymbol{u}')+(\overline{M}_{\mathrm{b}}\boldsymbol{U}\rho'+\boldsymbol{u}'\bar{\rho})(\boldsymbol{u}'\cdot\boldsymbol{u}')]+\\&\varepsilon^4\boldsymbol{u}'\rho'(\boldsymbol{u}'\cdot\boldsymbol{u}')+O(\overline{M}_{\mathrm{b}}^2)\end{aligned}\tag{3-263}$$

第二项的时间平均，得到

$$\left\langle \frac{1}{2}\nabla\cdot\rho\boldsymbol{u}(\boldsymbol{u}\cdot\boldsymbol{u})\right\rangle=\frac{1}{2}\nabla\cdot\{\varepsilon^2\overline{M}_b\bar{\rho}[2\langle\boldsymbol{u}'(\boldsymbol{U}\cdot\boldsymbol{u}')\rangle+\langle\boldsymbol{U}(\boldsymbol{u}'\cdot\boldsymbol{u}')\rangle]+\varepsilon^4\langle\boldsymbol{u}'\rho'(\boldsymbol{u}'\cdot\boldsymbol{u}')\rangle\}+O(\overline{M}_b^2) \tag{3-264}$$

同样对第三项进行时间平均，得到

$$\left\langle\frac{1}{\gamma}\nabla\cdot P\boldsymbol{U}\right\rangle=\frac{1}{\gamma}\nabla\cdot\langle P\overline{M}_b\boldsymbol{U}+\varepsilon(\bar{P}\boldsymbol{u}+p'\overline{M}_b\boldsymbol{U})+\varepsilon^2p'\boldsymbol{u}'\rangle=\frac{1}{\gamma}\nabla\cdot\bar{P}\overline{M}_b\boldsymbol{U}+\varepsilon^2\frac{1}{\gamma}\nabla\cdot\langle p'\boldsymbol{u}'\rangle \tag{3-265}$$

扩展和舍去与 $\overline{M}_b^2$ 同阶及高阶项后，第四项变为

$$\langle\rho\boldsymbol{u}\cdot\boldsymbol{u}\times\boldsymbol{\omega}\rangle=\varepsilon^2\bar{\rho}[\boldsymbol{U}\cdot\langle\boldsymbol{u}'\times\boldsymbol{\omega}'\rangle+\langle\boldsymbol{u}'\cdot\boldsymbol{U}\times\boldsymbol{\omega}'\rangle+\langle\boldsymbol{u}'\cdot\boldsymbol{u}'\times\boldsymbol{\Omega}\rangle]+\langle\rho'\boldsymbol{u}'\cdot\boldsymbol{u}'\times\boldsymbol{\omega}'\rangle+O(\overline{M}_b^2) \tag{3-266}$$

同样的步骤代入下一项之后，得到

$$\langle\delta_d^2\boldsymbol{u}\cdot\nabla(\nabla\cdot\boldsymbol{u})\rangle=\varepsilon^2\delta_d^2\langle\boldsymbol{u}'\cdot\nabla(\nabla\cdot\boldsymbol{u}')\rangle=O(\overline{M}_b^2) \tag{3-267}$$

因此，得到

$$\frac{1}{\gamma(\gamma-1)}\left\langle\frac{\mathrm{d}\bar{P}}{\mathrm{d}t}\right\rangle=-\frac{1}{\gamma(\gamma-1)}[-\overline{M}_b\nabla\cdot(\bar{P}U)+(\gamma-1)\bar{P}\nabla\cdot U]+\varepsilon^3-\frac{1}{\gamma(\gamma-1)}\nabla\cdot\langle p'\boldsymbol{u}'\rangle \tag{3-268}$$

将以上各项进行组合，得到

$$\begin{aligned}2\varepsilon\frac{\mathrm{d}\varepsilon}{\mathrm{d}t}=&-\frac{1}{\gamma(\gamma-1)}\langle-\overline{M}_b\nabla\cdot(\bar{P}\boldsymbol{U})-\overline{M}_b(\gamma-1)\bar{P}\nabla\cdot\boldsymbol{U}\rangle-\nabla\cdot\left(\frac{\overline{M}_b\boldsymbol{U}\bar{P}}{\gamma(\gamma-1)}\right)-\frac{\overline{M}_b}{\gamma}\nabla\cdot\bar{P}\boldsymbol{U}+\\&\varepsilon^2\Bigg\{\frac{1}{\gamma(\gamma-1)}[\langle\nabla\cdot(p'\boldsymbol{u}')\rangle-\nabla\cdot\langle\boldsymbol{u}'(\bar{\rho}\mathrm{T}'+\overline{T}\rho')\rangle]-\frac{1}{\gamma}\nabla\cdot\langle p'\boldsymbol{u}'\rangle-\\&\left[\frac{1}{\gamma(\gamma-1)}\overline{M}_b\nabla\cdot(\boldsymbol{U}\langle p'T'\rangle)+\frac{1}{2}\overline{M}_b\nabla\cdot(\boldsymbol{U}\bar{\rho}\langle\boldsymbol{u}'\cdot\boldsymbol{u}'\rangle)+\overline{M}_b\bar{\rho}\nabla\cdot\langle\boldsymbol{u}'(\boldsymbol{U}\cdot\boldsymbol{u}')\rangle\right]+\\&\overline{M}_b[\bar{\rho}\boldsymbol{U}\cdot\langle\boldsymbol{u}'\times\boldsymbol{\omega}'\rangle+\bar{\rho}\boldsymbol{u}'\cdot\langle\boldsymbol{U}\times\boldsymbol{\omega}'+\boldsymbol{u}'\times\boldsymbol{\Omega}\rangle]+\\&\delta^2\langle\boldsymbol{\omega}'\cdot\boldsymbol{\omega}'-\boldsymbol{u}'\cdot\nabla\times\boldsymbol{\omega}'\rangle+\delta_d^2\langle\boldsymbol{u}'\cdot\nabla(\nabla\cdot\boldsymbol{u}')\rangle+\\&\left\langle\frac{\delta^2}{(\gamma-1)Pr}\nabla^2T+\delta_d^2(\nabla\cdot\boldsymbol{u}')^2\right\rangle\Bigg\}-\varepsilon^4\left\{\nabla\cdot\left\langle\frac{1}{2}\rho'\boldsymbol{u}'(\boldsymbol{u}'\cdot\boldsymbol{u}')\right\rangle-\langle\rho'\boldsymbol{u}'\cdot(\boldsymbol{u}'\times\boldsymbol{\omega}')\rangle\right\}\end{aligned} \tag{3-269}$$

方程式(3-269)中的零阶项被消去，即

$$-\frac{1}{\gamma(\gamma-1)}\langle-\overline{M}_b\nabla\cdot(\bar{P}\boldsymbol{U})-\overline{M}_b(\gamma-1)\bar{P}\nabla\cdot\boldsymbol{U}\rangle-\nabla\cdot\left(\frac{\overline{M}_b\boldsymbol{U}\bar{P}}{\gamma(\gamma-1)}-\frac{\overline{M}_b}{\gamma}\nabla\cdot\bar{P}\boldsymbol{U}\right)=0 \tag{3-270}$$

已知

$$\frac{\overline{M}_b}{\gamma}\nabla\cdot\bar{P}\boldsymbol{U}=\frac{\overline{M}_b\bar{P}}{\gamma}\nabla\cdot\boldsymbol{U}+\frac{\overline{M}_b\boldsymbol{U}}{\gamma}\cdot\nabla\bar{P} \tag{3-271}$$

并且，由于之前已经定义准稳态压力只是时间的函数，由定义可知，方程式(3-271)中右边的第二项为零。因此，

$$\frac{\overline{M}_b}{\gamma}\nabla\cdot\bar{P}\boldsymbol{U}=\frac{\overline{M}_b\bar{P}}{\gamma}\nabla\cdot\boldsymbol{U} \tag{3-272}$$

应用这些化简过程，方程式(3-269)可以写为

$$\frac{\overline{M}_b}{\gamma}\nabla\cdot\overline{P}\boldsymbol{U}=\frac{\overline{M}_b\overline{P}}{\gamma}\nabla\cdot\boldsymbol{U}+\frac{\overline{M}_b\boldsymbol{U}}{\gamma}\cdot\nabla\overline{P} \tag{3-273}$$

$$\begin{aligned}\frac{\mathrm{d}\varepsilon}{\mathrm{d}t}=\frac{1}{2\langle E_2\rangle}\Big\{&\varepsilon\Big[-\frac{1}{\gamma}\nabla\cdot\langle p'\boldsymbol{u}'\rangle-\frac{\overline{M}_b}{\gamma\overline{P}}\nabla\cdot\langle\boldsymbol{U}\,(p'/\gamma)^2\rangle-\overline{M}_b\overline{P}\,\nabla\cdot\langle\frac{1}{2}\boldsymbol{U}(\boldsymbol{u}'\cdot\boldsymbol{u}')+\\&\boldsymbol{u}'(\boldsymbol{U}\cdot\boldsymbol{u}')\rangle+\overline{M}_b\overline{P}[\boldsymbol{U}\cdot\langle\boldsymbol{u}'\times\boldsymbol{\omega}'\rangle+\boldsymbol{u}'\cdot\langle\boldsymbol{U}\times\boldsymbol{\omega}'+\boldsymbol{u}'\times\boldsymbol{\Omega}\rangle]+\\&\delta^2\langle\nabla\cdot(\boldsymbol{u}'\times\boldsymbol{\omega}')\rangle+\delta_d^2\langle\boldsymbol{u}'\cdot\nabla(\nabla\cdot\boldsymbol{u}')\rangle\Big]+\frac{1}{\varepsilon}\langle\frac{\delta^2}{(\gamma-1)\,\mathrm{Pr}}\nabla^2T+\delta_d^2\,(\nabla\cdot\boldsymbol{u})^2\rangle+\\&\varepsilon^3\Big[-\nabla\cdot\langle\frac{1}{2}\rho'\boldsymbol{u}'(\boldsymbol{u}'\cdot\boldsymbol{u}')\rangle+\langle\rho'\boldsymbol{u}'\cdot(\boldsymbol{u}'\times\boldsymbol{\omega}')\rangle\Big]\Big\}\end{aligned} \tag{3-274}$$

把能量密度的时间平均应用到整个燃烧室体积上，以此把所有的气体反应都考虑在内。首先得到

$$E^2\equiv\iiint_V\langle E_2\rangle\mathrm{d}V=\iiint_V\langle\frac{1}{\gamma^3\overline{P}}\,(p')^2+\frac{1}{2}\overline{P}\boldsymbol{u}'\cdot\boldsymbol{u}'\rangle\mathrm{d}V \tag{3-275}$$

在体积上进行积分，方程式(3-274)变为

$$\begin{aligned}\frac{\mathrm{d}\varepsilon}{\mathrm{d}t}=\frac{1}{2E^2}\Big\{&\varepsilon\iiint_V\Big[-\frac{1}{\gamma}\nabla\cdot\langle p'\boldsymbol{u}'\rangle-\frac{\overline{M}_b}{\gamma\overline{p}}\nabla\cdot\langle\boldsymbol{U}\,(p'/\gamma)^2\rangle-\\&\overline{M}_b\overline{p}\nabla\cdot\langle\frac{1}{2}\boldsymbol{U}(\boldsymbol{u}'\cdot\boldsymbol{u}')+\boldsymbol{u}'(\boldsymbol{U}\cdot\boldsymbol{u}')\rangle+\\&\overline{M}_b\overline{p}[\boldsymbol{U}\cdot\langle\boldsymbol{u}'\times\boldsymbol{\omega}'\rangle+\boldsymbol{u}'\cdot\langle\boldsymbol{U}\times\boldsymbol{\omega}'+\boldsymbol{u}'\times\boldsymbol{\Omega}\rangle]+\\&\delta^2\langle\nabla\cdot(\boldsymbol{u}'\times\boldsymbol{\omega}')\rangle+\delta_d^2\langle\boldsymbol{u}'\cdot\nabla(\nabla\cdot\boldsymbol{u}')\rangle\Big]\mathrm{d}V+\\&\frac{1}{\varepsilon}\iiint_V\langle\frac{\delta^2}{(\gamma-1)\,Pr}\nabla^2T+\delta_d^2\,(\nabla\cdot\boldsymbol{u})^2\rangle\mathrm{d}V+\\&\varepsilon^3\iiint_V\Big[-\nabla\cdot\langle\frac{1}{2}\rho'\boldsymbol{u}'(\boldsymbol{u}'\cdot\boldsymbol{u}')\rangle+\langle\rho'\boldsymbol{u}'\cdot(\boldsymbol{u}'\times\boldsymbol{\omega}')\rangle\Big]\mathrm{d}V\Big\}\end{aligned} \tag{3-276}$$

方程式(3-276)中，第一项是压强振荡幅值的线性增长；第二项包含了压强振荡系统的熵增；第三项为高次项，通常忽略不计。

系统幅值的变化率可以写为如下通式：

$$\frac{\mathrm{d}\varepsilon}{\mathrm{d}t}=\alpha^{(1)}\varepsilon+\alpha^{(2)}\varepsilon^2+\alpha^{(3)}\varepsilon^3+\cdots \tag{3-277}$$

其中 $\alpha^{(1)}$ 表示波系统的线性增长率。进行线性求解时，只需注意第一项即可，即

$$\begin{aligned}\alpha^{(1)}=\frac{1}{2E^2}\Big\{&\iiint_V\Big[-\frac{1}{\gamma}\nabla\cdot\langle p'\boldsymbol{u}'\rangle-\frac{\overline{M}_b}{\gamma\overline{P}}\nabla\cdot\langle\boldsymbol{U}\,(p'/\gamma)^2\rangle-\overline{M}_b\overline{P}\,\nabla\cdot\langle\frac{1}{2}\boldsymbol{U}(\boldsymbol{u}'\cdot\boldsymbol{u}')+\\&\boldsymbol{u}'(\boldsymbol{U}\cdot\boldsymbol{u}')\rangle+\overline{M}_b\overline{P}\,[\boldsymbol{U}\cdot\langle\boldsymbol{u}'\times\boldsymbol{\omega}'\rangle+\boldsymbol{u}'\cdot\langle\boldsymbol{U}\times\boldsymbol{\omega}'+\boldsymbol{u}'\times\boldsymbol{\Omega}\rangle]+\\&\delta^2\langle\nabla\cdot(\boldsymbol{u}'\times\boldsymbol{\omega}')\rangle+\delta_d^2\langle\boldsymbol{u}'\cdot\nabla(\nabla\cdot\boldsymbol{u}')\rangle\Big]\mathrm{d}V\Big\}\end{aligned} \tag{3-278}$$

最后的表达式为

$$\begin{aligned}\alpha^{(1)}=\frac{1}{2E^2}\Big\{&-\frac{1}{\gamma}\iint_S\boldsymbol{n}\cdot\Big[\langle p'\boldsymbol{u}'\rangle+\frac{\overline{M}_bU}{\gamma^2\overline{P}}\langle p'^2\rangle\Big]\mathrm{d}S-\\&\overline{M}_b\overline{P}\iint_S\boldsymbol{n}\cdot\langle\frac{1}{2}U(\boldsymbol{u}'\cdot\boldsymbol{u}')+\boldsymbol{u}'(\boldsymbol{U}\cdot\boldsymbol{u}')\rangle\mathrm{d}S+\end{aligned}$$

$$\overline{M}_b\overline{P}\iiint_V[\boldsymbol{U}\cdot\langle\boldsymbol{u}'\times\boldsymbol{\omega}'\rangle+\langle\boldsymbol{u}'\cdot(\boldsymbol{U}\times\boldsymbol{\omega}')\rangle+\langle\boldsymbol{u}'\cdot(\boldsymbol{u}'\times\boldsymbol{\Omega})\rangle]\mathrm{d}V+$$
$$\left.\delta^2\iint_S\boldsymbol{n}\cdot\langle\boldsymbol{u}'\times\boldsymbol{\omega}'\rangle\mathrm{d}S+\delta_d^2\iiint_V\langle\boldsymbol{u}'\cdot\nabla(\nabla\cdot\boldsymbol{u}')\rangle\mathrm{d}V\right\} \tag{3-279}$$

# 3.6 非线性微分方程组构建

接下来求解系统压强振荡幅值和平均压强的微分方程。

## 3.6.1 压强振荡幅值

压强振幅的变化率如方程式(3－277)所示。其中，$\alpha^{(i)}$ $(i=1,2,3,\cdots)$为复合波系统中的各阶增长率；$\alpha^{(1)}$是线性增长系数；$\alpha^{(2)}$是非线性增长系数，高阶项忽略不计，得到

$$\frac{\mathrm{d}\varepsilon}{\mathrm{d}t}=\alpha^{(1)}\varepsilon+\alpha^{(2)}\varepsilon^2 \tag{3-280}$$

## 3.6.2 线性增长系数

对方程式(3－276)的线性部分进行体积分，整理化简得到线性增长系数表达式：

$$\alpha^{(1)}=\frac{1}{2E^2}\iint_{S_b}\overline{M}_b\left(A_b^{(r)}+\frac{1}{\gamma\overline{p}}\right)\left\langle\left(\frac{p'}{\gamma}\right)^2\right\rangle\mathrm{d}S-\frac{1}{2E^2}\iint_{S_N}\overline{M}_N\left(A_N^{(r)}+\frac{1}{\gamma\overline{p}}\right)\left\langle\left(\frac{p'}{\gamma}\right)^2\right\rangle\mathrm{d}S+$$
$$\frac{1}{2E^2}\iint_{S_b}\overline{M}_b\left\langle\left(\frac{p'}{\gamma}\right)^2\right\rangle\mathrm{d}S-\frac{1}{2E^2}\iint_{S_\parallel}\left(\frac{\delta}{2\gamma\overline{M}_b}\right)^2\langle\nabla p'\cdot\nabla p'\rangle\mathrm{d}S \tag{3-281}$$

其中，第一项是燃面的压力耦合增益；第二项是喷管阻尼效应；第三项是边界层泵浦效应导致的旋流修正项；第四项是燃面上的黏性阻尼效应，在固体推进剂燃烧中能量释放发生在近表面，这一项是能量不稳定的主要来源。通过引入导纳函数$A_b^{(r)}$来考虑推进剂燃烧的化学和物理过程，衡量了推进剂的燃烧响应特性，$A_b^{(r)}$越大，燃面提供的声能增益越大，导纳数据可通过T形燃烧器测量换算得到。

## 3.6.3 非线性阻尼系数

非线性阻尼系数的求解与前沿陡峭波导致的熵增有关。当发动机发生非线性不稳定燃烧时，压强振荡的波形是类似激波的前沿陡峭波，是多个正弦声波叠加的结果，可用不同多谐波叠加的形式表达，如方程式(3－222)。

分析燃烧室中包含激波层的控制体，将激波层当作流场中的不均匀区域，估算陡峭波系统形成的激波层。通过应用Rankine-Hugoniot方程进行处理，得到陡峭波中能量损失的表达式：

$$\left(\frac{\mathrm{d}E}{\mathrm{d}t}\right)_{\text{shock}}=-\frac{S_{\text{port}}}{\gamma(\gamma-1)}\frac{(s_2-s_1)^*}{c_V}=-\left(\frac{\varepsilon_{\text{shock}}}{\bar{p}}\right)^3 S_{\text{port}}\left(\frac{\gamma+1}{12\gamma^3}\right) \tag{3-282}$$

式中，$\frac{(s_2-s_1)^*}{c_V}$ 表示压强波中的熵增；$c_V$ 为燃气的比定容热容；$S_{\text{port}}$ 是激波前沿面积，在轴向声振荡中就是燃烧室的横截面积。

进而可得方程式(3-280)中非线性稳定性系数 $\alpha^{(2)}$ 的简单近似，即

$$\alpha^{(2)}=-\frac{\pi}{2E^2}\left(\frac{\gamma+1}{12\gamma^3}\right) \tag{3-283}$$

当波系统接近完全陡峭状态时，压强振荡达到极限幅值振荡。此时，压强振荡幅值的变化率为零，即

$$\frac{\mathrm{d}\varepsilon}{\mathrm{d}t}=0 \tag{3-284}$$

可得到压强振荡的极限幅值：

$$\varepsilon_{\lim}=-\frac{\alpha^{(1)}}{\alpha^{(2)}} \tag{3-285}$$

只有当 $\alpha^{(2)}$ 为负时，上式才有物理意义。经过许多固体火箭发动机数据的验证表明，方程式(3-285)能很好地估算固体火箭发动机非线性燃烧不稳定的振荡压强达到的极限振幅。

### 3.6.4　平均压强上升

平均压强上升(DC 平移)是经常观测到的非线性不稳定特征。这种特征明显与声波系统的增长和极限关系密切。

状态方程中的平均压强是随时间缓慢变化的函数，且表面参考马赫数和波振幅也是时间的缓变函数。

对燃烧室连续方程式(3-223)进行非线性扩展，得到

$$\frac{\partial\rho}{\partial t}=-\nabla\cdot(\overline{M}_{\mathrm{b}}\bar{\rho}\boldsymbol{U})-\nabla\cdot(\overline{M}_{\mathrm{b}}\rho^{(1)}\boldsymbol{U}+\bar{\rho}\boldsymbol{u}^{(1)})-\nabla\cdot(\rho^{(1)}\boldsymbol{u}^{(1)}) \tag{3-286}$$

对其进行时间平均，得到

$$\frac{\mathrm{d}\bar{\rho}}{\mathrm{d}t}=-\nabla\cdot(\overline{M}_{\mathrm{b}}\bar{\rho}\boldsymbol{U})-\nabla\cdot(\rho^{(1)}\boldsymbol{u}^{(1)}) \tag{3-287}$$

根据状态方程中得到的 $\bar{\rho}$ 和 $\bar{p}$ 的关系，用 $\bar{p}$ 代替上式中 $\bar{\rho}$，得到燃烧室平均压强的表达式：

$$\frac{\mathrm{d}\bar{p}}{\mathrm{d}t}=-\nabla\cdot(\overline{M}_{\mathrm{b}}\bar{\rho}\boldsymbol{U})-\frac{1}{\gamma}\nabla\cdot\langle\rho^{(1)}\boldsymbol{u}^{(1)}\rangle \tag{3-288}$$

在燃烧室内对其进行体积分，得到

$$\frac{\mathrm{d}\bar{p}}{\mathrm{d}t}=-\frac{1}{V}\iint_S\boldsymbol{n}\cdot(\bar{\rho}\overline{M}_{\mathrm{b}}\boldsymbol{U})\,\mathrm{d}S-\frac{1}{\gamma V}\iint_S\boldsymbol{n}\cdot\langle p^{(1)}\boldsymbol{u}^{(1)}\rangle\mathrm{d}S \tag{3-289}$$

其中，右边第一项代表燃烧室边界的准稳态质量通量，由于燃烧和喷管质量流出而产生。在燃烧室体积上进行积分，得到准稳态下燃烧室工作压强的变化率：

$$\frac{\mathrm{d}\bar{p}}{\mathrm{d}t}=\frac{1}{V}\left[\beta rS_{\mathrm{b}}-\bar{p}\left(\frac{2}{\gamma+1}\right)^{\frac{(\gamma+1)}{2(\gamma-1)}}S_{\text{Throat}}\right]-\frac{\varepsilon^2}{\gamma V}\iint_S\boldsymbol{n}\cdot\langle p'\boldsymbol{u}'\rangle\mathrm{d}S \tag{3-290}$$

其中，$\beta=\rho_p/\rho_0$；$r$ 为推进剂燃速。

方程式(3－290)可表示为

$$\frac{\mathrm{d}\bar{p}}{\mathrm{d}t}=\beta^{(1)}+\beta^{(2)}\varepsilon^2 \tag{3-291}$$

$$\beta^{(1)}=\frac{1}{\bar{V}}\left[\beta rS_b-\bar{p}\left(\frac{2}{\gamma+1}\right)^{\frac{(\gamma+1)}{2(\gamma-1)}}S_{\mathrm{Throat}}\right] \tag{3-292}$$

$$\beta^{(2)}=-\frac{1}{\gamma\bar{V}}\iint_S \boldsymbol{n}\cdot\langle p'\boldsymbol{u}'\rangle\mathrm{d}S \tag{3-293}$$

方程式(3－298)中平均压强的变化率是压强振荡幅值的非线性函数，第一项由标准稳态内弹道计算方法进行处理，第二项导致平均压强上升。表明平均压强上升与压强振荡极限幅值之间的强耦合关系。

### 3.6.5 非线性稳定性分析算法

综合以上模型，并进行积分之后，就得到了两个耦合的非线性常微分方程：

$$\left.\begin{aligned}\frac{\mathrm{d}\varepsilon}{\mathrm{d}t}&=\alpha^{(1)}\varepsilon+\alpha^{(2)}\varepsilon^2\\ \frac{\mathrm{d}\bar{p}}{\mathrm{d}t}&=\beta^{(1)}+\beta^{(2)}\varepsilon^2\end{aligned}\right\} \tag{3-294}$$

其中，$\alpha^{(1)}$，$\alpha^{(2)}$，$\beta^{(1)}$，$\beta^{(2)}$ 的表达式依次见式(3－281)、式(3－283)、式(3－292)、式(3－293)所示，对方程式(3－294)进行数值求解，同时计算不同时刻非线性系统的压强振荡幅值和相应的平均压强，得到的极限值就是系统的压强振荡极限幅值与平均压强上升，完成非线性稳定性分析计算。

## 3.7 非线性燃烧不稳定的分析算例

20世纪90年代，美国海军空战中心的Blomshield等人进行了大量点火试验，获得了全尺寸战术发动机脉冲触发的大量数据。这些数据显示了非线性燃烧不稳定的经典特性，这些实验被称为Blomshield脉冲触发实验。这些发动机实验得到的结果成为了验证发动机稳定性分析方法可行性的重要数据库。本节选取其9号发动机作为典型研究对象进行仿真预测分析。

**1. 发动机参数**

Blomshield的9号发动机和推进剂特性参数，见表3－3。

**表 3-3　Blomshield 发动机结构及推进剂特性参数**

| 发动机 \ 参数 | 参数 | 取值 |
|---|---|---|
| 结构参数 | $L$/m | 1.7 |
| | $R$/m | 0.051 |
| | $R_T$/m | 0.02 |
| 燃烧特性 | $P_C$/MPa | 5.3 |
| | $n$ | 0.49 |
| | $r$/(m/s) | 0.0061 |
| | $T_0$/K | 3500 |
| 推进剂特性 | $\mu$/(Pa·s) | $8.925\times10^{-5}$ |
| | $\gamma$ | 1.18 |
| | $\rho_p$/(kg/m$^3$) | 1700 |
| | $R_g$/(J·kg$^{-1}$·K$^{-1}$) | 280 |
| | $a_0$/(m/s) | 1075 |
| | $A_b$ | 4 |

表中，$L,R,R_T$ 分别是发动机燃烧室长度、半径和喷管喉径；$P_C,r,n,T_0$ 分别是发动机正常工作条件下燃烧室压强、燃速、燃速压强指数和燃温；$\mu,\gamma,\rho_p,R_g,a_0$ 和 $A_b$ 分别是燃气黏性系数、比热比、推进剂密度、燃气气体常数、燃烧室声速和燃面导纳函数。

**2. 预测结果**

计算结果和试验结果，见表 3-4，其中 $\varepsilon_{\lim}$ 表示无量纲的压强振荡幅值极限，$\overline{P}_{DC}$ 表示无量纲的平均压强，其有量纲值分别对应 $\varepsilon_{\lim}^*$ 和 $\overline{P}_{DC}^*$。将计算结果和试验结果进行对比，计算值与试验值基本相符，在误差允许的范围内，计算值与试验值相吻合。

**表 3-4　计算值和试验值对比**

| 参数 | 试验值 | 计算值 | 相对误差/(%) |
|---|---|---|---|
| $\varepsilon_{\lim}$ | 0.29 | 0.296 | 2.04 |
| $\overline{P}_{DC}$ | 1.36 | 1.307 | 3.87 |
| $\overline{P}_{DC}$shift | 0.36 | 0.307 | 14.72 |
| $\varepsilon_{\lim}^*$/MPa | 1.55 | 1.568 | 1.19 |
| $\overline{P}_{DC}^*$/MPa | 7.2 | 6.929 | 3.76 |
| $\overline{P}_{DC}^*$shift/MPa | 1.9 | 1.629 | 14.26 |

图 3-7 绘出了压强振荡幅值和平均压强随时间变化的曲线。其中，(a) 所示是压强振荡幅值 $\varepsilon^*$ 的时间变化曲线；(b) 所示是平均压强 $p^*$ 和压强包络上沿的时间变化曲线。图中的

极限值分别是压强振荡极限幅值 $\varepsilon_{\lim}^*$ 和平均压强极限值 $\bar{p}_{DC}^*$，平均压强极限值和发动机稳态压强之间的差值就是平均压强上升 $\bar{p}_{DCS}^*$。

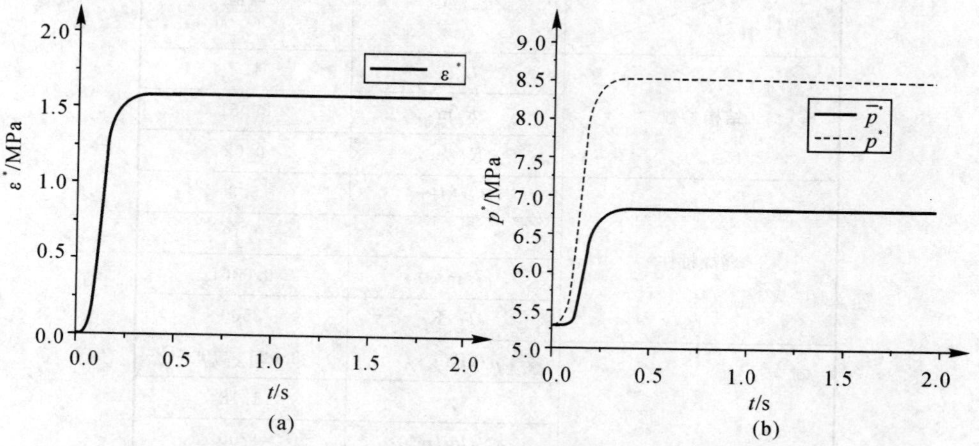


**图 3-7　9号发动机稳定性预测曲线**

(a) 压强振荡幅值；(b) 平均压强和压强包络线

从图 3-7 可以看到，仅对发动机作了简化假设进行的模拟计算就可以得到发动机发生非线性燃烧不稳定时的压强振荡幅值和平均压强随时间变化的曲线，那么，结合发动机内流场对发动机燃烧进行全面建模和计算，就可以预测发动机工作过程的内弹道曲线。

# 3.8　本章小结

本章介绍了最新发展的固体火箭发动机线性和非线性燃烧不稳定预估方法，详细介绍了各种增益与阻尼因素的计算方法，为读者更为深入地了解燃烧不稳定、开展不稳定预示提供参考。目前的非线性不稳定分析方法已经具备了预测振荡幅值和平均压强上升的能力，但是分析方法依然存在一些问题。首先是增益和阻尼因素考虑不够全面，粒子阻尼、分布式燃烧等还没有模型化，在分析中没有考虑；其次是一些分析的结果，如压强耦合响应函数，与现有实验方法获得的结果不能很好地对应；第三，真实发动机的压强曲线与考虑多阶谐波叠加而得到的压强曲线一致性还存在问题。

# 第 4 章　固体推进剂的燃烧响应

固体推进剂的燃烧响应，即推进剂燃烧对流动扰动的动力学响应，指的是当气相介质的振荡贴近燃烧区，所形成的固体推进剂非稳态燃烧现象。它在发动机的燃烧不稳定性中经常表现出增益的作用。燃烧响应作为固体火箭发动机燃烧室声腔中最重要的声能增益，通过两种途径来对燃烧不稳定产生增益作用：一是压强耦合响应，二是速度耦合响应。

声振中压强波进入燃面处的燃烧反应区，由于声能（动能和势能，分别对应表面气流速度和压强）的增加而使燃速增加，因而燃面处的热生成率和气体生成率增加，燃烧产物进入声腔使压强增加，这就是燃烧过程对声压振荡的响应。如果增加压强的作用正好发生在声压最大的位置上，就会使振荡放大，这即是同相位的压强响应——压强耦合。

声振中除了压强的波动外，还有气体质点速度的波动，即声振速度的周期性变化。如果气体速度平行于推进剂燃面，则会产生侵蚀燃烧，使燃速增加。燃速增加又会影响到燃面附近气流速度的改变，这就是速度响应。如果燃速的增加同气体速度的振荡配合得当而使声振增益放大，这即是速度耦合，因而这种现象也称为“声侵蚀”现象。

在燃烧室中究竟存在何种响应，取决于燃面与声振振型的相对位置。例如，对于端面燃烧的发动机，其燃面对纵向振型来说就只有压强响应，没有速度响应，对横向振型除了压强响应外还可能有速度响应。对于侧面燃烧装药发动机，燃面对纵向振型有压强响应，也有速度响应，而横向振型则压强响应是主要的。在目前对实际发动机不稳定燃烧的研究中，考虑较多的是压强耦合响应，其原因是对压强耦合的理论研究较多，实验也相对容易开展，而速度耦合的研究涉及声对边界层的“侵蚀”，无论在理论还是实验上都存在较大的研究困难。基于同样的原因，本章将重点介绍固体推进剂的压强耦合响应。

## 4.1　压强耦合响应

### 4.1.1　压强耦合响应的概念

对于固体推进剂来说，压强耦合作为燃烧不稳定的主要增益因素，通常用压强耦合响应函数来表征，其实部值的大小即表示发动机产生燃烧不稳定的内在可能性。根据瑞利准则，若燃面的燃速扰动与声扰动同相位，或具有相同的分量，燃面向声腔的质量加入可起到放大声压扰动的作用。质量燃速的相对波动量与压强相对波动量的复数比，通常称之为压强耦合响应函数，可定义为

$$R_p = \frac{\hat{m}_b / \overline{m}_b}{\hat{p} / \overline{p}} \tag{4-1}$$

式中，$\hat{m}_b$ 是质量燃速扰动的复振幅；$\hat{p}$ 是压强扰动的复振幅；$\overline{m}_b$ 和 $\overline{p}$ 分别是平均质量燃速和平

均压强。频率为 0 时对应着稳态燃烧，此时压强耦合响应函数实部值的大小就是燃速公式中的压强指数 $n$，即

$$r = ap^n \tag{4-2}$$

式中，$r$ 为推进剂燃速；$a$ 为燃速经验常数；$p$ 为压强；$n$ 为燃速的压强指数。

### 4.1.2　压强耦合响应的测试和数据处理方法

第二章中介绍了压强耦合响应的几种理论计算方法，但现有的理论尚无法精确地计算出复杂配方的推进剂响应函数。因此，目前主要依靠实验测量获取推进剂的响应函数。

同时，测量推进剂的响应函数的目的还有以下两个方面：① 对比同一测量方法获得的不同推进剂的压强耦合响应函数，可以获得推进剂配方变化对压强耦合响应的影响，并评估其在发动机中的应用效果；② 通过改变燃烧室结构、工作压强等工况，可以获得相对应的参数变化情况，并得出不同压强和频率条件下的响应函数，从而为发动机稳定性预测提供参数，指导发动机的设计。

自20世纪50年代以来，已经发展了多种测量压强耦合响应的方法，其中有T型燃烧器法、旋转阀法、阻抗管法、微波法和磁流仪法等。通过这些测试手段，研究者直接或间接地获得了推进剂的压强耦合特性。

目前比较成熟且广泛采用的方法是T型燃烧器法。本章主要介绍T型燃烧器法的工作原理和数据处理方法，同时简单介绍其他测量装置。

**1. T 型燃烧器法**

(1) 自激振荡法。T型燃烧器是一根两端封闭、中间开口的管型结构燃烧装置。试验样品放在燃烧室的两端，燃气从中间喷管口排出，如图 4-1 所示。

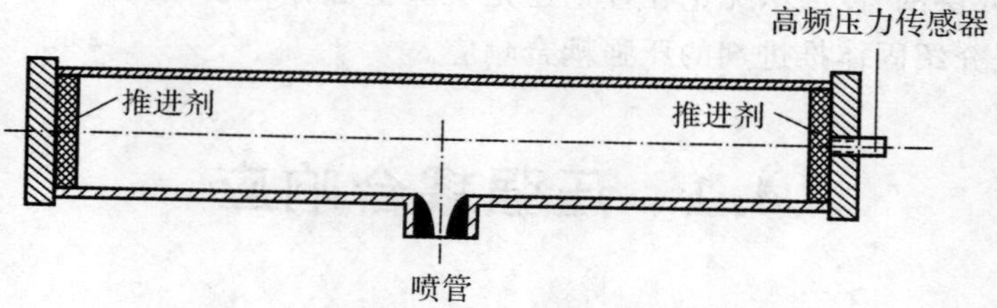


**图 4-1　早期的 T 型燃烧器基本结构**

T 型燃烧器是由一个声腔与推进剂组成的自激声振系统。在 T 型燃烧器中的声振荡主要是轴向振型，其声压振型和声速振型如图 4-2 所示。T 型燃烧器所能测量的轴向模态振荡频率主要取决于燃烧器长度 $L$，以及燃烧产物的温度 $T_f$，其表达式为

$$f = \frac{na}{2L} \tag{4-3}$$

式中，$n$ 为声模态数；$a$ 为发动机中的当地声速，与 $T_f$ 有关。

推进剂放置在T型燃烧器内腔声压的压力波腹位置，能够最大限度提供声能增益；中间喷管开口位置在内腔声压（奇数阶谐波）的压力波节上，这样可以减小声能损失，从而在 T 型燃烧器中容易激发振荡现象。

在T型燃烧器的燃烧室两端分别安装两片厚度一样的推进剂，并使其同时点燃，这样使得全部燃烧表面处在相同的声环境中。理想状态下，两块推进剂同时燃烧完毕。当出现轴向声压振型时，T型燃烧器两端各阶频率的压强振荡幅值最大，与推进剂燃烧耦合产生的增益最大，且两端的声波速度、横向流动速度以及平均流速均为0，从而排除了速度耦合响应的影响。

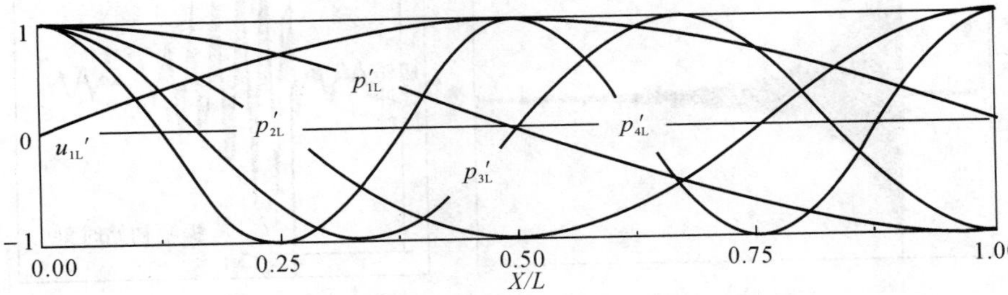


**图 4-2　T型燃烧器内的声压振型(1～4 阶)和声速振型**

通常情况下，根据T型燃烧器内的声压振型，可在燃烧器两端和中间三处位置进行压强测量，根据压强变化情况，可获得相应的实际振荡频率。图4-3所示为典型T型燃烧器所测的压强曲线。

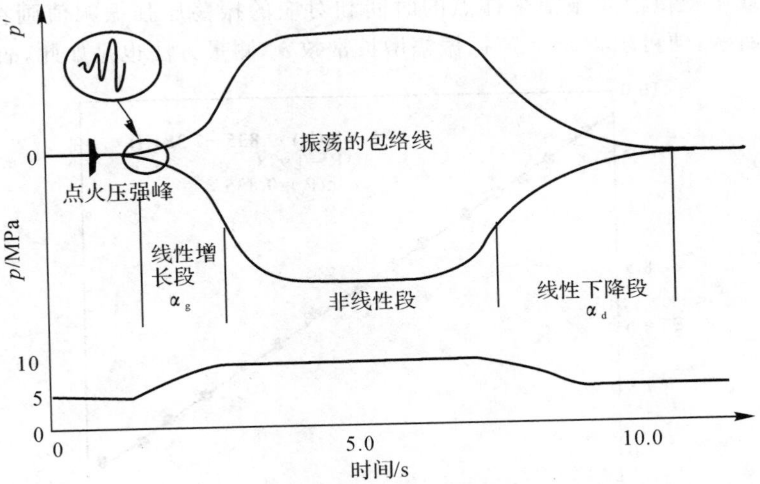


**图 4-3　T型燃烧器测量的自激振荡压强曲线**

从图中可以看到压强曲线大体上可以分为三部分：线性增长段、非线性段和线性下降段。对于线性增长段，$\alpha=\alpha_g>0$ 称为声振振幅增长常数，它是推进剂燃面增长常数 $\alpha_c$ 和声腔损失常数 $\alpha'_d$ 之和，即

$$\alpha_g=\alpha_c+\alpha'_d \tag{4-4}$$

在线性下降段，$\alpha=\alpha_d<0$ 称为声振振幅衰减常数，一般认为它与线性增长段中的声腔损失常数 $\alpha'_d$ 相同，即

$$\alpha_d=\alpha'_d \tag{4-5}$$

脉冲触发激励后，燃烧器内压强振荡呈衰减的趋势，因此这里将声振振幅衰减 $\alpha_d$ 的数据

处理方法进行简单的介绍。将测量获得的 $p-t$ 曲线滤出直流分量，获得声压振幅随时间变化的 $p'-t$ 曲线，如图 4-4 所示。

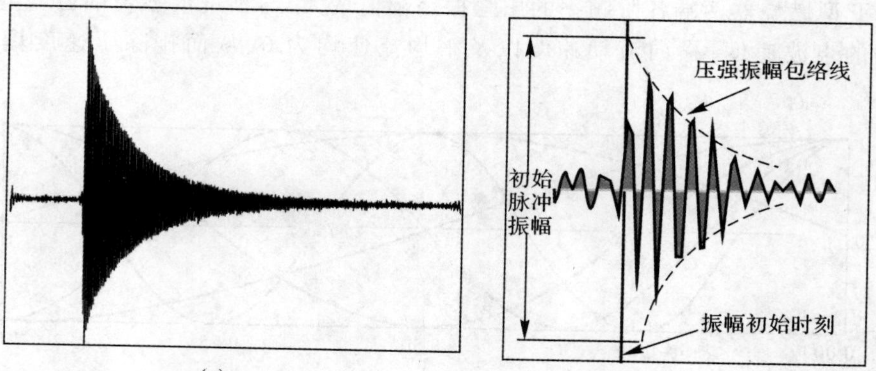


(a)　　　　(b)

**图 4-4　声压振幅衰减曲线**

(a) 实际测量曲线；(b) 简化示意曲线

根据声压振幅指数关系式：

$$p' = p_0 e^{\alpha t} \tag{4-6}$$

将声压振幅曲线中正负最大振幅采样点的时间和对应的振荡压强振幅值画在半对数坐标系中，如图 4-5 所示，便可求得 $\alpha_d$。声振振幅增长常数 $\alpha_g$ 测量方法也是如此，故不再赘述。

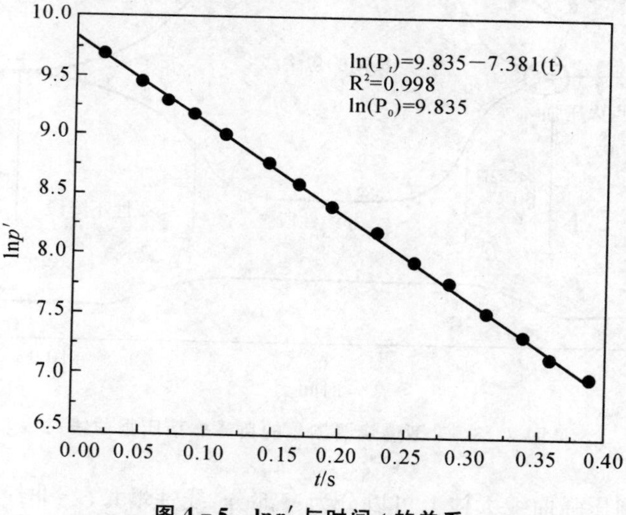


**图 4-5　$\ln p'$ 与时间 $t$ 的关系**

可以看出，$\alpha_g$ 和 $\alpha_d$ 分别为 $\ln p'-t$ 曲线上增长段和衰减段的斜率。因此，推进剂燃面对声振的增长常数为

$$\alpha_c = \alpha_g - \alpha_d \tag{4-7}$$

根据 T 型燃烧器内的声能关系、推进剂参数及燃烧室长度，可以得到燃烧器中压强响应函数与 $\alpha_c$ 的关系，即

$$R_p = \frac{\alpha_c \bar{p}}{4fa\rho_p \bar{r}_p \left(\dfrac{S_b}{S_c}\right)} \frac{a_m}{a} \tag{4-8}$$

式中，$\bar{p}$ 为平均压强；$\rho_p$ 为推进剂密度；$\bar{r}_p$ 为测得的平均燃速；$\dfrac{S_b}{S_c}$ 为推进剂燃面与通道面积之比；$a$ 为理论声速(由推进剂燃烧产物温度决定)；$a_m$ 为测得的声速，$a_m = 2fL$，$L$ 为 T 型燃烧器长度，$f$ 为测量振荡频率。将测量参数 $\alpha_c$ 和其他已知参数代入公式(4-8)，便可以获得相应频率下的压强响应函数。

对于复合推进剂而言，压强振荡频率为零时，$R_p$ 为压强指数。根据推进剂的不同，$R_p$ 峰值通常分布在 1.25 ～ 2.5 之间，当频率更高时，$R_p$ 降为 0。双基推进剂的情况也基本上相似，只是 $R_p$ 降为 0 时的频率更高。

图 4-6 显示的是由 T 型燃烧器获得的典型响应曲线，图中包括 4 种相似的推进剂，只是某种成分有 3% 的变化。

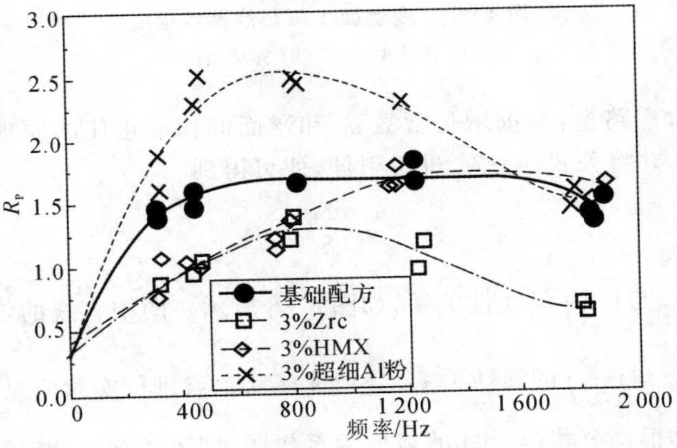


**图 4-6　T 型燃烧器中推进剂的典型压强耦合函数曲线**

实验表明，压强振荡增长段和衰减段的实际频率可以相差较多，所以处理数据时应当消除频率变化的影响。一般来说有两种办法。

1) 将公式(4-8) 改写为

$$R_p = \frac{\bar{p}}{4a\rho_p \bar{r}_p \left(\dfrac{S_b}{S_c}\right)} \left(\frac{a_m}{a}\right) \left(\frac{\alpha_g}{f_g} - \frac{\alpha_d}{f_d}\right)$$

式中，$f_g$ 和 $f_d$ 分别为振荡增长段和衰减段的实测频率。

2) 通过多次测试找出 $\alpha_d$ 与频率的关系，并据此修正 $\alpha_d$ 值。这种方法会额外增加实验工作量，并会引入不同次实验所带来的误差。

T 型燃烧器的基本实验方法存在着几个问题：① 上升段和下降段的阻尼完全相同的假设并不完全符合实际情况。在样品燃烧完后，燃气温度下降、振荡频率减小等都会改变阻尼特性。② 对于低频振荡的实验测量，T 型燃烧器长度增加，造成的壁面损失加大，使得平均温度、声速和平均流速均发生变化。③ 喷管的几何构型，以及流场转向都会造成声能损失。

因此，T 型燃烧器实验数据相对比较分散，误差可达 ±30% 或者更高，并且“自激振荡法”不适用含铝量较高的复合推进剂，这是因为燃烧产物中的 $Al_2O_3$ 微粒对声振荡有一定的阻尼特性，其中小粒子阻尼高频，大粒子阻尼低频。当T型燃烧器中有较大的阻尼时，系统自身很难产生声振荡现象。为解决这一问题，发展了两种方法："变燃面法"和"脉冲法"。相应的实验测量装置分别叫做"变燃面"T型燃烧器和"脉冲激励"T型燃烧器。

(2) 变燃面法。为了增大推进剂燃面从而增加燃烧响应，推进剂试件往往设计成内孔型和杯状型装药，如图4-7所示。

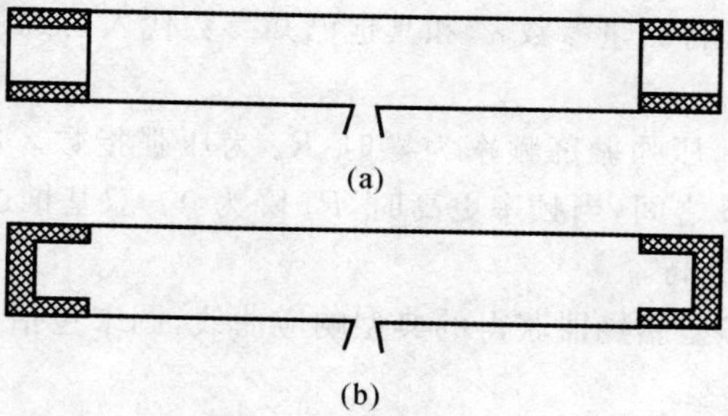

图4-7　变燃面T型燃烧器示意图

(a) 内孔型药；(b) 杯状型药

变燃面法的基本思路是：根据增长常数 $\alpha_g$ 和燃面面积成正比的原理，并且假定阻尼与燃面面积的变化无关。并将公式(4-7)进行引伸，便可得到

$$\alpha_g = \alpha_c\left(\frac{S_b}{S_c}\right) - \alpha_d \tag{4-9}$$

根据式(4-9)，$\alpha_g$ 与 $\left(\frac{S_b}{S_c}\right)$ 呈线性关系，如图4-8所示。图中直线的斜率为 $\alpha_c$，在纵坐标的截距则是 $\alpha_d$。根据 $\alpha_g$ 与 $\left(\frac{S_b}{S_c}\right)$ 的线性关系，分别选择几个点进行实验测量，用图4-5所示的方法，即可处理出 $\alpha_g$，再根据公式(4-9)的线性关系作图，即可得到 $\alpha_c$ 和 $\alpha_d$。然后将其代入公式(4-8)获得响应函数值。

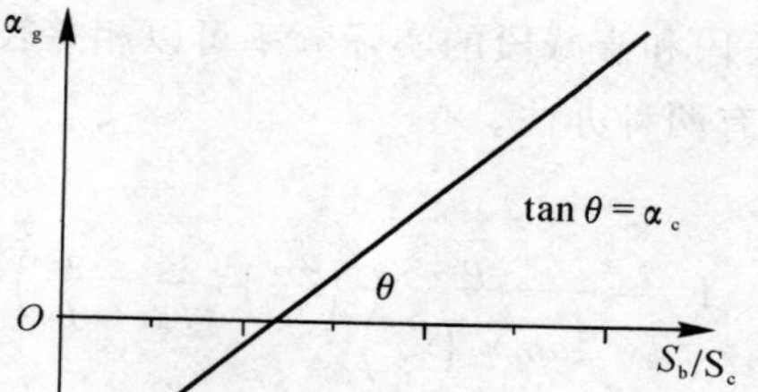


图4-8　增长常数与面积比的关系

这种方法的优点是不需要处理衰减段数据。但实际数据处理过程中，$\alpha_g$ 与 $\frac{S_b}{S_c}$ 往往不是一条直线，数据相当分散，这主要是与阻尼和燃面面积无关的假设有关。同时，当燃面增大时，随着振荡的加剧，壁面损失肯定增大，并且不同实验所采用的喷管构型、装药配方以及工况条件所产生的阻尼也不完全相同。

但是，除了数据分散之外，复合推进剂难以形成稳定振荡使该方法无法使用。相对于自激振荡法来说，变燃面法仍能可以取得有效的实验数据，并且大大降低实验数据处理过程的复杂程度。

(3) 脉冲激励 T 型燃烧器法。

针对 T 型燃烧器中较难产生自激振荡的问题，可采用外部脉冲激励的方式来获得声压振荡现象，进而获得含铝量较高的复合推进剂的压强耦合响应。一般来说，加入外部激励是通过一种方式来改变燃烧室内的平衡压强，从而使系统产生振荡。因此脉冲法可实现 T 型燃烧器内的压强振荡。图 4-9 所示为脉冲 T 型燃烧器的结构示意图。

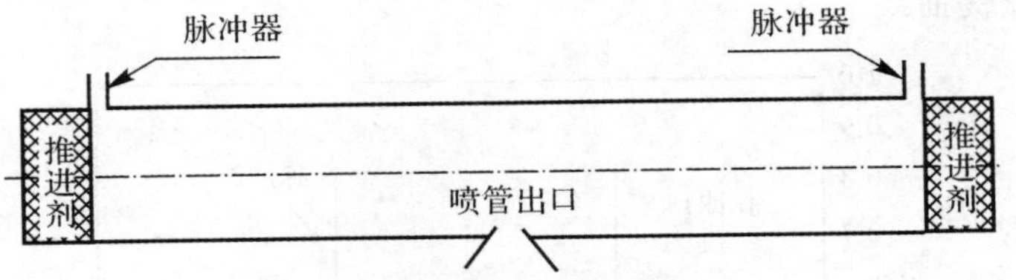


**图 4-9　脉冲 T 型燃烧器的结构示意图**

脉冲法测量压强耦合响应函数，实质上就是在原有的 T 型燃烧器两端推进剂燃面位置处各安装一个脉冲器。脉冲器是一个装有少量火药的爆炸装置，其结构形式多种多样，如爆炸弹、小型点火器、脉冲枪、活塞式脉冲器等等。脉冲器的作用就是在发动机工作的某一时刻，通过点燃脉冲器内的火药，使其瞬间产生的高温、高压燃气喷入 T 型燃烧室内，产生压强扰动。根据瑞利准则，在 T 型燃烧器内声压振荡振幅最大位置进行脉冲，可以使压强振荡幅值增大。

脉冲器工作原理：在脉冲器的燃烧室内，利用点火头点燃给定质量的黑火药或烟火剂，使之产生所要求压强和温度的燃气，顶开密封堵头，通过脉冲器喷口进入 T 型燃烧器内，从而形成所需的压强扰动(即脉冲)。通常情况下，脉冲器应能输入和 T 型燃烧器装药产生的燃烧产物相同的气体－颗粒混合物，而且脉冲器的质量喷射速率应能保证激发基频振荡模态，并能降低高阶振荡模态出现的几率。一种采用黑火药或烟火剂的脉冲器结构图如图 4-10 所示。

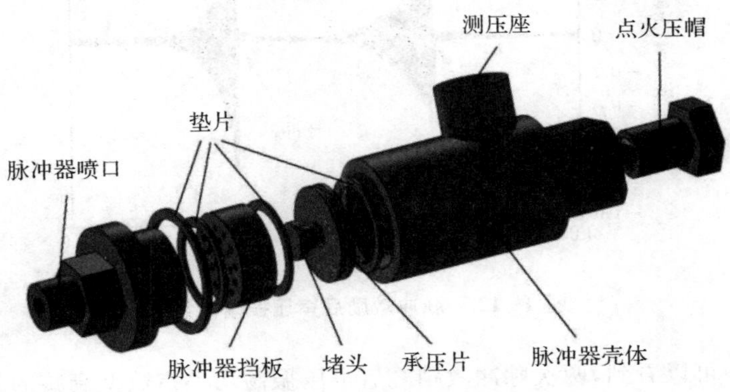


**图 4-10　脉冲器装置示意图**

脉冲激励T型燃烧器实验的基本思路：在T型燃烧器工作过程中，当燃烧器内压强处于平衡稳定状态时，加入第一个脉冲激励，可测得压强振荡衰减常数 $\alpha_1$，即推进剂燃面增益常数 $\alpha_c$ 和系统总阻尼常数 $\alpha'_d$ 的代数和，即

$$\alpha_1 = \alpha_c + \alpha'_d \tag{4-10}$$

当推进剂燃烧结束且具有较高的工作压强时，加入第二个脉冲激励，测得压强振荡衰减常数 $\alpha_2$，若两次振荡时系统总阻尼相同，则 $\alpha_2 = \alpha'_d$。根据上述两式，推进剂燃面增益常数为

$$\alpha_c = \alpha_1 - \alpha_2 \tag{4-11}$$

图4-11所示为典型的脉冲激励T型燃烧器实验曲线，图4-12所示为脉冲激励之后T型燃烧器内腔声压振荡曲线。

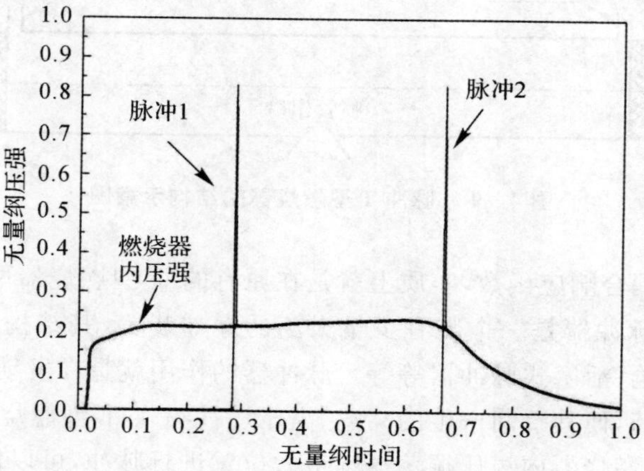


**图4-11 典型脉冲激励T型燃烧器实验曲线**

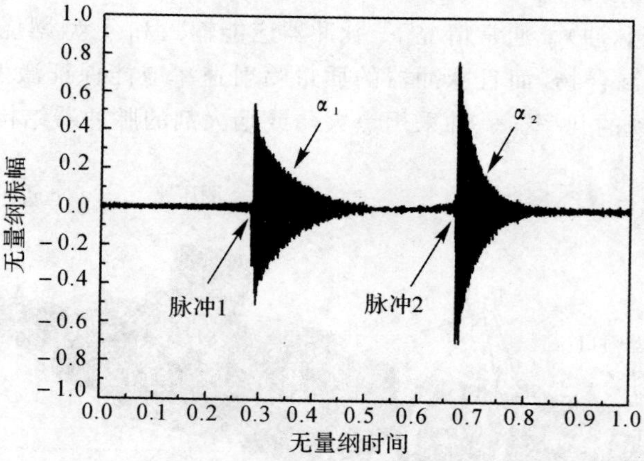


**图4-12 脉冲激励后声压振荡曲线**

从图4-12中可以看到，两次脉冲激励之后声压振荡均呈指数型衰减的趋势。因此，可按照公式(4-6)的方法进行处理，分别获得 $\alpha_1$ 和 $\alpha_2$，代入公式(4-11)中即可获得燃面增益常数 $\alpha_c$；然后再将 $\alpha_c$ 代入公式(4-8)即可获得推进剂的压强耦合响应函数。

很明显，脉冲激励T型燃烧器法的最主要就是要求两端推进剂同时点燃，同时燃尽；并且第二次脉冲激励的时刻是十分重要的，激励过早，推进剂并未完全燃尽，造成 $\alpha_2$ 并非完全是阻

尼特性,其中含有燃面增益特性;激励较晚,则产生的振荡频率 $f_2$ 与 $\alpha_1$ 的振荡频率 $f_1$ 相差较大,且燃气温度下降,微粒凝聚等因素都会使得所测量到的阻尼特性差别较大。一般来说在推进剂样品燃烧完后的 0～0.15s 内完成第二次脉冲激励是相对比较合理的。因此,该种方法对于点火时序控制的精度要求较高。

实验过程中脉冲器所注入的燃烧产物与推进剂燃烧产物尽量一致,并且尽量避免激发高阶振荡模态,从而抑制高阶模态对测量结果的影响。

(4) 典型实验结果及分析。图 4-13 所示为国外采用 T 型燃烧器对两种推进剂进行实验测量的结果。图中,推进剂 A 的响应峰值比推进剂 B 的响应峰值高,并且推进剂 A 响应峰值频率比推进剂 B 的峰值频率小,但推进剂 B 响应峰值所处的频段比较宽。单从响应峰值来看,似乎推进剂 B 更好一些。但是从非线性稳定性的角度来看,推进剂 A 比推进剂 B 稳定,因为推进剂 B 高阶谐波的响应更强,容易导致压强振荡波形畸变,产生非线性效应。

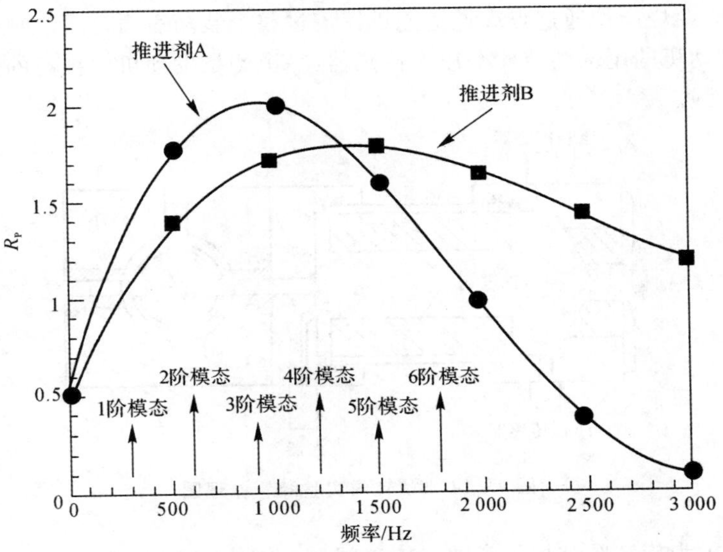


**图 4-13　典型压强耦合响应对比**

尽管目前对复合推进剂的压强耦合响应还没有全面、准确的认识,但根据文献资料可以得到以下几个结论:

1) 在给定的推进剂燃速范围内,含精细(10μm 左右)和超细(小于 1μm)AP 粒子推进剂的压强耦合响应均较高。实验发现,细粒度 AP 超过 10% 的推进剂会使一些发动机出现明显的燃烧不稳定。

2) 非常粗糙(大于 200μm) 的 AP 含量太多,也会使压强耦合响应增强,引起发动机不稳定。

3) 压强耦合响应随平均压强的增大而增大。一般在保持其他参数不变的前提下,随着发动机平均压强的增大,发动机更容易产生燃烧不稳定。

4) 稳定性添加剂可以有效地消除非线性不稳定。添加剂降低了推进剂对很大频率段的燃烧响应,同时可增加粒子的阻尼作用。

5) 含铝复合推进剂中铝粉的原始粒度对压强耦合响应有明显的影响,进而影响发动机的燃烧稳定性。不同的铝粉粒度一方面改变了凝相燃烧产物粒径分布,另一方面分布式燃烧可对燃烧不稳定起增益作用，压强耦合响应的改变是二者综合作用的结果。

**2. 旋转阀法**

T 型燃烧器虽然得到了广泛的采用，但也存在缺点。例如，为了得到在某一特定的压强和频率下的燃烧响应值，需要进行 10 余次实验。同时，在理论上也不完备，一些前提假设仍存在疑问。伴随着喷管损失和流量转向损失，燃烧响应函数误差可达到 30% ～ 50%。为了克服 T 型燃烧器的缺点，布朗等人发展了“旋转阀法”测量压强响应函数。

图 4 - 14 是旋转阀实验装置的结构原理图，它是测量压强耦合响应函数的另一种实验装置。该测量装置是由两部分组成：小型实验发动机和旋转阀。其中，实验发动机采用内孔装药，并且装药前、后端面均未包覆，目的是为保证装药恒定的燃烧特性，从而在获得燃烧响应函数的同时获得推进剂的燃烧速度和特征速度。实验发动机左端的喷管用来维持一定的平均压强，右端头部的方孔短通道与旋转阀的阀门相连通。在发动机头部侧面装有气体（氧气-甲烷）点火器，点火器的燃烧产物通过点火通道能迅速流过整个装药表面，并且使整个装药表面迅速同时点燃。在发动机的尾部装有两个压强传感器：一个测量发动机内稳态的压强，另一个测量发动机内瞬态压强。

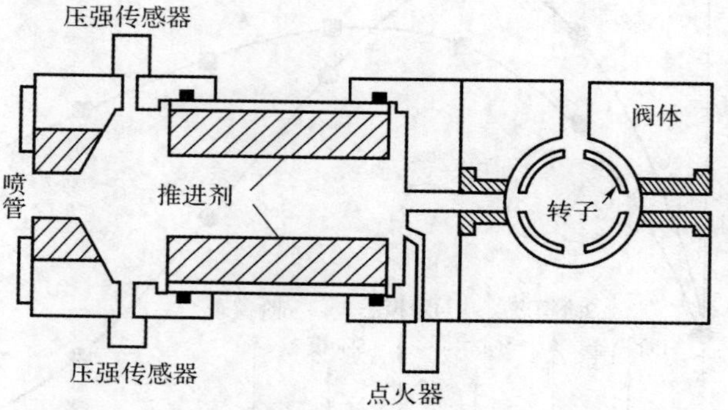


**图 4 - 14　旋转阀实验装置原理图**

图 4 - 15 所示为旋转阀结构示意图。旋转阀是由阀体定子和转子组成的。沿转子的外周装有一个可更换的石墨套筒，在套筒上开有等间距的圆孔。当转子旋转时，转子侧面的圆孔与定子上的方孔构型按正弦规律变化的通道面积。这种周期性的“开-闭”的小喷孔，使与其相连接的发动机燃烧室内产生小振幅压强振荡。振荡频率由转子的转速决定。

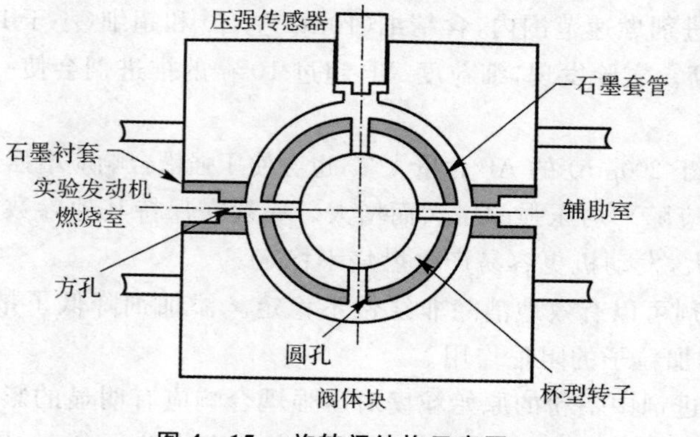


**图 4 - 15　旋转阀结构示意图**

显然，发动机燃烧室内压强振荡的振幅和相位差（相对于排气孔面积的振荡）取决于燃烧室内的气体动力学过程和推进剂瞬态燃烧响应。如果气体动力学效应可以预计，即可得到推进剂的燃烧响应函数。

为了求相位差和振幅的定量关系，假设压强振荡频率小于燃烧室纵向基振频率的 25%，即发动机燃烧室长度远小于振荡波的波长（$L < \lambda/8$）。在这种条件下，燃烧室内的压强振荡在空间分布是均匀的，振幅处处相同。这就使得发动机燃烧室内的气体处于“整体振荡”状态，轴向振速为零。不考虑热传导损失以及动量化变关系，对于小振幅简谐压强振荡，可得

$$\mathrm{Re}\left(R_{\mathrm{b}} + \frac{\widetilde{T}_{\mathrm{f}}/\overline{T}}{\widetilde{p}/\overline{p}}\right) = 1 + \frac{\gamma - 1}{2\gamma} + \frac{\cos\theta}{(\hat{\varepsilon}/\hat{\psi})} \tag{4-12}$$

$$\mathrm{Im}\left(R_{\mathrm{b}} + \frac{\widetilde{T}_{\mathrm{f}}/\overline{T}}{\widetilde{p}/\overline{p}}\right) = \frac{\Omega}{\gamma t_{\mathrm{r}}} + \frac{\sin\theta}{(\hat{\varepsilon}/\hat{\psi})} \tag{4-13}$$

式中，$\tilde{\varepsilon}$，$\tilde{\psi}$ 分别为压强和喉面面积的复振幅；$\hat{\varepsilon}$，$\hat{\psi}$ 为实振幅；$\theta$ 为面积变化与压强振荡之间的相位差

$$\frac{\tilde{\varepsilon}}{\tilde{\psi}} = \frac{\hat{\varepsilon}}{\hat{\psi}}\mathrm{e}^{-\mathrm{i}\theta} \tag{4-14}$$

式中，$\Omega$ 为无量纲频率；$t_{\mathrm{r}}$ 为无量纲停留时间。一般的，$\Omega/t_{\mathrm{r}} \gg 1$。$\frac{\widetilde{T}_{\mathrm{f}}/\overline{T}}{\widetilde{p}/\overline{p}}$ 为温度响应函数，通常较 $R_{\mathrm{b}}$ 小一个数量级。对于等熵过程，$\frac{\widetilde{T}_{\mathrm{f}}/\overline{T}}{\widetilde{p}/\overline{p}} = \frac{\gamma-1}{2\gamma}$；对于等温过程，$\frac{\widetilde{T}_{\mathrm{f}}/\overline{T}}{\widetilde{p}/\overline{p}} = 0$。

用旋转阀测量响应函数的关键是对相位角 $\theta$ 的精确测量。通过对相位角 $\theta$ 的测定，就可以得到响应函数的实部和虚部（T 型燃烧器实验只能测量响应函数实部）。如果改变旋转阀的转速，就可以获得响应函数与频率的关系。

同时，在测量过程中要尽量减小压强振荡中的高阶谐波分量。这种装置的使用频率范围一般是 80 ～ 1000Hz。因为要求燃烧室长度远远小于波长，所以频率上限受到限制，估计最大不会超过 1 500Hz。频率下限则受 $\Omega/t_{\mathrm{r}} \gg 1$ 的限制。

这一技术的优点首先是比较经济，其成本仅为变燃面法的 20% ～ 25%，推进剂消耗量仅为 15%。其次，基本上排除了微粒阻尼和热损失的影响，也不存在是否有喷管增益的问题。

大量实验结果表明，用旋转阀方法可以得到重复性较好的结果，并且与 T 型燃烧器法的测量结果有较好的可比性。误差分析表明，响应函数的误差主要来源于相位角测量误差，随着测量次数的增加可以减少此误差。

当然，旋转阀方法具有一定的适用范围：

1）针对系统的线性燃烧特性在何种振荡压强范围内仍能保持这一问题，理论分析表明，稳态压强的 10% 为上限，在这个限度内，燃烧响应函数为燃烧的线性特性。

2）发动机较小，因而要用小的稳态喷管直径。然而，为了防止阀门堵塞，阀门喉部直径应和稳态喷管直径相似，这两方面的考虑便将有用区间限制在 80 ～ 1000Hz 范围内；并且为提高测量相位角的精度，尽量减少面积振荡中的高阶谐波分量，应将定子开一条宽度与转子上石墨套筒外周开通直径相同的槽，这种孔-槽构型可大大提高一阶谐振、消除偶数谐波，并且保证谐波为对称的。

**3. 调制喷管法**

另外，还有一种与旋转阀原理完全相同、但结构较简单的试验装置，称为调制喷管发动机，

其结构如图 4-16 所示。

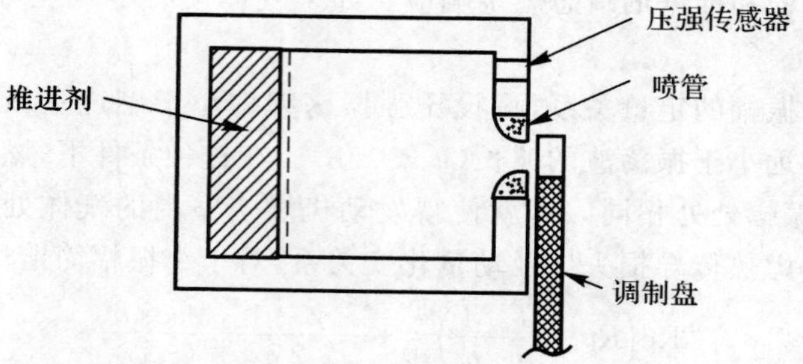


图 4-16 端面燃烧的调制喷管发动机

它实际上是一个端面燃烧的发动机，调制盘紧靠着收敛型喷管的出口。由于调制盘的旋转，使喷管的排气面积呈正弦规律脉动，造成燃烧室压强小振幅振荡，其频率由调制盘转速控制。不难看出，这种装置的工作原理与旋转阀完全相同，工作频率也必须小于燃烧室轴向基频的 1/4。这种装置的优点是结构简单，采用端面燃烧的药柱，从而避免了速度耦合的影响。该装置的缺点是，壁面热损失影响较大，其影响不能忽略；燃烧室长度远小于轴向基频的波长，因此不能测量高频率响应；同时，喷管出口温度较高，燃气速度较快，对调制盘材质要求较高。这种方法测量的关键仍是相位角 $\theta$。目前所测量的实验结果在变化趋势上与 T 型燃烧器实验结果相一致。

**4. 阻抗管法**

阻抗管（也称为导纳管或激励管），原是测量吸声材料声导纳的声学实验装置，经过改进，成功地将它用于测量气体喷注器和火箭发动机喷管的声导纳，后来又进一步地推广用来测量固体推进剂的压强耦合响应函数。图 4-17 所示是充压阻抗管的示意图。

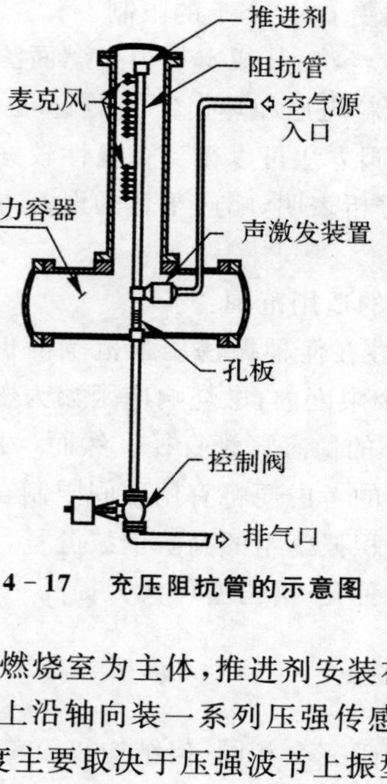


图 4-17 充压阻抗管的示意图

它以模拟的固体火箭发动机的燃烧室为主体，推进剂安装在管的一端，另一端安装声激励器以产生压强振荡。在管子的侧壁上沿轴向装一系列压强传感器，测量声振荡的振幅和相位分布，以此确定推进剂声振。其精度主要取决于压强波节上振型形状的测量精度，因此需要高精密度的压强传感器。目前,这种方法发展到只需测量相位角就可确定响应函数,这就大大提高了测量精度。

阻抗管测定燃面声导纳的优点是用同一实验器可以测得不同频率下的声导纳,并且实验可测量的频率范围较宽。但该方法的缺点是数据采集和后处理过程较为复杂,并且如管壁导热等一些声能损失还未完全考虑进去。

**5. 磁流仪法**

前面几种测量方法要分析燃烧过程中非稳态气动力学,还要把压强耦合响应函数与压强联系起来,因而这些测量方法结果不理想。下面介绍两种直接测量声导纳的方法。

一种新的直接测量燃烧响应的方法为磁流仪方法。它测量外部激发的燃烧室中气体离开燃面的振荡速度,这种方法从理论上讲可测量高频切向振型的不稳定性,其频率为2 ～10kHz。

磁流仪的原理基于法拉第定律:导体相对于磁场运动产生正比于速度的电势。固体推进剂燃烧室内的导电性基本上遵循此定律。如图 4-18 所示,燃烧室 D 安放在一个大的永磁铁 C 中,在燃烧室中安放两个电极,检测推进剂燃气产生的电势。压强调制系统 A 中的转速齿轮可对燃烧室 D 中的压强进行调制。用速度振荡和压强振荡的相位差可以获得压强耦合响应函数。图 4-19 为磁流仪燃烧室示意图。

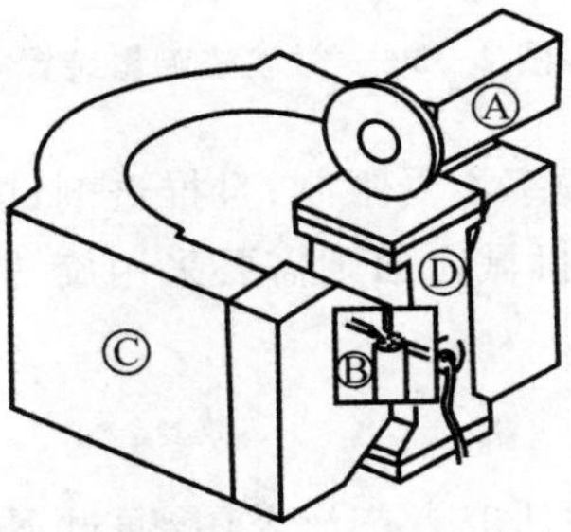


**图 4-18　磁流仪测试装置**

A—压强调制系统；B—测速仪；C—永磁体；D—磁流仪燃烧室

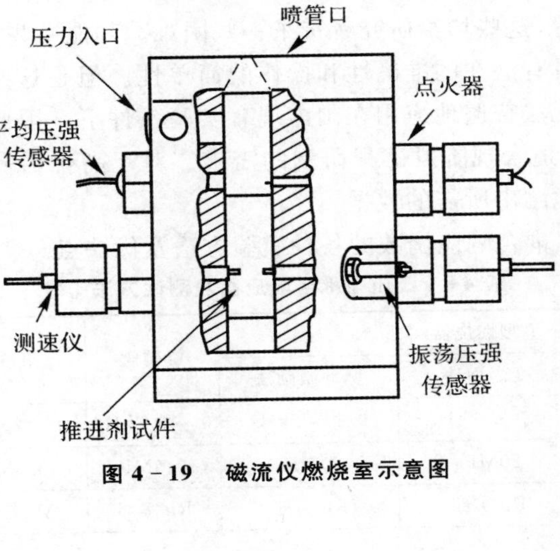


**图 4-19　磁流仪燃烧室示意图**

**6. 微波法**

第二种直接测量压强耦合响应方法是微波燃烧室法。微波法就是将微波相移测速与旋转阀结合起来，测定高频压强响应的方法，其原理如图 4－20 所示。微波穿越黏在燃烧室中的推进剂药条，而从推进剂燃面与气相区的界面上反射回来。连续测量反射信号的多普勒相移，可得到燃面退移速度。药条的燃烧环境由氮气充压，旋转阀产生压强振荡。用测量到的燃速、压强的平均值和扰动分量以及其相位差就可以计算压强耦合响应函数的实部和虚部。

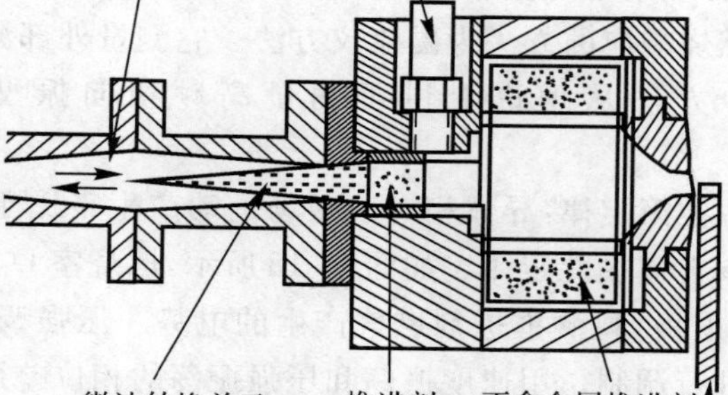


**图 4－20　微波法测量装置**

这种测量方法的优点是实验频率不受限制；且推进剂试件尺寸小。缺点是装置比较复杂，需要较为强大的微波技术设备；在机械方面则需要采用旋转阀测量装置；燃烧室壁面对燃烧的影响较大；只能进行压强耦合测量。

**7. 测量方法比较**

T 型燃烧器以其成熟的技术被研究者广泛采用，通过不断改进，在不同实验室对不同配方的推进剂进行了测量，并获得了一些较为满意的数据。但同时 T 型燃烧器自身测量的不准确性，不能测量压强耦合响应的虚部，以及改进的 T 型燃烧器实验操作和数据处理较为复杂，实验次数多，实验周期长等，这些均给研究者带来一些困难。其他一些方法从理论上来说能弥补 T 型燃烧器的不足，并具有潜在的准确性和操作的简单性。但是这些方法从理论到应用还需要进行大量的工作，尚无法普遍地应用在国内现有实验条件下。因此，依笔者之见，双脉冲激励 T 型燃烧器方法依然适合现阶段工程研制的需求。对于高含铝复合推进剂以及高能推进剂，该方法均可较满意地测出所需的数据。

表 4－1 列出了压强耦合响应函数的各种实验方法及优缺点。

**表 4－1　压强耦合响应函数测试方法比较**

| 方法 | T 型燃烧器 | | | 旋转阀 | 阻抗管 | 微波燃烧室 | 磁流仪燃烧室 |
|---|---|---|---|---|---|---|---|
| | 自激振荡法 | 变燃面法 | 脉冲激励法 | | | | |
| 频率范围 | 0.1～2kHz | 0.1～2kHz | 0.1～2kHz | 0～0.8kHz | 0～2.4kHz | 0～1kHz | 0～20kHz |
| 最大压力 | 20MPa | 20MPa | 20MPa | 10.5MPa | 3.5MPa | 7MPa | 14MPa |
| 测量参数 | Rp 实部 | Rp 实部 | Rp 实部 | Rp 实部 | Ab 实虚部 | Rp 实虚部 | Rp 实虚部 |

续 表

| 方法 | T 型燃烧器 | | | 旋转阀 | 阻抗管 | 微波燃烧室 | 磁流仪燃烧室 |
|---|---|---|---|---|---|---|---|
| | 自激振荡法 | 变燃面法 | 脉冲激励法 | | | | |
| 测量法 | 间接 | 间接 | 间接 | 间接 | 间接 | 直接 | 直接 |
| 简评 | 常用在双基推进剂和不含铝粉复合推进剂 | 推进剂加工工艺复杂,不常用 | 经常使用,但对时序控制要求较高 | 测量值最接近实际发动机 | 同一阻抗管可测不同频率,但测量过程较为复杂 | 基础投资较大,装置较为复杂 | 正在开发 |

# 4.2　速度耦合响应

仿照压强耦合的定义,速度耦合响应函数定义为 $R_\nu$,则

$$R_\nu = \frac{m'/\overline{m}}{u'/\overline{a}} \quad \text{或} \quad R_\nu = \frac{m'/\overline{m}}{u'/\overline{u}} \tag{4-15}$$

式中,$u'$ 是燃面切向振动速度,即气流的声振速度。研究速度耦合通常都假定:

(1) 燃速比例于压强扰动和速度扰动;

(2) 压强耦合和速度耦合是相互独立的,且可以线性叠加:

(3) 压强耦合和速度耦合的比例常数都是频率的函数,而且还与燃速扰动、压强波动和振动速度的相位有关。

压强耦合响应函数和速度耦合响应函数可分别表示为

$$R_p = R_p^{(r)} + \mathrm{i}R_p^{(i)} = |R_p|\mathrm{e}^{\mathrm{i}\phi_p} = |R_p|\cos\phi_p + \mathrm{i}|R_p|\sin\phi_p \tag{4-16}$$

$$R_\nu = R_\nu^{(r)} + \mathrm{i}R_\nu^{(i)} = |R_\nu|\mathrm{e}^{\mathrm{i}\phi_p} = |R_\nu|\cos\phi_v + \mathrm{i}|R_\nu|\sin\phi_v \tag{4-17}$$

由压强耦合和速度耦合引起的燃速变化可表示为

$$\left(\frac{m'}{\overline{m}}\right)_p = R_p\frac{p'}{\overline{p}} = |R_p|\frac{p'}{\overline{p}}\mathrm{e}^{\mathrm{i}(\omega t+\phi_p)}$$

$$\left(\frac{m'}{\overline{m}}\right)_v = R_v\frac{u'}{\overline{a}} = |R_v|\frac{u'}{\overline{a}}\mathrm{e}^{\mathrm{i}(\omega t+\phi_v)} \tag{4-18}$$

且

$$u' = \frac{\mathrm{i}}{\overline{\rho}\omega}\frac{\partial p'}{\partial x}$$

则

$$\frac{\tilde{u}}{\overline{a}} = \frac{\mathrm{i}}{\overline{\rho}\omega\overline{a}}\frac{\partial\tilde{p}}{\partial x} = -\mathrm{i}\frac{p_0}{\overline{\rho}\overline{a}^2}(kX) = \mathrm{i}\left(\frac{\tilde{u}}{\overline{a}}\right)^{(i)} \tag{4-19}$$

取 $R_p$ 和 $R_\nu$ 的实部:

$$\mathrm{Re}\left(\frac{m'}{\overline{m}}\right)_p = |R_p|\frac{\tilde{p}}{\overline{p}}[\cos\phi_p\cos(\omega t) - \sin\phi_p\sin(\omega t)]$$

$$\mathrm{Re}\left(\frac{m'}{\overline{m}}\right)_v = |R_v|\left(\frac{\tilde{u}}{\overline{a}}\right)^{(i)}[-\cos\phi_v\sin(\omega t) - \sin\phi_v\cos(\omega t)]$$

如果它们与压强振荡同相位,且都与 $\cos(\omega t)$ 成比例,则燃烧不稳定的条件为

$$\mathrm{Re}\left(\frac{\widetilde{m}}{\overline{m}}\right)_p \Big/ \left(\frac{\widetilde{p}}{\overline{p}}\right) = R_p^{(r)} > 0 \tag{4-20}$$

$$\mathrm{Re}\left(\frac{\widetilde{m}}{\overline{m}}\right)_v \Big/ \left(\frac{\widetilde{p}}{\overline{p}}\right) = -R_v^{(i)} \frac{(u'/\overline{a})^{(i)}}{\widetilde{p}/\overline{p}} > 0 \tag{4-21}$$

一般来讲,所有推进剂压强响应函数的实部都是正值,也就是说燃烧室中所有燃烧表面都起激发不稳定燃烧的作用。速度耦合与压强耦合相比较要复杂得多。只有当 $R_v^{(i)}$ 与空间函数 $\frac{\widetilde{u}/\overline{a}}{\widetilde{p}/\overline{p}}$ 的乘积为正时,才起激发不稳定燃烧的作用。为此必须分别讨论 $R_v^{(i)}$ 的符号。

(1)$R_v^{(i)} > 0$ 的情况:欲使速度耦合起激发不稳定燃烧作用,则要求振动速度与压强波同相位,即 $\frac{\widetilde{u}}{\widetilde{p}} > 0$。对于轴向基频振型,燃烧室头部需 $\frac{\widetilde{u}}{\widetilde{p}} > 0$。因此,如果响应函数 $R_v^{(i)}$ 是正值,则燃烧室前半部分燃面促使燃烧不稳定,而后半部分燃面将促使燃烧稳定。

(2)$R_v^{(i)} < 0$ 的情况:显然这是 $R_v^{(i)} > 0$ 的反情况。对于基频振型,燃烧室前半部分燃面起稳定燃烧作用,而后半部分的燃面起促进不稳定燃烧作用。

实际上,式(4-15)的响应函数 $R_v$ 不能作为推进剂的特性参数。目前,速度耦合响应的定义还是一个有争议的问题。由于目前学界对侵蚀燃烧没有能给出准确的机理解释分析,它通常也被认为是速度耦合,因而速度耦合与稳态侵蚀燃烧不存在叠加性。

速度耦合响应对表面燃烧动力学的重要作用的认识可以追溯到20世纪50年代。60年代提出了速度耦合响应的两个重要特征:一是运动学非线性;二是依赖于当地平均和扰动气流速度之和的大小,随燃烧表面位置的变化引起表面燃烧对气体动力学的耦合。Levine 和 Baum 基于自己的实验结果,提出表面燃烧的本质不仅仅对压强变化敏感,而且也对表面的切向速度的扰动敏感(速度耦合),在 1983 年针对速度耦合提出了一个经验模型,如下式:

$$\dot{m}' = \dot{m}'_{pc}[1 + R_v F'(\boldsymbol{u})] \tag{4-22}$$

式中,$R_v$ 为速度耦合响应函数。

Levine 等人对上式验证和调整经验模型中的参数做了大量的工作。Levine 和 Baum 提出质量流率的扰动由 $F(\boldsymbol{u}) = |u'|$ 和 $\dot{m}'_{pc}$ 产生,其中 $F(\boldsymbol{u}) = |u'|$ 代表速度的大小的依赖性,$\dot{m}'_{pc}$ 由压强耦合响应函数 $R_p$ 得到。Burnley 和 Culick 在 1997 年基于上述经验模型提出非线性响应函数应包含速度耦合。Ananthkrishnan 等人在 2002 至 2004 年的工作中针对依赖于总体动力学函数的方程对进行分析,似乎表明速度的绝对值,出现在一个简单的速度耦合模型中,会产生一个亚临界值。在响应的动力学敏感性方面,速度耦合明显大于压强耦合。

## 4.3 本章小结

本章介绍了一些测量压强耦合响应函数的实验方法,详细介绍了基于 T 型燃烧器法的增益和阻尼测量方法,为读者更为深入的理解推进剂燃烧响应、开展实验测量提供参考。目前对速度耦合研究很不够,近年来也未见新的报道,说明无论是理论还是实验上均存在一些难以克服的困难,但是速度耦合响应对非线性特性,特别是平均压强上升的影响值得引起重视。

# 第5章　涡脱落与声涡耦合

固体火箭发动机中的涡脱落与发动机内部的流动状态和几何结构相关。在战术发动机中，涡脱落是形成燃烧不稳定的主要诱因，在分段发动机中，涡脱落与结构声之间的耦合是压强振荡的决定因素。本章简要介绍涡脱落的产生、声涡耦合机理以及声涡耦合的实验研究情况。

## 5.1　固体发动机中的涡脱落现象

固体火箭发动机燃烧不稳定问题包括众多增益和阻尼因素。发动机燃烧室中的非稳态运动导致的涡脱落是分段发动机压强振荡的主要诱因，而战术发动机的转角涡脱落也容易诱发燃烧不稳定。

### 5.1.1　声涡耦合问题的提出和解释

1973年，Flandro和Jacobs一起首次通过声能平衡理论将流动方程分解为涡和声两部分进行研究，指出流动经过障碍物时形成的旋涡脱落会将部分平均流能量转化为声能，从而产生声能增益，这是最早提出的旋涡运动可能引起燃烧室压强振荡的理论解释，具有开创性意义。研究者根据这一理念，在后续工作中采用试验、数值和理论推导等方法对声涡耦合问题开展了一系列的研究工作。

此后，Flandro和Chung等人从线性稳定理论的角度分析了旋涡运动作为发动机的额外声源，试图将旋涡表述为与其他影响因素相似的形式，例如压强耦合函数，以便在线性稳定性理论中加入旋涡的影响，这是对发动机线性稳定性理论预测方法的一次有益尝试。但由于旋涡运动的复杂性，定量对声涡耦合现象进行表述和预测还十分困难。Vuilllot根据Flandro提出的理论，将稳定性理论应用在旋涡脱落分析中，并对Ariane 5的固体火箭助推器进行了研究，试图寻找一种合适的表示旋涡增益作用的附加项，这对旋涡脱落在燃烧不稳定中的认识又加深了一步。Brown等人应用声平衡方法研究旋涡流动对发动机的影响，在稳定性分析过程中也试图引入旋流项对旋涡脱落现象的作用进行描述。

美国的Mason和Folkman通过试验研究发现，旋涡脱落会引起航天飞机大型固体助推器的压强振荡现象，并且振荡频率与发动机声腔轴向基频吻合。Brown等人进行的缩比发动机热试试验时发现，当脱落涡频率接近燃烧室声场某一阶固有频率时，周期性的流动分离将产生显著的压强振荡及声模态转换。分析认为，这是因为在固体火箭发动机工作过程中，随着燃面的退移，燃气流速将逐渐变小，当脱落涡频率偏离某一阶固有频率时振荡消失，此后当脱落涡的频率接近燃烧室声场的另一阶固有频率时振荡再次出现。Culick和Magiawala，Dunlap的实验结果同样得到了类似的结论，即障碍物后的旋涡脱落频率与燃烧室声场固有频率接近时会引起压强振荡现象。

Dotson 等人在研究 Titan IV 固体发动机上面级 SRMU 的压强振荡时发现，该大型分段装药发动机在试验中出现了明显的压强振荡现象，且振荡频率随发动机的工作过程出现跃迁，分析认为分段装药之间的凹腔导致了旋涡脱落和旋涡撞击喷管与声腔频率耦合并维持了自激振荡现象。此外，他们还运用 Rossiter 方程进行了定量表示，合理解释了压强振荡和频率跃迁现象的发生，结果表明分段处的旋涡脱落引起的局部振荡与燃烧室声腔固有频率发生了耦合，随着燃面退移，分段间凹腔长度增加，旋涡运动频率变化从而引起了频率跃迁现象。由于 SRMU 发动机分段装药间没有采用绝热环，不形成突出的障碍物。因此，凹腔处形成的声涡耦合现象更接近于转角涡脱落引起的压强振荡问题。

### 5.1.2 旋涡脱落的分类和研究现状

从早期 Flandro 对发动机中流动不稳定驱动压强振荡的研究开始，随着国外大型固体火箭发动机的研制，开展了大量的旋涡脱落及声涡耦合问题的研究。在美国的航天飞机固体助推器和 Titan 助推器的研制过程中，发现旋涡脱落现象驱动了与发动机声腔轴向基频相耦合的压强振荡。Dunlop 等人的研究工作指出，大型分段发动机中的绝热环突出造成旋涡脱落现象并导致了发动机内压强振荡的形成。这种现象同样出现在欧洲 Ariane 5 固体助推器的研制过程中。通过这些大型固体发动机的研制，研究者对旋涡脱落引起的压强振荡问题的认识也越来越全面。

根据固体火箭发动机采用的装药结构特点不同，可以将燃烧室中的旋涡脱落现象分为三类（见图 5-1），分别为障碍涡脱落（obstacle vortex shedding）、表面涡脱落（surface vortex shedding）及转角涡脱落（corner vortex shedding）。转角涡脱落形成于燃烧室中的转角结构，一般出现在前柱后翼型装药翼槽燃尽的情况下；障碍涡脱落一般形成于流场中具有突出结构的部位，如大型分段发动机分段装药间的绝热环处；而表面涡脱落是由于推进剂燃烧产物加质方向与燃气主流方向垂直，由充分发展后的边界层卷起形成的，一般也多见于大长径比的发动机燃烧室中。当然，这三种旋涡脱落之间并不是完全孤立的，如果燃烧室结构和流动状态允许，可能同时存在两种甚至三种旋涡脱落现象。

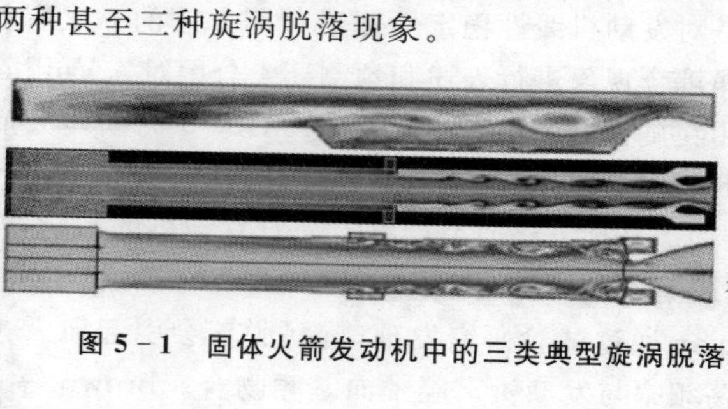


**图 5-1 固体火箭发动机中的三类典型旋涡脱落现象**

**1. 障碍涡脱落**

由于工艺和运输能力限制，航天器助推器等大型固体火箭发动机多采用分段式装药，一般在分段间加入限燃层以满足内弹道要求。由于限燃层耐烧蚀，随着推进剂燃面退移，分段装药间的限燃层会突出于流场中形成障碍物。因此，障碍涡脱落现象是大型分段式固体火箭发动机难以避免的问题之一。

Culick 等人在试验中采用成对的绝热环模拟相邻装药的端面包覆，用以研究障碍涡脱落现象，结果表明单个绝热环能够对管道中的声振荡产生增益的概率较低。但是印度的 Karthik 等人的冷流试验却证明单绝热环能够引起压强振荡，他们还对绝热环厚度的影响进行了研究，得到了厚度对压强振荡的影响关系，并且在冷流试验中还观察到了明显的频率跃迁即“锁频”现象。Stubos 等人的研究发现，只要绝热环之间的距离小于上游绝热环引起流动振荡的恢复区域长度，流动对声扰动将产生增益作用。Dunlap 等人开展了涡脱落致压强振荡试验研究，发现当涡脱落频率接近声场固有频率时，周期性的流动分离将产生显著的压力振荡，并且绝热环与声波的相对位置是影响流动不稳定的重要参数之一。

Ariane 5 P230 助推器是障碍涡脱落引起燃烧不稳定现象的一个典型代表，VKI（Von Karman Institute for Fluid Dynamics）实验室针对其缩比模型进行了大量的冷流试验研究。Anthoine 等人设计了一个 P230 的 1/15 缩比实验器，测试了障碍物的高度与两个障碍物之间的距离之比 $h/L$ 与压强波动的关系，发现当 $h/L$ 的值在 10～12 范围时引起的压强波动最大，这个准则一直被用在之后的实验器设计上。

为了进一步研究流－声耦合、旋涡与喷管的相互作用，Anthoine 等人又设计了一个 1/30 的缩比实验器，研究了四种不同喷管构型对压强振荡和 Strouhal 数的影响，发现潜入喷管空腔结构对压强振荡的影响很大。之后又针对空腔体积与共振强度之间的关系进行了研究，发现当实验器使用潜入喷管构型时，振幅的绝对值随潜入喷管空腔体积的增大而升高。研究表明潜入式空腔相当于一个谐振腔，上游脱落旋涡流经潜入式空腔入口时形成垂直于交界面的速度脉动，因而增强了压强振荡。该结论具有一定的普适性，适用于解释含有潜入式喷管结构发动机中旋涡脱落引起的压强振荡的放大现象。

在 1989 到 1990 年间，ONERA 根据 Ariane 5 P230 设计了一个 1/15 的缩比发动机，命名为 LP3 系列。为了避免金属粒子的影响作用，LP3 系列试验采用的都是不含金属粒子的推进剂，共选择了五种装药形式，如图 5－2 所示，图中涂黑方块部分为金属材料，模拟实际发动机中的绝热层包覆结构。此构型的装药内通道并未考虑到装药的锥度问题，潜入喷管曲线也不是按照真实发动机严格缩比的，为了便于二维计算，第一段装药也未采用实际发动机中的星型结构（除了构型 E）。共进行了 10 次点火试验，试验发现在 LP3 的 D 和 E 构型中测得明显的一阶振荡，而其他构型中只有部分能测得三阶振荡。通过 LP3D 的实验结果发现了表面涡脱落在燃烧不稳定中的重要作用。

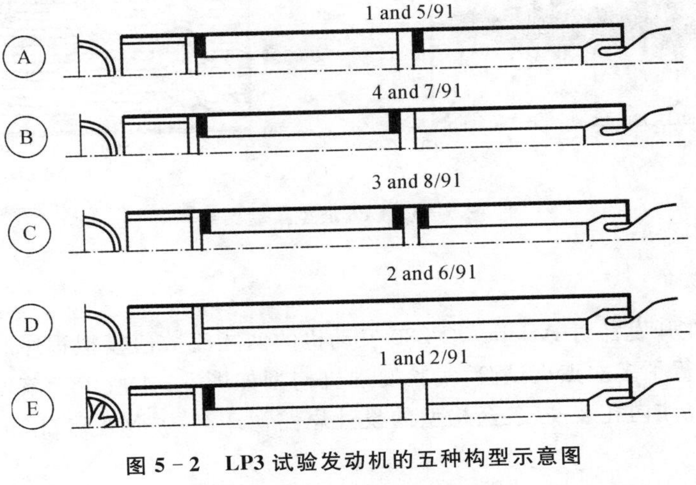


**图 5－2　LP3 试验发动机的五种构型示意图**

**2. 表面涡脱落**

相比于障碍涡脱落，纯粹针对表面涡脱落开展的实验研究相对较少，比较经典的试验为1998年Avalon等人针对VECLA实验器进行的冷流试验和数值模拟研究，试验研究发现流动不稳定所能放大的频率段取决于通道高度和气流喷射速度。若该频率段包含通道的某一轴向声振模态，则产生共振，若不包含则下游流动转变为湍流。此后，Avalon于2000年使用PILF技术对VECLA中的旋涡运动进行了研究，但也只能获得旋涡存在的证据，无法获得旋涡脱落频率的相关信息。同年Jankowski等人对表面涡脱落与声场之间的耦合作用进行了理论分析，建立了包含声学及旋涡运动在内的控制方程。

VKI的Anthione等人针对Ariane5 P230的缩比实验器，通过径向喷气，对表面涡脱落开展了冷流试验研究，试验表明通过多孔介质的径向喷射能够模拟理论上的Taylor流以及燃烧环境。研究发现流动在到达某一轴向位置前一直保持稳定，随后在下游变得不稳定，且表现出一定的频率，该频率随着距离的增大而变化。当共振发生时，实验器中出现了一阶声模态，这表明出现了表面涡脱落引发的流动不稳定现象。

LP3系列试验取得了很大的成功，虽然只是得到了一些较为初步的结果，但无疑是指明了接下来的研究方向，因此继LP3之后，又开展了以LP6命名的一系列点火试验，主要针对LP3的D和E两种构型，同时考虑到了装药内通道的锥度问题，潜入喷管曲线也更接近于真实的Ariane 5 P230发动机。Fauga-Mauzac推进实验室共进行了35次LP6热点火试验。在发动机工作6～8s之间出现了类似于全尺寸发动机的压强振荡现象（见图5-3），振荡频率为300Hz，这与燃烧室声腔一阶轴向固有频率相耦合，表明表面涡脱落是无绝热环和不使用含金属的推进剂发动机中燃烧不稳定的主要触发因素。

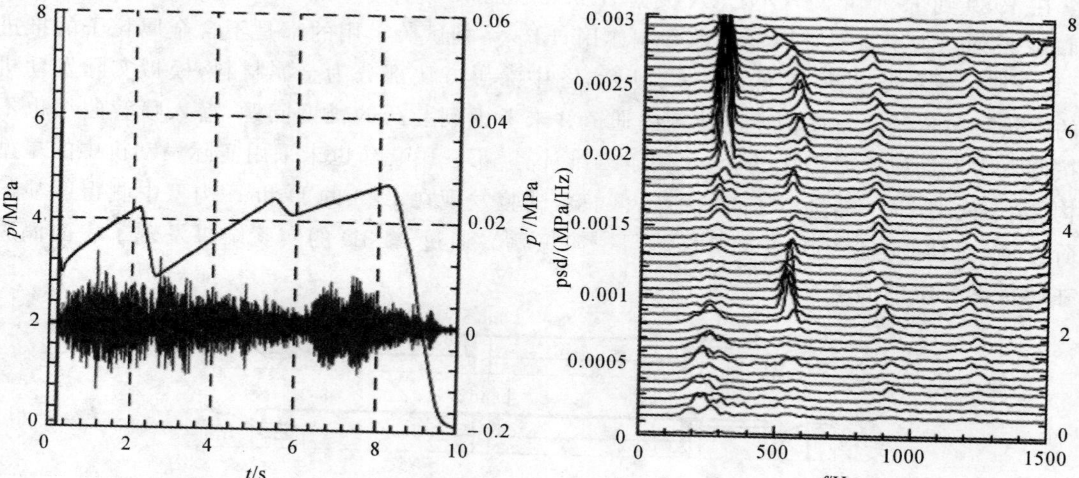


**图5-3 LP6典型实验结果**

**3. 转角涡脱落**

法国研究者在开发针对Ariane 5 P230发动机的两相流数值模拟程序时设计了一种实验发动机C1x，并进行了多次点火试验，实验发动机构型如图5-4所示。该发动机在燃烧室前半部分采用贴壁浇注内孔装药，装药构型的设计思路源于名为“MAVOT”的由转角涡脱落引起压强振荡的计算构型。推进剂构型使得装药末端具有轴对称结构的后向台阶，在发动机工作过程中可能会形成典型的转角涡脱落现象。热试试验时燃烧室内出现了明显的压强振荡现象，随着燃面退移压强振荡频率由高阶向低阶频率跃迁。

Lupoglazoff 和 Vuillot 采用二维数值模拟的方法对燃烧室中的转角涡脱落现象进行了研究，结果表明后向台阶结构下游形成了典型的转角涡脱落现象，脱落旋涡向下游对流并撞击喷管，引起了与燃烧室声腔轴向固有频率耦合的压强振荡。但二维数值模拟方法与试验获得的压强振荡频率和振幅都存在较大的偏差。

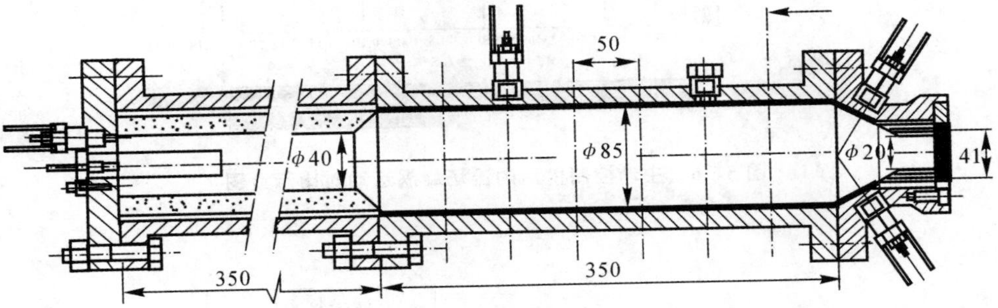


**图 5-4　C1x 实验发动机构型示意图**

Mettenleiter 和 Vuillot 等人还开展了 C1x 模型实验器的主动控制研究，为达到主动控制的目的，在发动机头部以及转角处加入驱动装置（见图 5-5），结果表明运用与发动机中压强振荡相关的反噪声控制方法可以有效削弱声反馈过程（见图 5-6），同时转角涡脱落现象也被削弱。但实际工程应用中在发动机内设置主动控制装置是难以实现的。

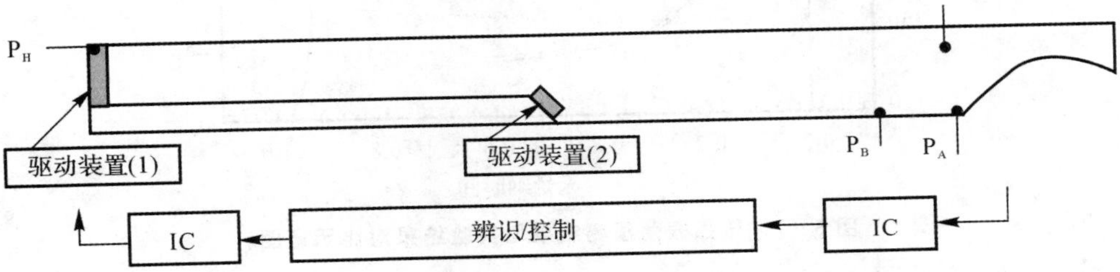


**图 5-5　主动控制系统示意图**

台湾中山技术研究院的吴文俊（音译）等人对某战术固体火箭发动机中由涡脱落引起的压强振荡现象进行了数值研究，该发动机前半部分采用内孔装药，并具有翼槽结构，因此在燃烧过程中会在推进剂后缘形成转角涡脱落现象。文中通过经验公式对旋涡脱落频率和声腔频率进行估算，当二者接近时会出现明显的压强振荡现象，结果与实验结果吻合较好（见图5-7）。台阶前长度为声腔轴向长度 1/4 构型计算得到的固有频率对压强振荡影响最大，但由于燃烧室声频率是一个综合作用的结果，台阶前的声腔频率并不会单独表现出来，因此该结论的普适性还需要进一步验证。

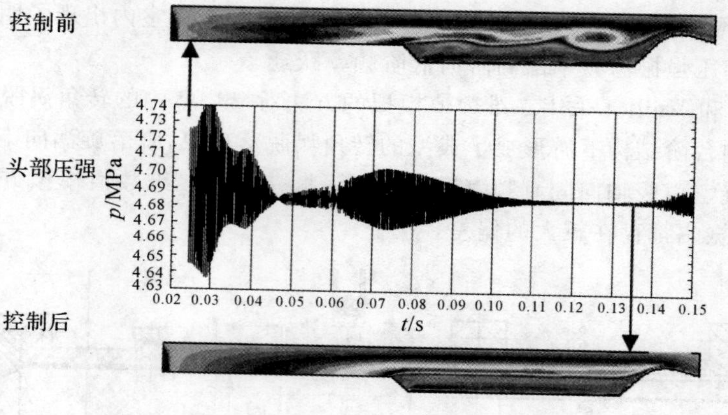


**图 5-6　主动控制前后的流场旋涡运动对比示意图**

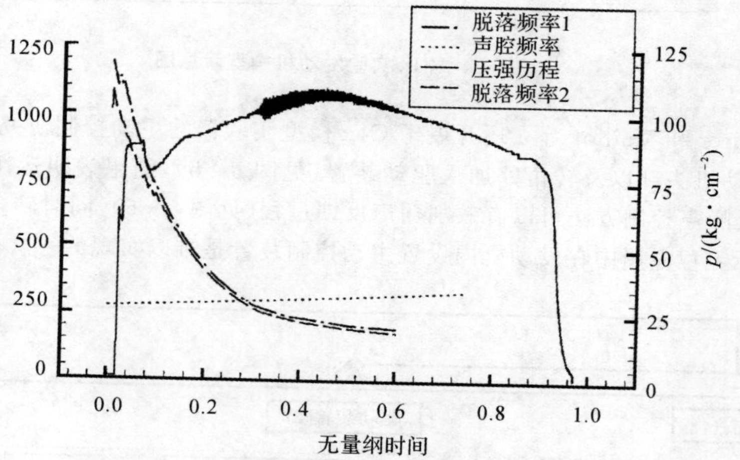


**图 5-7　压强振荡预测结果与实验结果对比示意图**

# 5.2　旋涡的产生与演化过程

## 5.2.1　固体火箭发动机中的旋涡脱落现象

对于一般的固体发动机燃烧室内流场而言，虽然主流 $Ma$ 较低可近似为不可压流，但由于侧向加质以及复杂装药结构的影响，流动状态仍然是以湍流流动为主。湍流场通常是一个复杂的非定常非线性动力学系统，流场中充满着各种大小不同的涡结构。湍流流动的随机性以及旋涡的不断产生、发展、合并和破碎使得对流动现象的理解、预估和控制变得十分困难。尤其对于燃烧室中存在不连续结构如台阶、障碍物的情况，剪切层更容易分离从而形成明显的旋涡结构，如图 5-8 所示，台阶下游由于速度差和回流的影响，产生了明显的旋涡脱落过程。

**图 5-8　相干结构示意图**

从图 5-8 中可以观察到，各种旋涡之间有很大的尺度差别，小尺度的旋涡随机性更大，而大尺度的旋涡具有一定的规律性，因此称这些存在于湍流场中具有规律性的旋涡结构为相干结构(coherent structure)。相干结构的发现是对多年来认为湍流是随机运动认识的补充，尤其是大尺寸旋涡运动具有重复性规律的这一研究结果。对于存在转角结构的发动机而言，上述分析在理论上指明了研究大尺度旋涡的可行性。同时还需指出，湍流中的相干结构尽管有规律，但并非是完全确定的结构，即使规律运动的大尺度旋涡之间在形状、位置间距、增长和破碎等方面也是不完全相同的。相干结构仅是湍流场中可分离出的具有规律的一部分，因此在研究转角涡脱落时可以通过大量的试验及数值模拟获得一般的统计规律，但并没有能力得到某一时刻、某一条件下旋涡的特定结构和出现位置等。

在固体火箭发动机中存在三种类型的旋涡脱落形式，如图 5-1 所示，分别为转角涡脱落、障碍涡脱落以及表面涡脱落。三种类型的旋涡都是湍流大尺度相干结构，但形成机制各不相同。

转角涡脱落出现在燃烧室内装药存在转角的构型中，一般多见于战术发动机，面积突变引起剪切流动形成涡脱落。障碍涡脱落和表面涡脱落一般存在于大长径比分段发动机中。障碍涡脱落源于突起物对流动的扰动，而表面涡脱落源于流动的本质不稳定。

### 5.2.2　旋涡脱落的表征方法

旋涡脱落是受流动参数和结构参数等众多因素影响的复杂现象，上文中已经对其现象进行了描述，这里希望进一步对其建立数学化的描述方法，为研究转角涡脱落规律提供依据。目前，一般采用 Strouhal 数描述旋涡脱落，V. C. Strouhal 在研究开放空间气体流经导线产生旋涡脱落和发声问题时最早提出了 Strouhal 数的概念：

$$St_1 = fd/U \qquad (5-1)$$

式中，$f$ 是旋涡脱落频率；$d$ 是导线直径；$U$ 是气体与导线的相对速度。研究表明 Strouhal 数是 Reynolds 数和导线几何特性参数的函数。

Strouhal 数的意义在于将旋涡脱落频率与流动参数和结构参数联系了起来，为研究旋涡脱落规律提供了一个有效的无量纲数。因此，根据采用的流场结构参数和流动参数的不同，Strouhal 数可以具有多种形式，而哪种表达式更合理则需要根据所研究的问题特点进行选择。

美国研究者对 Titan 发动机等大型运载固体火箭助推器中的旋涡脱落导致压强振荡进行了大量研究，其中包括流场中具有单个和成对绝热环的冷流试验，结果表明，流场中的障碍物（绝热环）之间存在旋涡主动配对现象，压强振荡的声频率会随着平均流速度增加而出现跃迁，通过测量得到了声频率与平均流速度的比值 $f/U$ 为常数。因此对于大型分段发动机燃烧室结构而言，可以采用以下形式的 Strouhal 数进行分析：

$$St_2 = fD/U \tag{5-2}$$

式中，$f$ 是旋涡脱落频率；$D$ 是绝热环内径；$U$ 是主流燃气速度。

选择上述 Strouhal 数形式是由于在分段发动机中，绝热环的存在对压强振荡的形成至关重要，由于流场中绝热环的出现造成剪切层的不连续性进而出现涡脱落现象，大长径比发动机中障碍涡脱落的形成往往会导致与声场一阶轴向声模态耦合的压强振荡。

旋涡脱落现象的物理本质是流动剪切层的失稳问题，从气体动力学的角度出发，Strouhal 数可以采用与剪切层特性参数相关的表达形式：

$$St_3 = f\delta/\Delta U_e \tag{5-3}$$

式中，$f$ 是旋涡脱落频率；$\delta$ 是剪切层厚度；$\Delta U_e$ 是剪切层速度差分。具有速度拐点的剪切层是不稳定的，对于所有的来流 Reynolds 数条件，在很大频率范围内存在一个临界 Strouhal 数。

对于封闭空腔，尤其是固体火箭发动机燃烧室，一些结构参数也需要考虑进来，因为这些参数往往是与声涡耦合现象密切相关的。首先要考虑的是燃烧室的直径 $D$ 和长度 $L$，这两个参数与燃烧室的声模态以及平均流速度都密切相关；此外对于封闭空腔而言，还要考虑另一个新的长度尺寸 —— 旋涡运动距离 $l$，即旋涡形成处到下游撞击点之间的距离。因此引出另一个 Strouhal 数的表达式：

$$St_4 = fl/U$$

式中，$f$ 是旋涡脱落频率；$l$ 是旋涡运动距离；$U$ 是平均流速度。

旋涡运动距离 $l$ 可以是分段发动机两个绝热环之间的距离，也可以是最后一个绝热环到喷管旋涡撞击处的距离。之所以在 Strouhal 数定义中选择该结构尺寸，是因为在声不稳定问题中，旋涡脱落和撞击形成的声反馈循环过程是引起压强振荡的重要原因之一。因此 $St_4$ 在一些大型分段发动机的研究中也常被采用。

由于旋涡脱落和运动的复杂性，目前仍然没有十分满意的定量分析方法，无量纲 Strouhal 数的引入弥补了这一不足，但由于影响因素众多，需要根据最主要的影响因素而选择合适的 Strouhal 数进行研究，有时还需将几种表达方式相互结合。

## 5.3 涡声理论

波和涡是两个很不相同却又密切相关的现象，波可以在涡中传播和发展，因此涡成为流体中非线性波演化的一类特殊环境。边界层稳定性理论实际上就是研究涡波在层状涡中形成、放大以及与主涡相互作用的过程。湍流中的涡运动和相互作用可以分解出宽频率的 Fourier 分量，这表明湍流中存在复杂的波过程。可见，波和涡之间存在非定常、非线性的相互作用，彼此可以互相转化、互相调控。而声作为波的一种重要形式，其与涡间的耦合规律和调控作用正是声涡耦合研究的重点。对于声涡相互作用，发展得较为深入的是涡发声这一方面，而声对涡的调制作用则研究得相对较晚。

固体火箭发动机声不稳定问题一般是指燃烧室声腔的固有频率与燃烧室内流动和燃烧过程相耦合引起的压强振荡现象，因此声-涡耦合机理中的“声”指的是声腔的固有属性，即燃烧室的声模态；而涡声理论中的“声”指的是声波，是流体内旋涡运动自发形成的声现象。当流体与流体或者流体与固体之间存在相对运动时就会发出声波，在低马赫数的非定常涡运动是流体唯一的声波源。下面从最基本的 Navier-Stokes 方程开始对旋涡发声问题进行理论解释。

单位体积的 Navier-Stokes 方程为

$$\frac{\partial \boldsymbol{u}}{\partial t}+\boldsymbol{\omega}\times\boldsymbol{u}-T\nabla s-\boldsymbol{f}=\nabla(-h_0+\upsilon'_0\vartheta)-\upsilon_0\nabla\times\boldsymbol{\omega} \tag{5-4}$$

式中，$\boldsymbol{u}$ 为速度矢量；$\boldsymbol{\omega}$ 为涡量；$T$ 为绝对温度；$\boldsymbol{f}$ 表示体力；$s$ 表示单位质量的比熵；$h_0$ 表示焓；$\upsilon_0$ 表示运动黏性系数的恒定参考值；$\vartheta$ 表示胀量。

对式(5-4)直接求旋度，则得

$$\frac{\partial \boldsymbol{\omega}}{\partial t}+\nabla\times(\boldsymbol{\omega}\times\boldsymbol{u}-T\nabla s)=\nabla\times\boldsymbol{f}+\upsilon\nabla^2\boldsymbol{\omega} \tag{5-5}$$

式(5-5)为涡量动力学方程，对应着流体运动的剪切过程。

对式(5-4)直接求散度，则得

$$\frac{\partial \vartheta}{\partial t}+\nabla\cdot(\boldsymbol{\omega}\times\boldsymbol{u}-T\nabla s)=\nabla\cdot\boldsymbol{f}+\nabla^2(-h_0+\upsilon'\vartheta) \tag{5-6}$$

式(5-6)为胀压动力学方程，对应着流体运动的膨胀和压缩过程。

在胀压方程中忽略黏性 $\upsilon'$，忽略体力 $\boldsymbol{f}$，则由式(5-5)可化简为

$$\frac{\partial \boldsymbol{\omega}}{\partial t}+\nabla\times(\boldsymbol{\omega}\times\boldsymbol{u}\times-T\nabla s)=\upsilon\nabla^2\omega \tag{5-7}$$

由式(5-6)可化简为

$$\frac{\partial \vartheta}{\partial t}+\nabla\cdot(\boldsymbol{\omega}\times\boldsymbol{u}-T\nabla s)=-\nabla^2 h_0 \tag{5-8}$$

对于完全气体，根据连续性方程的热力学形式，可以获得

$$\frac{\partial \vartheta}{\partial t}=-\frac{D}{Dt}\left(\frac{1}{c^2}\frac{Dh_0}{Dt}\right)-\frac{\boldsymbol{a}}{c^2}\cdot(\boldsymbol{\omega}\times\boldsymbol{u}-T\nabla s-\nabla h_0)+\frac{1}{R}\left(\frac{\partial}{\partial t}+\frac{1}{\gamma}\boldsymbol{u}\cdot\nabla\right)\frac{Ds}{Dt}+\frac{1}{c^2}\left(\boldsymbol{a}-\frac{\partial \boldsymbol{u}}{\partial t}\right)\cdot V+\frac{D}{Dt}\left(\frac{\boldsymbol{u}}{c^2}-\frac{\mathbf{V}}{\rho}\right) \tag{5-9}$$

式中，$\boldsymbol{a}$ 表示加速度；$\gamma$ 表示比热比；$R$ 表示完全气体常数；$\mathbf{V}$ 包含所有的黏性项。

胀压过程忽略黏性，因此忽略式(5-9)中后两项，并代入式(5-8)，则可得：

$$\left[\frac{D}{Dt}\left(\frac{1}{c^2}\frac{D}{Dt}\right)+\frac{\boldsymbol{a}}{c^2}\cdot\nabla-\nabla^2\right]h_0=\left(\nabla-\frac{\boldsymbol{a}}{c^2}\right)\cdot(\boldsymbol{\omega}\times\boldsymbol{u}-T\nabla s)+\frac{1}{R}\left(\frac{\partial}{\partial t}+\frac{1}{\gamma}\boldsymbol{u}\cdot\nabla\right)\frac{Ds}{Dt} \tag{5-10}$$

式(5-7)和式(5-10)则构成了无黏胀压—黏性剪切的理论描述。

对于低马赫流动而言，流场中熵的变化可以忽略不计，因此式(5-10)可以简化为

$$\left[\frac{D}{Dt}\left(\frac{1}{c^2}\frac{D}{Dt}\right)+\frac{\boldsymbol{a}}{c^2}\cdot\nabla-\nabla^2\right]h_0=\left(\nabla-\frac{\boldsymbol{a}}{c^2}\right)\cdot(\boldsymbol{\omega}\times\boldsymbol{u}) \tag{5-11}$$

式(5-11)的左边是包含对流效应的双曲波动算子，反映总焓 $h_0$ 在运动流体中的传播，右

边则表示声源，表明涡量是低马赫数下唯一的声波源。

转角涡脱落及声涡耦合是各种作用机制共同影响的复杂问题，上述推导表明旋涡运动能够发出声波，这是流体气动声学产生扰动的一种重要形式。除此之外，转角涡脱落和旋涡撞击喷管的现象同样会在流体内部形成强烈的扰动源，当以上这些扰动源的扰动频率与燃烧室声腔的某阶固有频率一致时就会引起共振，最终导致强烈的压强振荡现象。旋涡与声模态之间的耦合关系其实就是流体剪切过程与胀压过程之间的耦合，或者说，是流体剪切过程引起的胀压变化。对于激发声腔固有属性发生共振而言，规律的旋涡运动对应的剪切过程充当了激发源的角色，这便是声-涡耦合引起压强振荡机理的本质。

从旋涡发声的角度同样可以证明在湍流状态下，影响动量和热量交换的主要是大尺度运动而不是小尺度运动，大尺度的拟序结构对应着规律的胀压过程（声波），而小尺度的随机旋涡对应着杂乱无章的背景噪声。因此，大尺度拟序结构的影响较大，这也是大尺度拟序结构一直是湍流研究重点的原因。

## 5.4 声涡耦合机理

在航空航天领域中，剪切流动与周围系统的声场二者相耦合的现象往往会引起大振幅的流动发声现象。声涡耦合引起的声反馈过程一般可分为以下四个部分：

（1）剪切层形成波的扰动或不稳定，如射流喷管；

（2）不稳定波向下游传递且振幅增长；

（3）下游旋涡或涡层产生反馈形成扰动；

（4）反馈形成的扰动向上游传播，激发剪切层等易接收反馈的部分，从而完成整个声反馈过程。

其中，反馈现象包括声学、弹性、气动声学三种。这里主要讨论声学的反馈现象，声学扰动有以下形式：

（1）流动和表面相互作用发声，即不稳定波向下游传递并撞击边、壁面或激波；

（2）周围系统的声场反馈。

因此，声反馈过程包括：剪切层形成不稳定波；不稳定波的对流和增长；不稳定波或流动与周围系统结构声场相耦合形成扰动反馈；二次形成的扰动与初始不稳定波耦合，最终完成整个反馈过程。

Dotson 等人在研究 Titan IV 发动机 SRMU 的声涡耦合现象时，采用 Rossiter 方程对声反馈循环进行数学表征：

$$mT = L/kU + L/(c - U) + \Delta t \tag{5-12}$$

式中，$T$ 是旋涡脱落周期；$L$ 是剪切层形成至旋涡撞击点之间的距离；$U$ 是自由流速度；$c$ 是声速；$k$ 是无量纲的经验常数，表示旋涡运动速度与自由流速度的比值；$\Delta t$ 表示旋涡撞击产生扰动的时间滞后；$m$ 表示 $L$ 长度上的离散旋涡数。

式(5-12)描述了一个从旋涡脱落、向下游对流、撞击下游障碍物产生扰动，扰动前传引起剪切层持续不稳定的整个声反馈过程。转角至喷管间形成 $m$ 个旋涡脱落所需周期等于旋涡对流时间、旋涡撞击障碍物产生扰动的滞后时间和扰动前传时间之和。对于转角涡脱落引起的声涡耦合现象可由图 5-9 表示。

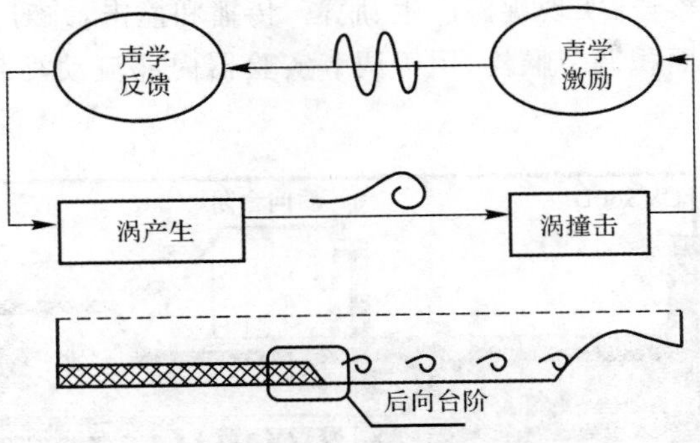


**图 5-9　转角涡脱落引起的声反馈循环示意图**

图 5-9 是对旋涡脱落-撞击引起的声反馈循环过程的理论描述，由于旋涡运动和声涡耦合问题的复杂性，应用数学模型式(5-12)需要进行一定的假设和简化，即脱落旋涡始终处于离散状态，相邻旋涡之间不发生合并现象，每个脱落旋涡最终都规则地撞击下游喷管。在真实发动机的流场中上述简化往往难以实现，在某些结构和流动条件下，台阶后缘剪切层失稳后首先形成密集的小尺寸脱落旋涡，之后旋涡合并增长，大尺寸旋涡撞击喷管较为规律；而另外一种情况则是，转角结构下游可以形成规律的大尺寸旋涡，但旋涡容易耗散，难以观察到撞击下游喷管的现象。可见，虽然声反馈循环理论已经在试验中得以证实，但对旋涡脱落和声涡耦合问题的定量表达仍然具有很大难度。

除了涡引起声之外，声场(或振荡压强场)对涡的形成也有影响。以转角涡脱落为例，涡脱落的形成源自于转角处前沿边界层的失稳，压强振荡对边界层的失稳也会产生影响，形象地说，就是边界层随压强振荡“起舞”，导致更规律的涡脱落产生。Kailasanath 采用大涡模拟的方法，研究模拟了冲压发动机突扩燃烧室中涡的产生和运动规律，其主流速度范围和压强振荡频率与固体发动机非常接近。在固定主流速度的条件下，通过改变模拟燃烧室长度而改变结构固有声频率，观察涡的运动规律以及与结构声之间的相互作用。研究发现，改变燃烧室长度对涡的形成和发展有非常明显的影响，涡的形成受到声场的强烈影响，涡的合并模式可能受到涡脱落频率和低频结构声之间相互作用的影响。研究结论认为，结构声场或外加声场对流场起到调制作用，影响涡的生成和发展。Vuillot 在固体火箭发动机涡脱落现象的综述中同样提到了结构声模式对涡的调制作用，说明声涡耦合一旦产生，就不容易被破坏。

# 5.5　冷流实验

## 5.5.1　实验系统

为了验证声—涡耦合机理，笔者所在的团队设计了转角涡脱落冷流实验器，内部结构如图 5-10 所示，主要由以下几部分组成：①进气段：与空气供给系统相连，并使得气流能够稳定和均匀；②多孔板：尽可能地隔断上下游的声波传播，使得能够获得确定长度的冷流实验器声腔；

③等直段：增加等直段的数量可以进行实验器的长度调节，从而可以实现对冷流实验器声腔轴向固有频率的调节；④观察段：实现旋涡产生、脱落、传播和撞击，并对该过程进行拍摄；⑤潜入式喷管段，包含喷管喉部面积调节喉栓，用于调节实验器内部流动马赫数，马赫数的设计调节范围为 0.029～0.23。

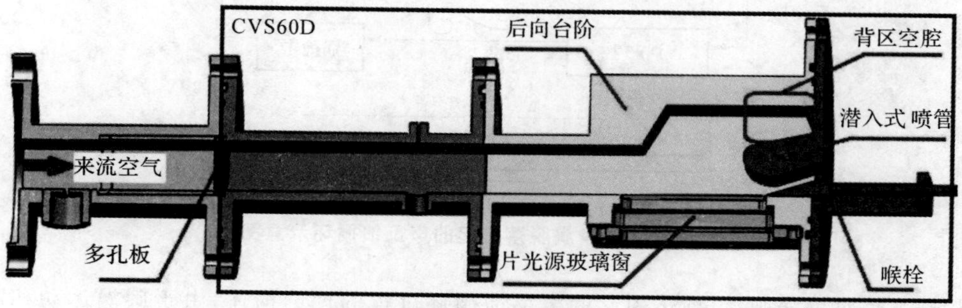


**图 5-10　冷流实验器内部结构图**

对实验器声模态开展数值模拟，假定流体是可压静止的，选择三维声学单元 FLUID30。介质属性设置为常温空气的固有属性，即密度$=1.293\text{kg/m}^3$，介质中声速为 340m/s。载荷设置中定义所有节点的位移为零，模态提取的频率范围为 0～2000Hz。计算显示冷流实验器的前四阶轴向固有频率分别 290Hz，624Hz，958Hz 和 1188Hz。

搭建的冷流实验系统如图 5-11 所示。使用压电式压强传感器 Dytran 2300V1 测量动态压强。使用的高速数字相机为 Phantom 4.3，采样频率可调 2999pps，并使用 1～10$\mu$m 的 $Al_2O_3$ 粒子作为示踪粒子。使用固体激光器，该类激光器发出连续激光，通过光导臂转换激光方向，由片光源转换装置将点激光转换为片光源，将该片光源照射在关心的流场区域，通过流场中粒子对激光的散射作用，在垂直于片光源的方向放置高速数字相机进行拍摄，便可以获得片光源照射二维流场区域内的旋涡运动情况。

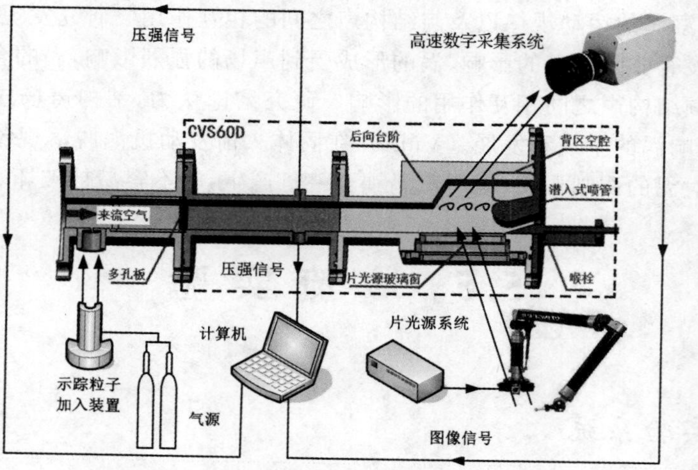


**图 5-11　冷流实验系统图**

## 5.5.2　声-涡耦合共振点实验

实验结果如图 5-12 所示，从图中可以看出：随着马赫数的逐渐增大，冷流实验器中依次出现了 313Hz 左右，641Hz 和 976Hz 的压强振荡，其中第三个频率的振幅最高。这三个振荡频率分别与冷流实验器的前三阶轴向固有频率 290Hz，624Hz 和 958Hz 接近。因此冷流实验器中依次了前三阶轴向声不稳定，且出现了明显的锁频现象，即在一小段马赫数范围内压强振荡的频率保持不变，锁定与之对应的实验器声腔某阶轴向固有频率。

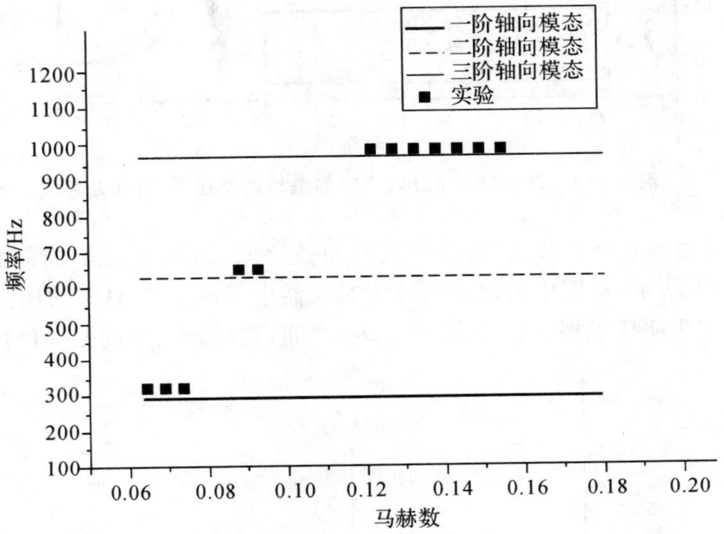


**图 5-12　压强振荡与来流马赫数关系图**

为了能够进行对比，从而更好地阐述实验现象，为后续的分析提供更多的数据信息，下面列举 2 个典型工况（其中一个工况中出现压强振荡，另一个工况中没有出现压强振荡）的静态和动态压强曲线及其 FFT 分析结果。

(1)在冷流实验中，压强振幅最高的工况对应的来流马赫数为 0.142，该工况下的静态压强-时间曲线以及动态压强-时间曲线如图 5-13 所示，图中两条光滑曲线分别为多孔板前和多孔板后的静态压强，有压强振荡的曲线为冷流实验器内的动态压强。从图中可以看出，在 A 点时刻空气气源开启，实验开始，冷流实验器内开始建立压强，动态压强曲线的 A 与 B 点之间的压强峰值为气源开启时产生的压强冲击，到 B 点时刻(15s 时刻)，平衡压强几乎建立完成，动态压强曲线宽度从 B 点开始逐渐增大，这表明开始出现压强振荡，且振幅近似为线性逐渐增大，到 C 点时刻(16s 时刻左右)之后，动态压强曲线宽度到达稳定，并持续到空气气源关闭，这表明此时刻压强振幅达到稳定，并持续到空气气源关闭，即为 D 点时刻(25s 时刻左右)。

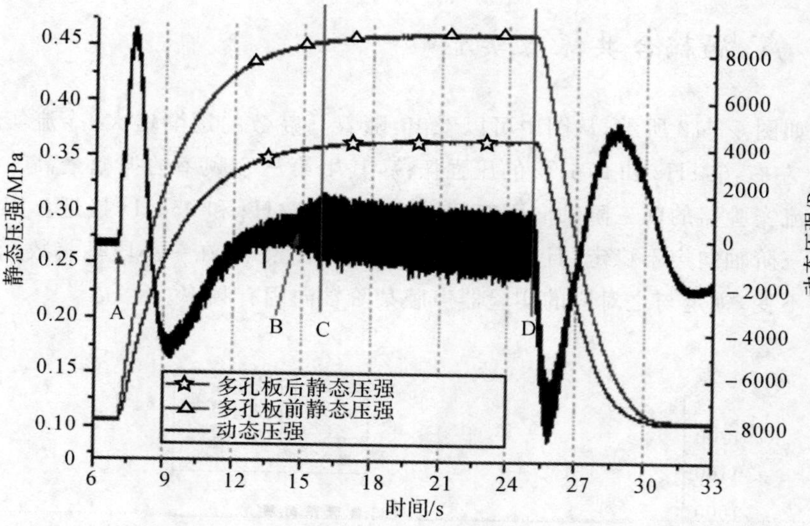


**图 5-13 马赫数为 0.142 3 时静态与动态压强-时间曲线**

针对图 5-13 中两条竖直线之间(即 C 点与 D 点之间)的动态压强-时间曲线进行 FFT 分析,结果如图 5-14 所示,从图中可以看出冷流实验器中出现了 976Hz 的压强振荡,振幅约为 1610Pa。可以确定表明压强振荡出现在 15～26s 之间,且压强振荡的振幅保持不变。

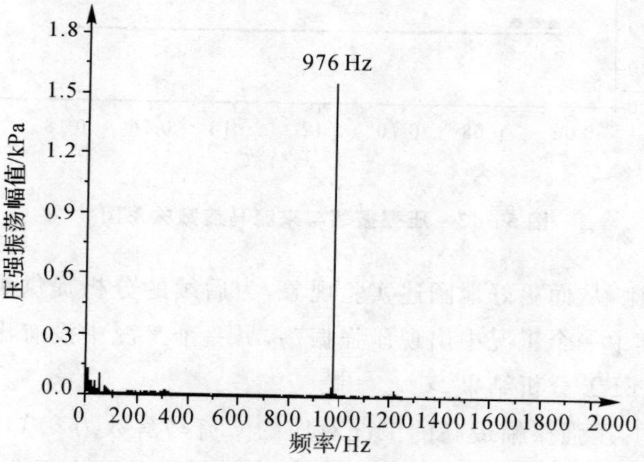


**图 5-14 马赫数为 0.142 的动态压强-时间曲线的 FFT 分析结果**

(2)对应来流马赫数为 0.162 时,静态压强-时间曲线和动态压强-时间曲线如图 5-15 所示。从图中可以看出,从 15s 时刻冷流实验器内的静态压强开始趋于稳定,而动态压强-时间曲线并未变宽,且一直保持到实验结束,这表明在此来流马赫数下,冷流实验器中并未出现压强振荡。针对实验器内建立稳定静态压强期间所对应的动态压强-时间曲线进行 FFT 分析,结果如图 5-16 所示,从图中也可以看出,冷流实验器中并未出现压强振荡。

根据冷流实验器声腔的有限元分析结果,第三阶轴向固有频率为 958Hz,而压强振荡的频率为 976Hz,两者非常接近,从而可以判断,冷流实验器中出现的压强振荡与声有关,属于声不稳定。此时需要确定对应工况下旋涡的脱落频率,只有三者相等,方能确定冷流实验器中的压强振荡为声-涡耦合产生的共振而引起的。下面将阐述使用流场高速显示技术所获得的冷流实验器中旋涡运动的研究结果。

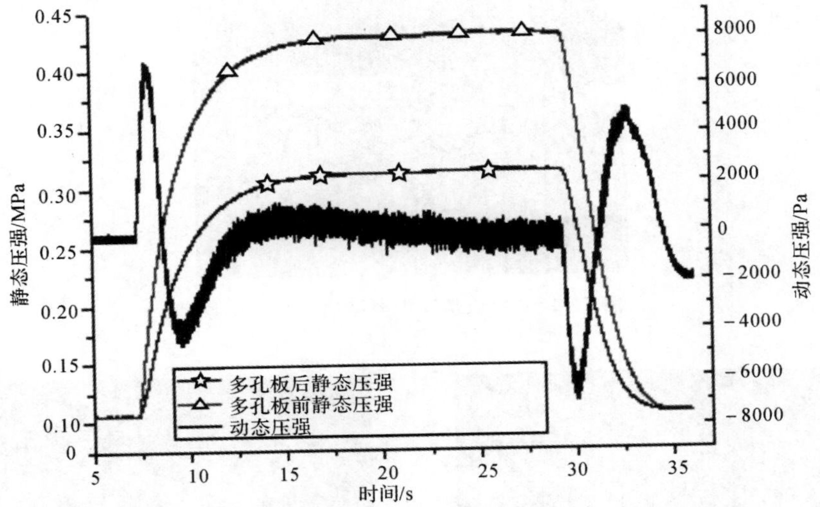


图 5-15　马赫数为 0.162 时静态与动态压强-时间曲线

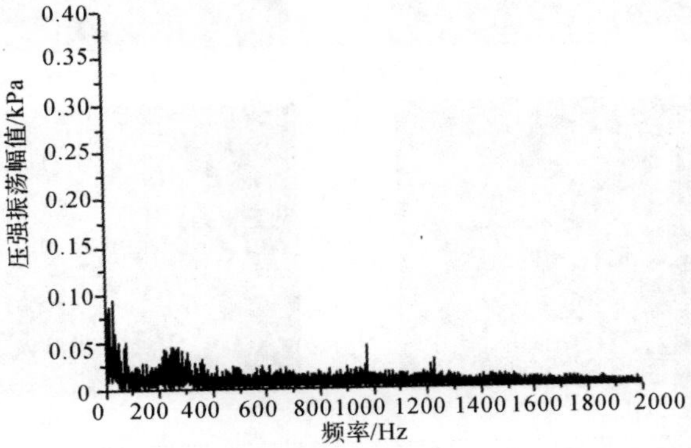


图 5-16　马赫数为 0.162 时动态压强-时间曲线的 FFT 分析结果

## 5.5.3　流场高速显示实验

为了便于后续分析，首先介绍一下关于旋涡的识别方法。如果示踪粒子的比例比流体介质的大，则离心力大于粒子上的压力差，粒子将向外偏移。粒子将被“甩”出，从而使得涡核附近处于近乎无粒子的状态，出现所谓的“黑洞”现象。冷流实验中典型的“暗区域”现象如图 5-17所示，此时“黑洞”现象即说明旋涡的存在。

马赫数为 0.142 时的旋涡运动如图 5-18 所示。从图中可以看出：在图 5-18(a)中椭圆处出现一个旋涡，经过 $3\Delta t$ 时间之后，几乎在同一位置又出现下一个旋涡，对应于图5-18(d)，从而可以得出旋涡的脱落频率大约为 968Hz，与之对应的压强振荡频率为 976Hz，实验器声腔的第三阶轴向固有频率为 958Hz，三者接近，因此可以认为此时压强振荡是由声-涡耦合引起的。

**图 5-17　冷流实验中典型的"黑洞"现象**

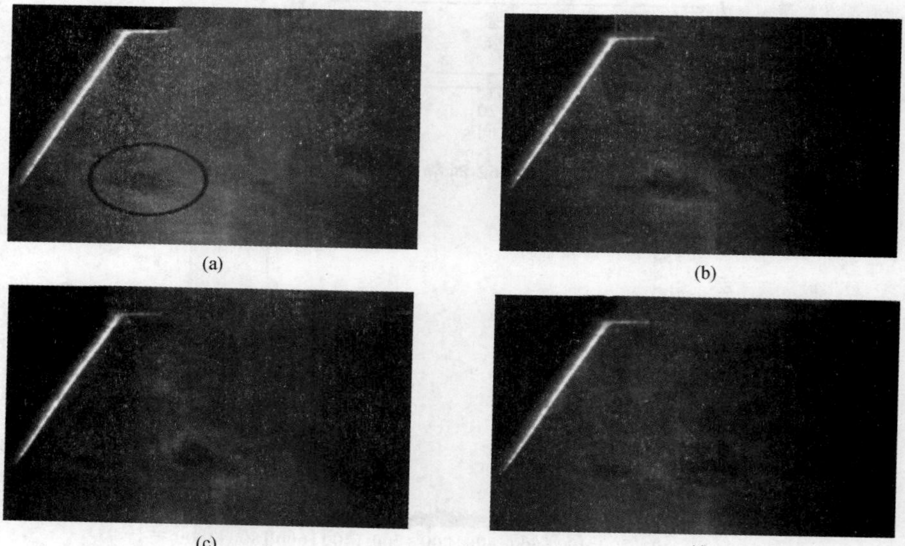

**图 5-18　旋涡脱落频率分析**

(a)$t_1$ 时刻；(b)$t_1+\Delta t$ 时刻；(c)$t_1+2\Delta t$ 时刻；(d)$t_1+3\Delta t$ 时刻

# 5.6　本章小结

本章介绍了固体火箭发动机的涡脱落现象，涡脱落的分类和研究情况，旋涡的产生与演化过程，并从涡声理论的角度分析了声源的产生，同时分析了声涡耦合机理以及声对涡的调制作用。简单介绍了关于声涡耦合的冷流实验，使读者对实验研究方法、声涡耦合现象、涡的产生与运动过程有更为形象的认识。声涡耦合的大涡模拟方法将在第 7 章中做专门的介绍。

# 第 6 章 发动机内部流动稳定性分析

分段发动机的结构尺寸大，用数值模拟的方法研究其流动稳定性往往需要数千万量级的网格，即使采用大型并行计算设备，也需要很长的计算周期。流动稳定性分析方法可大幅度降低计算成本，为预示流动不稳定的产生趋势提供一种可用的方法，是近年来国际上的研究热点。流动稳定性分析方法仅能获得流动失稳的条件，不能描述流动失稳后的进一步的发展，无法获得压强振荡的幅值。本章介绍 Taylor-Culick 流稳定性分析所采用的模型和方法，对可压和不可压两种情况开展分析。

## 6.1 概　　述

分段发动机可视为简单的圆柱形表面加质管道，可简化为 Taylor-Culick 流开展理论分析。Taylor-Culick 流用来模拟轴对称固体火箭发动机内的流场，对于其稳定性的研究在过去的 20 年成为固体火箭发动机燃烧不稳定领域的热点问题。流动在下游失稳产生的表面涡脱落可以与发动机燃烧室声模态发生共振，引起燃烧室内的压强振荡，这是大型分段固体火箭发动机内出现压强振荡的主要源头。

稳定性分析可分为局部稳定性分析和整体稳定性分析两大类。Griffond 采用局部非平行方法对轴对称 Taylor-Culick 流稳定性做了分析，得到了三维扰动下的不稳定模态和中性曲线，并与 Dunlap 的冷流实验做了比较，发现理论预估的特征函数与实验中扰动速度的分布很相似，而其不稳定频率与实验中出现的振荡频率有一些差别。

Chedevergne 利用整体稳定性分析方法对轴对称 Taylor-Culick 流稳定性做了研究，该方法直接计算扰动幅值函数，避免了局部稳定性分析方法中对扰动幅值函数的各种限制。计算得到的特征谱是离散的，同时也是时间稳定的，因此认为必须有外部的激励这些模态才会出现。理论计算的特征模态频率与冷流实验和小尺寸发动机试验结果一致。进一步，Chedevergne 对 8 种不同构型的小尺寸发动机工作过程中出现的压强振荡频率与理论结果做了比较，各种工况下都很一致。应用到真实大型分段固体发动机时，理论结果也准确地描述了压强振荡频率的变化和迁移。直接数值模拟(DNS)被用来验证整体稳定性的结果，在流场中加入特征模态的实部作为初始值，DNS 能重现出该特征模态的虚部、角频率以及增长因子。同时数值模拟提供了一些新的信息，当流动特征模态频率离声模态较远时，流动特征模态会完全按照整体稳定性预估的方式线性的发展下去：首先扰动在空间上会沿流向放大；然后由于特征模态是时间稳定的，因此扰动会随时间指数性衰减。当流动特征模态频率接近声模态频率时，非线性机制开始起作用引起另一流动特征模态的出现。

最近，Casalis 修改了 Chedevergne 使用的插值出口边界条件，引入了法向零应力边界条件计算得到了类似的特征谱，并用 DNS 做了验证。同时从理论和缩比发动机的实验结果出发，分析了表面涡脱落引起压强振荡的条件：当发动机长径比太小，比如小于 12，扰动特征函数在流向上没有充分增长，流动不稳定现象较弱，不足以产生压强振荡。如果长径比太大，扰动特征函数在流向上充分放大，引起的非线性过程和三维效应会使得流动过早地转变为湍流，对大尺度涡产生衰减，也不会产生压强振荡。只有长径比恰当时，外部的扰动激发流动特征模态，特征模态向下游传播的过程中得到放大，最终形成很强的大尺度旋涡，旋涡撞击到喷管产生声从而表现出压强振荡现象。由于压强振荡的频率始终在声腔的固有模态附近，并且热点火试验中分段装药的小发动机因为有段间狭缝，出现了明显的由涡脱落引起的压强振荡，而一段式装药的小发动机却没有出现压强振荡，因此认为声腔固有频率和药柱几何构型产生的流场小扰动是产生表面涡脱落的外部激励源。

尽管整体稳定性的结果得到了 DNS、冷流实验以及小发动机实验的验证，但其理论上还存有一些不完备的地方。稳定性结果依赖于轴向网格的数量，增加轴向网格量，流动稳定模态的数量也会增多，时间增长率会减小，也就是说网格收敛性无法满足。经过对简化的一维对流扩散模型的研究，Boyer 发现这种现象是由于整体流动稳定性分析中的不可压线性 N－S 算子具有非正则性所导致的。Taylor-Culick 流在头部速度为 0，沿轴向速度一直增加，当出口速度与头部速度的比值超出了计算机的精度便会引入数值误差，而非正则性算子对于这种误差扰动异常敏感，使得计算得到的特征值可能是伪谱，不能用来描述实际的物理现象。于是对计算域进行分块，只计算下游部分区域，舍掉速度为 0 的头部边界。并模拟分段发动机段间狭缝对流动的扰动作用，在上边界引入人工小扰动，最终得到了数值上收敛的流动特征模态。这些特征模态也是离散的，不随雷诺数改变，但受边界位置的影响。利用伴随算子方法研究了特征模态对于基本流的敏感性，发现入口边界和加质壁面的影响最大，在加质壁面附近出现了多个局部峰值，沿着流向其幅值是减小的。这说明特征模态对于上游加质壁面处的扰动更敏感，相比而言，下游扰动的影响要小很多，因此通常在下游发生的转捩现象对流动特征模态的作用应该不大。上述方法同样得到了数值模拟的验证，当出流边界为无反射边界时，初始条件中人工引入的小扰动沿流向放大发展成不稳定波，而这些不稳定波可以分解为多个特征模态的线性叠加。改变出流边界为反射边界，同时初始条件中加入轴向声模态，流动响应的结果为流场中出现了与流动特征模态相同的不稳定频率。

上述研究皆基于不可压流动稳定性分析，没有考虑声场的存在对流动稳定性特征模态的影响，或者说没有涉及它们之间的耦合作用。近年来，可压缩整体稳定性分析的研究逐渐增多，Mack 研究了抛物线后掠体的流场转捩问题，同时得到了多种不稳定特征模态，包括了边界层模态，三种类型的声模态，波包模态以及激波-声耦合模态。Meliga 研究了可压缩轴对称尾迹流的稳定性特征，认为压缩性主要通过改变基本流来影响稳定性结果。Yamouni 讨论了空腔流中的共振机制，发现速度较低，流动近似为不可压时，不稳定模态只体现为剪切层中的 K－H 模态。速度较高压缩性起作用时，这些剪切层模态作为主流马赫数的函数，与 Rossiter 的涡声反馈模型一致。特征谱中也出现了空腔的声学共振模态，并且当剪切层和声学模态发生耦合时，该特征值的增长率表现为局部最大。同时也提到整体可压缩分析应该也可以用来研究 Taylor-Culick 流中的声涡耦合现象。虽然出发点不尽相同，Kierkegaard 使用了称之为“频域线性 N－S 方程方法”分别研究了声波在有障碍和台阶的二维管道中的传播，假定流动是等熵的。除去边界条件的处理差异较大，其方法与整体可压缩流动稳定性分析没有区别。结果显示该方法正确模拟了流动稳定性模态和声模态的耦合，与实验结果一致。

本章介绍著者所在的课题组在可压缩流动稳定性分析方面的研究进展，探求压缩性对流动稳定性的影响。

## 6.2　流动稳定性理论

流动稳定性理论研究流动在初始小扰动下随时间的变化规律，如果流动能返回到扰动前的状态，则认为流动是稳定的；反之，则认为流动是不稳定的。分析的思路为，首先把流动 $\phi(x,y,z,t)$ 分解为基本流场（basic flow）$\phi_0(x,y,z,t)$ 和小扰动量 $\phi'(x,y,z,t)$ 的叠加场

$$\phi(x,y,z,t)=\phi_0(x,y,z,t)+\varepsilon\phi'(x,y,z,t) \tag{6-1}$$

然后求解小扰动量满足的流体控制方程，得到小扰动随时间的变化趋势。一般情况下，扰动方程的求解也是非常困难的，必须对扰动量 $\phi'(x,y,z,t)$ 的形式做一些简化。第一步假定基本流场为稳态的，即不依赖于时间 $t$，并利用变量分离方法，假定扰动具有指数形式的时间相关性，

$$\phi(x,y,z,t)=\phi_0(x,y,z)+\varepsilon\hat{\phi}(x,y,z)\,\mathrm{e}^{-\mathrm{i}\omega t} \tag{6-2}$$

参数 $\omega$ 最终会出现在扰动方程中，从而使扰动方程成为一个特征值问题，

$$\mathscr{L}(\phi_0)\,\hat{\phi}=\mathrm{i}\omega\hat{\phi} \tag{6-3}$$

式中，$\mathscr{L}(\phi_0)$ 表示线性扰动方程算子（泛指不同的稳定性分析对应不同的算子形式）；$\hat{\phi}$ 为扰动量在空间的分布。如果流动在某一坐标方向上为齐次的（比如具有无限边界），可以通过增加一个参数 $\beta$ 来消去该坐标方向的依赖性

$$\phi(x,y,z,t)=\phi_0(x,y)+\varepsilon\hat{\phi}(x,y)\,\mathrm{e}^{\mathrm{i}\beta z}\,\mathrm{e}^{-\mathrm{i}\omega t} \tag{6-4}$$

扰动方程的维数减少，同时参数空间增加。如果流动仅依赖于一个坐标，即经典的平行流假定，扰动解可以进一步简化为

$$\phi(x,y,z,t)=\phi_0(y)+\varepsilon\hat{\phi}(y)\,\mathrm{e}^{\mathrm{i}\alpha x}\,\mathrm{e}^{\mathrm{i}\beta z}\,\mathrm{e}^{-\mathrm{i}\omega t} \tag{6-5}$$

式中，$\alpha$，$\beta$ 分别为 $x$，$z$ 方向上的扰动波数。

2000 年以前，由于计算机求解能力的限制，很多稳定性研究的文献都是在平行流假定下进行的，或者对平行流假定做了一些扩展，比如抛物化稳定性方程（PSE），可以处理基本流场沿另一坐标方向缓慢变化的情况。2000 年后，整体稳定性的研究被重视起来，它的假设少，结果会更接近物理现象。

流动稳定性可从时间和空间两方面去分析。比如对于整体稳定性分析式（6-4），如果假定波数 $\beta$ 为实数，角频率 $\omega=\omega_r+\mathrm{i}\omega_i$ 为复数，则称为时间稳定性分析，其中实部 $\omega_r$ 表示扰动频率，虚部 $\omega_i$ 表示时间增长率。它刻画了小扰动长时间内的演化行为，如果虚部 $\omega_i<0$，说明扰动随时间的发展会衰减下去；反之，如果虚部 $\omega_i>0$，则扰动随时间的发展会无限增大，说明流动是不稳定的。空间稳定性分析则假定波数 $\beta=\beta_r+\mathrm{i}\beta_i$ 为复数，角频率 $\omega$ 为实数，实部 $\beta_r$ 表示 $z$ 方向扰动波数，虚部 $\beta_i$ 表示对应方向上的增长率。空间稳定性分析方便与实验结果比较，但是会出现多项式特征值问题的求解，计算量会很大，而时间稳定性分析得到的是线性特征值问题，求解相对容易。

## 6.3 空间离散方法

空间离散流动稳定性方程的方法有谱方法、有限差分、有限元和有限体积法。本章采用谱方法来离散稳定性方程，是基于其优于其他方法的空间分辨能力和收敛速度。谱方法采用全局基函数在定义域内对未知函数进行高阶多项式插值逼近，同时对该插值多项式进行微分，得到微分矩阵，完成对未知函数导数项的逼近，最终达到对微分方程的空间离散。常用的插值多项式有 Chebyshev，Hermite 和 Laguerre 多项式，这里选择 Chebyshev 多项式进行介绍。

### 6.3.1 Chebyshev 多项式

第一类 Chebyshev 多项式是如下奇异 Sturm-Liouville 问题的特征函数

$$\frac{\mathrm{d}}{\mathrm{d}x}\left(\sqrt{1-x^2}\,\frac{\mathrm{d}}{\mathrm{d}x}T_k(x)\right)=-\frac{k^2}{\sqrt{1-x^2}}T_k(x) \tag{6-6}$$

利用变量变换 $x=\cos\theta$，有

$$\frac{\mathrm{d}}{\mathrm{d}x}=\frac{-1}{\sin\theta}\frac{\mathrm{d}}{\mathrm{d}\theta}$$

于是式(6-6)转化为

$$\frac{\mathrm{d}^2}{\mathrm{d}\theta^2}T_k(\theta)+k^2T_k(\theta)=0 \tag{6-7}$$

式(6-7)是谐振子特征方程，它的解为 $T_k(\theta)=\cos(k\theta)$，反写为 $x$ 的形式有

$$T_k(x)=\cos(k\cos^{-1}(x))$$

它们在区间[-1, 1]上建立了一个正交函数基

$$\langle T_k,T_l\rangle=\int_{-1}^{1}\frac{1}{\sqrt{1-x^2}}T_k(x)T_l(x)\,\mathrm{d}x=\frac{\pi}{2}(1+\delta_{k0})\delta_{kl}$$

前三项为 $T_0(x)=1, T_1(x)=x, T_2(x)=2x^2-1$，高阶项可以由递推关系来计算：

$$T_{k+1}(x)=2xT_k(x)-T_{k-1}(x)$$

**1. 插值多项式**

一般的权重插值多项式形式为

$$f(x)\approx p_{N-1}(x)=\sum_{j=1}^{N}\frac{\alpha(x)}{\alpha(x_j)}\phi_j(x)f_j \tag{6-8}$$

其中 $\{x_j\}_{j=1}^{N}$ 是插值节点，$\alpha(x)$ 是权重函数，$f_j=f(x_j)$，插值函数 $\{\phi_j(x)\}_{j=1}^{N}$ 满足

$$\phi_j(x_k)=\delta_{jk}=\begin{cases}0, & j\neq k\\ 1, & j=k\end{cases}$$

$\delta_{jk}$ 为 Kronecker delta 函数。对于 Chebyshev 多项式插值，其插值点，即 Gauss-Lobatto 积分点 $\{x_j\}_{j=1}^{N}$ 和权函数 $\alpha(x)$ 为

$$x_j=\cos\left(\frac{\pi(j-1)}{N-1}\right),\quad j=1,\cdots,N$$

$$\alpha(x)=1$$

插值函数$\{\phi_j(x)\}_{j=1}^{N}$为

$$\phi_j(x)=\frac{(-1)^j}{c_j}\frac{1-x^2}{(N-1)^2}\frac{T'_{N-1}(x)}{x-x_j}$$

其中，$c_1=c_N=2,c_2=\cdots=c_{N-1}=1$。

**2. 微分矩阵**

计算函数$f(x)$在插值节点$\{x_j\}_{j=1}^{N}$处的$l$阶导数，利用式(6-8)，有

$$f^{(l)}(x_k)\approx p_{N-1}^{(l)}(x_k)=\sum_{j=1}^{N}\frac{\mathrm{d}^l}{\mathrm{d}x^l}\left[\frac{\alpha(x)}{\alpha(x_j)}\phi_j(x)\right]_{x=x_k}f_j,\quad k=1,\cdots,N$$

于是导数算子可以用矩阵的形式来表示，定义为$\boldsymbol{D}^{(l)}$，有

$$\boldsymbol{D}_{k,j}^{(l)}=\frac{\mathrm{d}^l}{\mathrm{d}x^l}\left[\frac{\alpha(x)}{\alpha(x_j)}\phi_j(x)\right]_{x=x_k}$$

定义$\boldsymbol{f}=(f(x_1),f(x_2),\cdots,f(x_N))^{\mathrm{T}}$，则其$l$阶导数可以写成

$$\boldsymbol{f}^{(l)}=\boldsymbol{D}^{(l)}\boldsymbol{f}$$

其中微分矩阵$\boldsymbol{D}^{(l)}$为

$$\boldsymbol{D}_{k,j}^{(l)}=\begin{cases}\dfrac{c_k(-1)^{j+k}}{c_j(x_k-x_j)}, & j\neq k\\ -\dfrac{1}{2}\dfrac{x_k}{(1-x_k^2)}, & j=k\neq 1,N\\ \dfrac{2(N-1)^2+1}{6}, & j=k=1\\ -\dfrac{2(N-1)^2+1}{6}, & j=k=N\end{cases}\tag{6-9}$$

可以用下式清楚地表示为

$$\boldsymbol{D}_{k,j}^{(l)}=\begin{bmatrix}\dfrac{2(N-1)^2+1}{6} & \cdots & \dfrac{2(-1)^{1+j}}{1-x_j} & \cdots & \dfrac{1}{2}(-1)^{1+N}\\ \vdots & \ddots & \cdots & \dfrac{(-1)^{k+j}}{x_k-x_j} & \vdots\\ \dfrac{1}{2}\dfrac{(-1)^{i+1}}{x_k-1} & \vdots & -\dfrac{1}{2}\dfrac{x_k}{(1-x_k^2)} & \vdots & \dfrac{1}{2}\dfrac{(-1)^{i+N}}{x_k+1}\\ \vdots & \dfrac{(-1)^{k+j}}{x_k-x_j} & \cdots & \ddots & \vdots\\ -\dfrac{1}{2}(-1)^{N+1} & \cdots & -\dfrac{2(-1)^{N+j}}{1+x_j} & \cdots & -\dfrac{2(N-1)^2+1}{6}\end{bmatrix}$$

高阶微分矩阵由下面公式计算得到，$l$阶微分矩阵为一阶微分矩阵的$l$次方

$$\boldsymbol{D}^{(l)}=(\boldsymbol{D}^{(1)})^l,\quad l=1,2,\cdots\tag{6-10}$$

采用递归算法来计算高阶微分矩阵，可以减小计算时间。

**3. 张量积网格**

二维问题需要二维张量积网格，程序实现时使用 Kronecker 积。两个矩阵的 Kronecker 积表示为$\boldsymbol{A}_{pq}\otimes\boldsymbol{B}_{mn}=\boldsymbol{C}_{p\times mq\times n}$，$\boldsymbol{C}_{p\times mq\times n}$由$p\times q$个矩阵块组成，第$(i,j)$块元素为$a_{ij}\boldsymbol{B}$，运算规则如下：

$$\boldsymbol{A}_{pq} \otimes \boldsymbol{B}_{mn} = \begin{bmatrix} a_{11}\boldsymbol{B}_{mn} & \cdots & a_{1q}\boldsymbol{B}_{mn} \\ \vdots & \ddots & \vdots \\ a_{p1}\boldsymbol{B}_{mn} & \cdots & a_{pq}\boldsymbol{B}_{mn} \end{bmatrix}$$

**4. 坐标变换**

Chebyshev 插值多项式定义在区间[−1,1]上。对于定义域为一般区域 $x=[X_1,X_2]$，$y=[Y_1,Y_2]$ 的算子则需利用坐标变换，变换到区间 $\xi\times\eta=[-1,1]\times[-1,1]$ 上进行计算

$$\begin{cases} x=-\dfrac{X_1-X_2}{2}\xi+\dfrac{X_1+X_2}{2} & \leftrightarrow \quad \xi=\dfrac{2x-(X_1+X_2)}{X_2-X_1} \\ y=-\dfrac{Y_1-Y_2}{2}\eta+\dfrac{Y_1+Y_2}{2} & \leftrightarrow \quad \eta=\dfrac{2y-(Y_1+Y_2)}{Y_2-Y_1} \end{cases} \Rightarrow \begin{cases} \dfrac{\partial}{\partial x}=\dfrac{2}{X_2-X_1}\dfrac{\partial}{\partial \xi} \\ \dfrac{\partial}{\partial y}=\dfrac{2}{Y_2-Y_1}\dfrac{\partial}{\partial \eta} \end{cases}$$

## 6.3.2 特征值求解

一般矩阵的特征值问题

$$\boldsymbol{A}\boldsymbol{q}=\lambda\boldsymbol{q} \tag{6-11}$$

等价于去求解特征方程

$$\det(\boldsymbol{A}-\lambda\boldsymbol{I})=0 \tag{6-12}$$

的根。$\boldsymbol{I}$ 为与 $\boldsymbol{A}$ 同维数的单位矩阵。展开特征方程式(6-12)得到特征多项式，其零点便是所求的特征值。对每一个特征值 $\lambda_p$，代入式(6-11)并求解该线性方程组，得到对应于特征值 $\lambda_p$ 的特征向量 $\boldsymbol{q}_p$。

如果矩阵 $\boldsymbol{A}$ 为上三角矩阵，那么特征值可以很容易地计算出来

$$\lambda_i=a_{ii}$$

$a_{ii}$ 为矩阵 $\boldsymbol{A}$ 对角线上的元素。一般来说，利用相似变换把矩阵 $\boldsymbol{A}$ 化成上三角矩阵要比求解特征多项式(6-12)的根容易很多。下面介绍把矩阵 $\boldsymbol{A}$ 化成上三角矩阵的 QR 分解方法。

**1. QR 分解方法**

先把矩阵 $\boldsymbol{A}$ 变换为 Hessen berg 矩阵，再去计算其相似变换比直接计算矩阵的相似变换要节约时间。Hessen berg 矩阵的左次对角线以下全为零元素，可以利用 Householder 或 Given 旋转变换得到。假定矩阵 $\boldsymbol{A}$ 利用旋转变换得到了满足下式的 Hessen berg 矩阵 $\boldsymbol{H}$ 和正交矩阵 $\boldsymbol{V}$

$$\boldsymbol{A}\boldsymbol{V}=\boldsymbol{V}\boldsymbol{H},\quad \boldsymbol{V}^{\mathrm{T}}\boldsymbol{V}=\boldsymbol{I} \tag{6-13}$$

那么如下的 QR 迭代便可以把矩阵 $\boldsymbol{H}$ 转化为上三角矩阵，

(1) $\boldsymbol{H}^{(i)}=\boldsymbol{Q}^{(i)}\boldsymbol{R}^{(i)}$，分解矩阵 $\boldsymbol{H}$，$\boldsymbol{Q}$ 为正交矩阵，$\boldsymbol{R}$ 上三角矩阵；

(2) $\boldsymbol{H}^{(i+1)}=\boldsymbol{R}^{(i)}\boldsymbol{Q}^{(i)}$，$\boldsymbol{V}^{(i+1)}=\boldsymbol{V}^{(i)}\boldsymbol{Q}^{(i)}$。

迭代到矩阵 $\boldsymbol{H}^{(k)}$ 左次对角线上的元素近似于零，从而可以当作上三角矩阵对待。其中的细节如下，假设第 $k$ 步迭代时，$\boldsymbol{H}^{(k)}$ 已分解为正交矩阵 $\boldsymbol{Q}^{(k)}$ 和上三角矩阵 $\boldsymbol{R}^{(k)}$ 的乘积，即 $\boldsymbol{H}^{(k)}=\boldsymbol{Q}^{(k)}\boldsymbol{R}^{(k)}$，根据步骤(2)有 $\boldsymbol{H}^{(k+1)}=\boldsymbol{R}^{(k)}\boldsymbol{Q}^{(k)}$。正交矩阵的逆等于它的转置，因此有 $\boldsymbol{R}^{(k)}=(\boldsymbol{Q}^{(k)})^{-1}\boldsymbol{H}^{(k)}=(\boldsymbol{Q}^{(k)})^{\mathrm{T}}\boldsymbol{H}^{(k)}$，进而

$$\boldsymbol{H}^{(k+1)}=\boldsymbol{R}^{(k)}\boldsymbol{Q}^{(k)}=((\boldsymbol{Q}^{(k)})^{\mathrm{T}}\boldsymbol{H}^{(k)})\boldsymbol{Q}^{(k)}=(\boldsymbol{Q}^{(k)})^{\mathrm{T}}\boldsymbol{H}^{(k)}\boldsymbol{Q}^{(k)}$$

可知 $\boldsymbol{H}^{(k+1)}$ 与 $\boldsymbol{H}^{(k)}$ 是相似的，因此它们的特征值是相同的。递推下去 $\boldsymbol{H}^{(k+1)}$ 的特征值与 $\boldsymbol{H}$ 相同。由式(6-13)知，$\boldsymbol{H}$ 与 $\boldsymbol{A}$ 也是相似的，因此 $\boldsymbol{H}^{(k+1)}$ 对角线的元素就是矩阵 $\boldsymbol{A}$ 的特征值。

**2. Arnoldi 方法**

计算出整个特征谱是很耗时的，Arnoldi 方法可以只计算部分指定的特征谱。在上面 QR 分解方法变换矩阵 $\boldsymbol{A}$ 到 Hessenberg 矩阵 $\boldsymbol{H}^{(k)}$ 时，迭代 $m(m \ll n)$ 次后停止，得到称为 $m$ 步 Arnoldi 分解的形式

$$\boldsymbol{AV}_m = \boldsymbol{V}_m\boldsymbol{H}_m + \boldsymbol{f}_m\boldsymbol{e}_m^{\mathrm{T}}, \quad \boldsymbol{V}_m \in \boldsymbol{C}^{n\times m}, \quad \boldsymbol{H}_m \in \boldsymbol{C}^{m\times m}, \quad \boldsymbol{f}_m \in \boldsymbol{C}^{n\times 1} \tag{6-14}$$

其中 $\boldsymbol{V}_m = [v_1, v_2, \cdots, v_m]$ 表示 $m$ 维正交基，$\boldsymbol{H}_m$ 为上 Hessenberg 矩阵，$\boldsymbol{f}_m = \boldsymbol{h}_{m+1}\boldsymbol{v}_{m+1}$ 为正交于 $\boldsymbol{V}_m$ 的残差向量，$\boldsymbol{e}_m$ 代表空间第 $m$ 个分量的单位向量。对于量值比较小的 $\boldsymbol{h}_{m+1}$，$\boldsymbol{H}_m$ 的特征值 $\theta_j$，称为 Ritz 值，与 $\boldsymbol{A}$ 的特征值 $\lambda_j$ 相近。由 $\boldsymbol{H}_m$ 的特征值 $\theta_j$ 对应的特征向量 $\boldsymbol{y}_j$ 变换得到的特征向量 $\tilde{\boldsymbol{x}}_j$，称为 Ritz 向量，可以用来近似 $\boldsymbol{A}$ 的特征值 $\lambda_j$ 对应的特征向量 $\boldsymbol{x}_j$，

$$\tilde{\boldsymbol{x}}_j = \boldsymbol{V}_m\boldsymbol{y}_j, \quad \boldsymbol{y}_j \in \boldsymbol{C}^{m\times 1}$$

Ritz 对 $(\theta_j, \tilde{\boldsymbol{x}}_j)$ 逼近矩阵 $\boldsymbol{A}$ 的特征对 $(\lambda_j, \boldsymbol{x}_j)$ 的程度用下式 Ritz 估计来度量

$$\| \boldsymbol{A}\tilde{\boldsymbol{x}}_j - \theta_j\tilde{\boldsymbol{x}}_j \| = \| \boldsymbol{AV}_m\boldsymbol{y}_j - \theta_j\boldsymbol{V}_m\boldsymbol{y}_j \| = \| (\boldsymbol{AV}_m - \boldsymbol{V}_m\boldsymbol{H}_m)\boldsymbol{y}_j \| = \| \boldsymbol{f}_m\boldsymbol{e}_m^{\mathrm{T}}\boldsymbol{y}_j \| = \beta_m | \boldsymbol{e}_m^{\mathrm{T}}\boldsymbol{y}_j |$$

$$\beta_m = \| \boldsymbol{f}_m \|$$

令 $\boldsymbol{V}_m$ 为对应于矩阵 $\boldsymbol{A}$ 和初始向量 $\boldsymbol{q}$ 的 $m$ 维 Krylov 子空间的正交基称为 Arnoldi 方法，

$$\mathscr{K}_m = \mathrm{span}\{q, Aq, A^2q, \cdots, A^{m-1}q\}$$

它把由矩阵 $\boldsymbol{A}$ 建立的完整稳定性问题投影到低维向量空间 $\boldsymbol{H}_m$ 上，即

$$\boldsymbol{V}_m^*\boldsymbol{AV}_m = \boldsymbol{H}_m$$

上标 * 表示 Hermitian 共轭。正交基 $\boldsymbol{V}_m$ 的选择决定着逼近矩阵 $\boldsymbol{A}$ 的那对特征对 $(\lambda_j, x_j)$。

(1) 隐式重启(implicit restarting)。可以通过增加 Krylov 子空间 $\mathscr{K}_m$ 的维数来提高 Ritz 对 $(\theta_j, \tilde{\boldsymbol{x}}_j)$ 逼近矩阵 $\boldsymbol{A}$ 的特征对 $(\lambda_j, \boldsymbol{x}_j)$ 的近似质量，但维数过大会导致内存不足。为了避免这个问题，Arnoldi 分解周期性地从新的初始向量 $\boldsymbol{v}^+$ 开始重启计算。隐式重启方法通过 Krylov 空间向量的多项式线性组合来计算新的初始向量 $\boldsymbol{v}^+$，有利于得到感兴趣的 $k$ 组 Ritz 对 $(\theta_j, \tilde{\boldsymbol{x}}_j)$。

(2) 移位和反转(shift-and-invert)。Arnoldi 方法收敛到具有最大幅值的 $k$ 个特征值，因此，如果想得到特征谱中特定位置附近的特征值，收敛速度会很慢。利用移位和反转技巧，可以解决这个问题。具体实现过程为，要计算位置 $\sigma$ 附近的 $k$ 个特征值 $\{\lambda_1, \lambda_2, \cdots, \lambda_k\}$，可以先计算移位矩阵 $(\boldsymbol{A} - \sigma\boldsymbol{I})^{-1}$ 具有最大幅值的 $k$ 个特征值 $\{\mu_1, \mu_2, \cdots, \mu_k\}$，再利用变换得到 $\lambda_i$，即

$$\lambda_i = \frac{1}{\mu_i} + \sigma$$

## 6.3.3　广义特征值问题

对于线性 N-S 方程，稳定性分析离散后最终化为广义特征值问题

$$\boldsymbol{Aq} = \mathrm{i}\omega\boldsymbol{Bq}$$

如果矩阵 $\boldsymbol{B}$ 可逆，上式理论上可以转化为一般的特征值问题

$$\boldsymbol{B}^{-1}\boldsymbol{Aq} - \mathrm{i}\omega\boldsymbol{q} = 0$$

来求解，但求矩阵的逆数值上是很耗时的，因此，通常也不去计算 $\boldsymbol{B}^{-1}$，而用下面的方法去计算

$\boldsymbol{p}=\boldsymbol{B}^{-1}\boldsymbol{A}\boldsymbol{q}$，

(1)$\boldsymbol{u}=\boldsymbol{A}\boldsymbol{q}$；

(2)$\boldsymbol{B}\boldsymbol{p}=\boldsymbol{u}$。

如果想得到特征谱中特定位置$\sigma$附近的$k$个特征值$\{\omega_1,\omega_2,\cdots,\omega_k\}$，先利用Arnoldi方法计算式(6-15)具有最大幅值的$k$个特征值$\{\mu_1,\mu_2,\cdots,\mu_k\}$，再利用变换得到$\omega_i$。

$$(\boldsymbol{A}-\sigma\boldsymbol{B})^{-1}\boldsymbol{B}\boldsymbol{q}=\mu\boldsymbol{q}=\frac{1}{\mathrm{i}\omega-\sigma}\boldsymbol{q} \tag{6-15}$$

$$\omega_i=-\mathrm{i}\left(\frac{1}{\mu_i}+\sigma\right) \tag{6-16}$$

同样，矩阵向量积$(\boldsymbol{A}-\sigma\boldsymbol{B})^{-1}\boldsymbol{B}q$也不直接去计算，而是采用如下步骤：

(1) 分解$(\boldsymbol{A}-\sigma\boldsymbol{B})=\boldsymbol{L}\boldsymbol{U}$，$\boldsymbol{L}$，$\boldsymbol{U}$为三角矩阵；

(2) 计算$\boldsymbol{u}=\boldsymbol{B}\boldsymbol{q}$；

(3) 求解$\boldsymbol{L}\boldsymbol{d}=\boldsymbol{u}$；

(4) 求解$\boldsymbol{U}\boldsymbol{p}=\boldsymbol{d}$。

# 6.4 不可压 Taylor-Culick 流稳定性分析

## 6.4.1 控制方程

不可压流动稳定性分析采用非稳态不可压缩连续和动量方程

$$\nabla^*\cdot\boldsymbol{U}^*=0$$

$$\rho^*\left(\frac{\partial\boldsymbol{U}^*}{\partial t^*}+(\boldsymbol{U}^*\cdot\nabla^*)\boldsymbol{U}^*\right)+\nabla^*P^*=\mu\nabla^*\boldsymbol{U}^* \tag{6-17}$$

式中，$\rho^*$，$P^*$，$\boldsymbol{U}^*$分别为流场密度、压强和速度；$\mu$为动力黏性系数。

无量纲过程：长度参考量，Taylor-Culick 流时为半径$R$；速度参考量为燃烧气体侧向加质速度$V_{\mathrm{inj}}$；相应地，时间参考量 Taylor-Culick 流时则为$R/V_{\mathrm{inj}}$；压强参考量为$\rho^*V_{\mathrm{inj}}^2$，$\rho^*$为常数，最终得到无量纲形式为

$$\nabla\cdot\boldsymbol{U}=0$$

$$\frac{\partial\boldsymbol{U}}{\partial t}+(\boldsymbol{U}\cdot\nabla)\boldsymbol{U}+\nabla P=\frac{1}{Re}\Delta\boldsymbol{U} \tag{6-18}$$

其中雷诺数$Re=RV_{\mathrm{inj}}/\nu$依赖于侧向加质速度和半径$R$；$\nu=\mu/\rho^*$为运动黏性系数。

瞬时变量分解为平均量与扰动量的和

$$\begin{aligned}\boldsymbol{U}&=\bar{\boldsymbol{U}}+\boldsymbol{u}'\\P&=\bar{P}+p'\end{aligned} \tag{6-19}$$

代入到式(6-18)中，消去平均量满足的稳态关系，并舍去扰动量的高阶项，得到下面的扰动方程：

$$\begin{aligned}&\nabla\cdot\boldsymbol{u}'=0\\&\frac{\partial\boldsymbol{u}'}{\partial t}+(\bar{\boldsymbol{U}}\cdot\nabla)\boldsymbol{u}'+(\boldsymbol{u}'\cdot\nabla)\bar{\boldsymbol{U}}+\nabla p'=\frac{1}{Re}\Delta\boldsymbol{u}'\end{aligned} \tag{6-20}$$

流动稳定性分析便是在一定的边界条件下去求解方程(6-20)，获得扰动量 $\boldsymbol{u}'$ 和 $p'$ 随时间的变化(特征值)及其在空间的分布(特征函数)。方程(6-20)中用到了稳态流场解 $\bar{U}$，需要提前计算。

方程(6-20)在柱坐标下展开成主变量 $\boldsymbol{u}'=(u'_r,u'_\theta,u'_z)$，$p'$ 的形式为

$$\frac{\partial u'_r}{\partial r}+\frac{u'_r}{r}+\frac{1}{r}\frac{\partial u'_\theta}{\partial \theta}+\frac{\partial u'_z}{\partial z}=0$$

$$\frac{\partial u'_r}{\partial t}+\bar{U}_r\frac{\partial u'_r}{\partial r}+\frac{\bar{U}_\theta}{r}\frac{\partial u'_r}{\partial \theta}-\frac{2\bar{U}_\theta u'_\theta}{r}+\bar{U}_z\frac{\partial u'_r}{\partial z}+u'_r\frac{\partial \bar{U}_r}{\partial r}+\frac{u'_\theta}{r}\frac{\partial \bar{U}_r}{\partial \theta}+u'_z\frac{\partial \bar{U}_r}{\partial z}+\frac{\partial p'}{\partial r}=$$
$$\frac{1}{Re}\left(\frac{\partial^2 u'_r}{\partial r^2}+\frac{1}{r}\frac{\partial u'_r}{\partial r}-\frac{u'_r}{r^2}+\frac{1}{r^2}\frac{\partial^2 u'_r}{\partial \theta^2}-\frac{2}{r^2}\frac{\partial u'_\theta}{\partial \theta}+\frac{\partial^2 u'_r}{\partial z^2}\right)$$

$$\frac{\partial u'_\theta}{\partial t}+\bar{U}_r\frac{\partial u'_\theta}{\partial r}+\frac{\bar{U}_\theta}{r}\frac{\partial u'_\theta}{\partial \theta}+\frac{\bar{U}_r u'_\theta}{r}+\bar{U}_z\frac{\partial u'_\theta}{\partial z}+u'_r\frac{\partial \bar{U}_\theta}{\partial r}+\frac{u'_\theta}{r}\frac{\partial \bar{U}_\theta}{\partial \theta}+\frac{u'_r\bar{U}_\theta}{r}+u'_z\frac{\partial \bar{U}_\theta}{\partial z}+\frac{1}{r}\frac{\partial p'}{\partial \theta}=$$
$$\frac{1}{Re}\left(\frac{\partial^2 u'_\theta}{\partial r^2}+\frac{1}{r}\frac{\partial u'_\theta}{\partial r}-\frac{u'_\theta}{r^2}+\frac{1}{r^2}\frac{\partial^2 u'_\theta}{\partial \theta^2}+\frac{2}{r^2}\frac{\partial u'_r}{\partial \theta}+\frac{\partial^2 u'_\theta}{\partial z^2}\right)$$

$$\frac{\partial u'_z}{\partial t}+\bar{U}_r\frac{\partial u'_z}{\partial r}+\frac{\bar{U}_\theta}{r}\frac{\partial u'_z}{\partial \theta}+\bar{U}_z\frac{\partial u'_z}{\partial z}+u'_r\frac{\partial \bar{U}_z}{\partial r}+\frac{u'_\theta}{r}\frac{\partial \bar{U}_z}{\partial \theta}+u'_z\frac{\partial \bar{U}_z}{\partial z}+\frac{\partial p'}{\partial z}=$$
$$\frac{1}{Re}\left(\frac{\partial^2 u'_z}{\partial r^2}+\frac{1}{r}\frac{\partial u'_z}{\partial r}+\frac{1}{r^2}\frac{\partial^2 u'_z}{\partial \theta^2}+\frac{\partial^2 u'_z}{\partial z^2}\right) \tag{6-21}$$

其中 $\bar{\boldsymbol{U}}=(\bar{U}_r,\bar{U}_\theta,\bar{U}_z)$ 为稳态基本流。

整体稳定性分析则假设扰动量 $q'=(p',u'_r,u'_\theta,u'_z)$ 具有下面的形式

$$q'=q(r,z)\,\mathrm{e}^{\mathrm{i}(m\theta-\omega t)} \tag{6-22}$$

式中，$m$ 为整数，代表角波数；$\omega$ 为复数，实部 $\omega_r$ 代表无量纲角频率，$\omega_i$ 表示时间增长率。本文只讨论轴对称模态，此时 $m=0$，$u_\theta=0$。把式(6-22)代入式(6-23)，得到如下的广义特征值问题

$$\boldsymbol{A}\hat{q}=\mathrm{i}\omega\boldsymbol{B}\hat{q} \tag{6-23}$$

其中 $\boldsymbol{A}$ 与 $\boldsymbol{B}$ 为 $3\times3$ 矩阵算子，各分量在柱坐标下的表达式为

$$A_{11}=0,A_{12}=\frac{\partial}{\partial r}+\frac{1}{r},A_{13}=\frac{\partial}{\partial z};$$

$$A_{21}=\frac{\partial}{\partial r},A_{22}=U_r\frac{\partial}{\partial r}+U_z\frac{\partial}{\partial z}+\frac{\partial U_r}{\partial r}-\frac{1}{Re}\left(\frac{\partial^2}{\partial r^2}+\frac{1}{r}\frac{\partial}{\partial r}-\frac{1}{r^2}+\frac{\partial^2}{\partial z^2}\right),A_{23}=\frac{\partial U_r}{\partial z};$$

$$A_{31}=\frac{\partial}{\partial z},A_{32}=\frac{\partial U_z}{\partial r},A_{33}=U_z\frac{\partial}{\partial z}+U_r\frac{\partial}{\partial r}+\frac{\partial U_z}{\partial z}-\frac{1}{Re}\left(\frac{\partial^2}{\partial r^2}+\frac{1}{r}\frac{\partial}{\partial r}+\frac{\partial^2}{\partial z^2}\right);$$

$$B_{22}=1,B_{33}=1,B_{11}=B_{12}=B_{13}=B_{21}=B_{23}=B_{31}=B_{32}=0。$$

### 6.4.2　基本流

不可压 Taylor-Culick 流的精确解是在稳态、有旋、轴对称、无黏、不可压缩条件下得到的，Majdalani 将它扩展到头部有质量加入的情况，这时 Taylor-Culick 流解便成为了一个特解。经典的轴对称 Taylor-Culick 流函数解为

$$\psi(r,z)=z\sin\left(\frac{1}{2}\pi r^2\right)$$

利用流函数定义

$$U_r=-\frac{1}{r}\frac{\partial\psi(r,z)}{\partial z},\quad U_z=\frac{1}{r}\frac{\partial\psi(r,z)}{\partial r}$$

可以得到轴向和径向速度分量

$$U_r=-\frac{1}{r}\sin\left(\frac{\pi r^2}{2}\right),\quad U_z=\pi z\cos\left(\frac{\pi r^2}{2}\right) \tag{6-24}$$

利用动量方程求得压强

$$P=-\frac{\pi^2 z^2}{2}-\frac{1}{2r^2}\sin^2\left(\frac{\pi r^2}{2}\right)+P_0$$

其中，$P_0$ 为头部原点处的无量纲压强值。图 6-1 显示了 Taylor-Culick 解式(6-24)的部分流线。沿轴向，中心流线变得越来越平行，但是在靠近加质壁面的地方，流线的曲率也越来越大，非平行效应越来越明显。

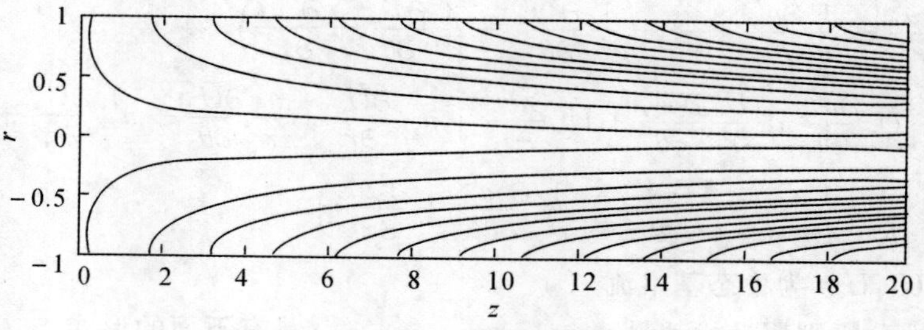


**图 6-1　Taylor-Culick 流的流线图**

## 6.4.3　边界条件

求解特征值式(6-23)需要合适的边界条件，速度扰动在头部和加质壁面处满足无滑移条件，$r=0$ 处设为轴对称条件。出口处的边界条件对于计算结果至关重要，如果选择不合适有可能得不到有物理意义的结果。在尝试了多种出口边界条件之后，选择了如下式

$$\forall r\phi(Z_{N_z},r)=\frac{Z_{N_z}-Z_{N_z-2}}{Z_{N_z-1}-Z_{N_z-2}}\phi(Z_{N_z-1},r)+\frac{Z_{N_z-1}-Z_{N_z}}{Z_{N_z-1}-Z_{N_z-2}}\phi(Z_{N_z-2},r) \tag{6-25}$$

的插值条件。其中，$\phi$ 为扰动流函数；$Z$ 为轴向网格点；下标 $N_z$ 表示轴向离散网格点数。网格示意图如图6-2 所示，其结果得到了 DNS 的验证。

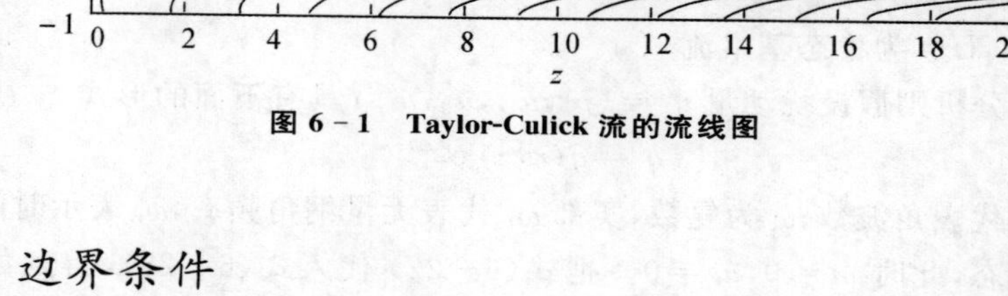

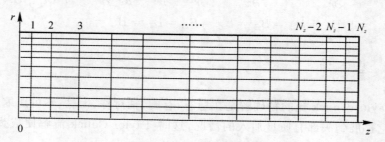

**图 6-2　计算网格示意图**

Casalis 后来用主变量公式重新计算了 Taylor-Culick 流的稳定性，在流动出口处引入了法向应力为零的边界条件，

$$-\frac{1}{Re}\nabla \boldsymbol{u}\cdot\boldsymbol{n}+p\boldsymbol{n}=0 \tag{6-26}$$

式中，$\boldsymbol{n}$ 为出口面单位外法向量。Boyer 将式(6-26) 边界条件推广到下面形式

$$-\frac{1}{Re}(\nabla \boldsymbol{u}+\alpha\nabla \boldsymbol{u}^{\mathrm{T}})\cdot\boldsymbol{n}+\beta(\boldsymbol{U}\cdot\boldsymbol{n})\boldsymbol{u}+p\boldsymbol{n}=0 \tag{6-27}$$

其中，$\alpha,\beta$ 为常系数，不可压条件下 $\alpha=1$ 或 $\alpha=0$ 都是合适的，最自然的是令 $\alpha=0,\beta=0$，这样边界条件式(6-25) 便退化到了式(6-24)。在研究后向台阶的瞬态增长时，Blackburn 也认为出流边界处取法向应力为 0 是合理的，但其表达与式(6-26) 有所不同，这里在出口处采用该边值条件。计算所用边界条件总结如下：

$$\left.\begin{aligned}
&\frac{\partial p}{\partial r}=0,u_r=0,u_z=0,z=0,0<r<1\\
&\frac{\partial p}{\partial z}=0,u_r=0,\frac{\partial u_z}{\partial r}=0,r=0,0<z<Z_e\\
&p=0,\frac{\partial u_r}{\partial z}=0,\frac{\partial u_z}{\partial z}=0,z=Z_e,0<r<1\\
&\frac{\partial p}{\partial z}=0,u_r=0,u_z=0,r=1,0<z<Z_e
\end{aligned}\right\} \tag{6-28}$$

### 6.4.4　结果分析

实验发现，当长径 1$t$ 小于 12 时，流动是层流状态，且扰动幅值相对于平均流较小，满足线性化假设，这是线性流动稳定性理论适用的前提，因此本章计算的长径 1$t$ 都小于 12。下游(长径 1$t$ 大于 12，非线性) 流动是从上游(长径 1$t$ 小于 12，线性) 发展起来的，因此，上游流动的特征决定着下游的部分流动特征，这也是采用线性流动稳定性理论进行分析的原因。

利用谱配置方法和边值条件式(6-28) 求解特征值问题(6-23)，径向 $x$ 轴向网格量为 25 $\times$ 50。数值计算了 $Re=2100$ 时的特征模态，如图 6-3 所示，显示了三个目标集 $\delta=\{50,60,70\}$ 的结果(Arnoldi 方法)，在每个目标集附近计算了 20 个特征值。从图 6-3 中可以看到，三个目标集的结果在交界的地方重叠在一起，证明算法是稳定可靠的。这些特征值中，有些是物理意义的，有些是数值计算中产生的，需要从它们的特征向量图分析，确定哪些是具有物理意义的特征值。一般情况下，具有最大虚部值的特征值应该重点关注。

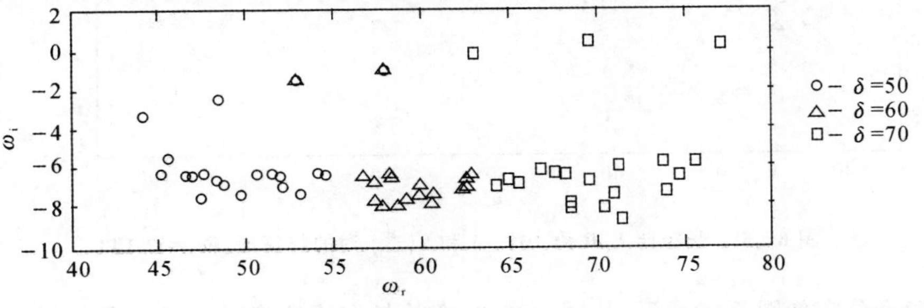


**图 6-3　$Re=2100$，$L/R=8$ 时的特征谱，$\delta=50$(○)，$\delta=60$(△)，$\delta=70$(□)**

观察特征谱图,发现特征值是离散的,也就是说,整体稳定性分析显示流动中出现的不稳定扰动频率应该只出现在一些特定的离散频率点上。这与一维分析结果有很大区别,一维不稳定分析中得到的特征谱是连续的。冷流实验数据显示,实验中出现的不稳定波频率是离散的。

**1. 雷诺数对稳定性结果的影响**

不可压 N-S 方程中只有一个无量纲量,即 Renolds 数,定义为

$$Re=\frac{V_{\text{inj}}R}{\nu}$$

式中,$V_{\text{inj}}$ 为侧向加质速度;$R$ 为燃烧室半径;$\nu=\mu/\rho$ 为运动黏性系数;$\mu$ 为动力黏性系数。本节选择了三个不同 Renolds 数,$Re=2100,3750,5400$ 进行了计算,图 6-4 显示了 $Re=2100,5400$ 的结果,发现虚部最大的特征值几乎是重合的。$Re=3750$ 时的结果为了图形的简洁没有列出,因为它虚部最大的特征值与列出的两种工况也是重合的,可以看出,$Re$ 对不稳定结果的影响是可以忽略的。

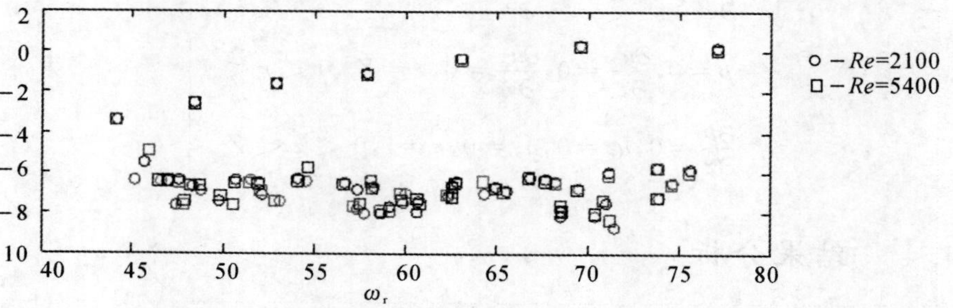


**图 6-4　不同 Renolds 数下的特征谱, $Re=2100$(○), $Re=5400$ (□)**

**2. 长径比对稳定性结果的影响**

长径比对不稳定结果的影响如图 6-5 所示。可以看到长径比分别为 10 和 8 时,两者特征值的实部,即无量纲角频率 $\omega_r$ 相差不大,但前者的虚部,即能量时间增长率 $\omega_i$ 明显大于后者,并且有些越过了临界值 0,由稳定模态变成了不稳定模态。这证明了一种猜测:当长径比大到一定程度后,$\omega_i$ 将为正值,时间特征由衰减变为增长。

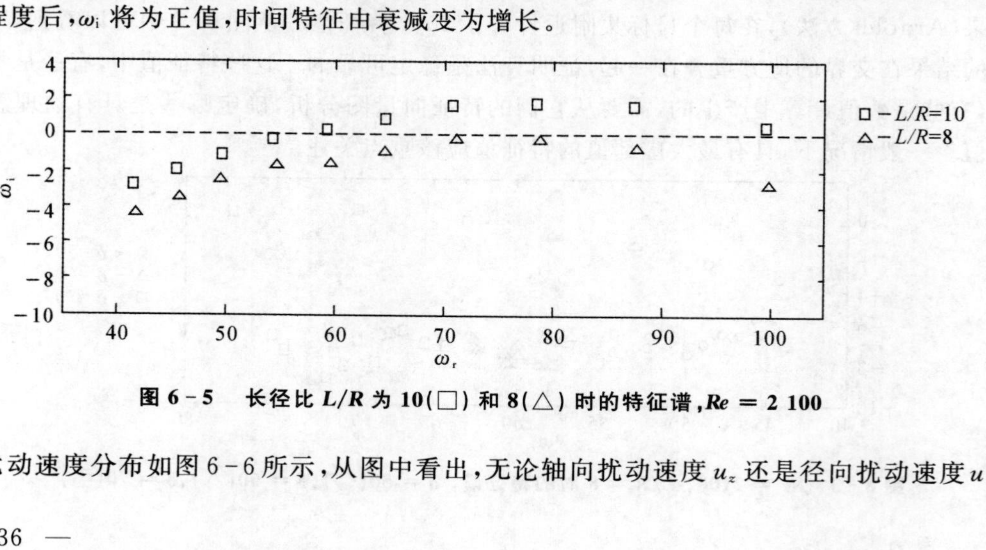


**图 6-5　长径比 $L/R$ 为 10(□) 和 8(△) 时的特征谱, $Re=2\ 100$**

扰动速度分布如图 6-6 所示,从图中看出,无论轴向扰动速度 $u_z$ 还是径向扰动速度 $u_r$,其

沿轴向都是逐渐增大的，且向内部扩张。同一径向位置，接近壁面的地方扰动达到最大，这与文献中的实验结果一致。图 6-6(a) 中径向扰动速度 $u_r$ 在 $z=2$ 的地方就已存在，其幅值比轴向扰动速度幅值 $u_z$ 小了一个数量级。图 6-6(b) 为 $L/R=8$ 时扰动速度的分布，该特征值与图 6-6(a) 中的特征值有着相近的实部，但其虚部要小一些。两图中的扰动速度分布很相似，幅值也相差不大，只不过 $L/R=8$ 时扰动存在的位置更靠前。$L/R=10$，特征值 $\omega=70.995+1.466\mathrm{i}$ 的扰动速度分布如图 6-6(c) 所示，与图 6-6(a) 相比，其不稳定波的波长较短，径向扰动速度 $u_r$ 出现位置明显靠后。

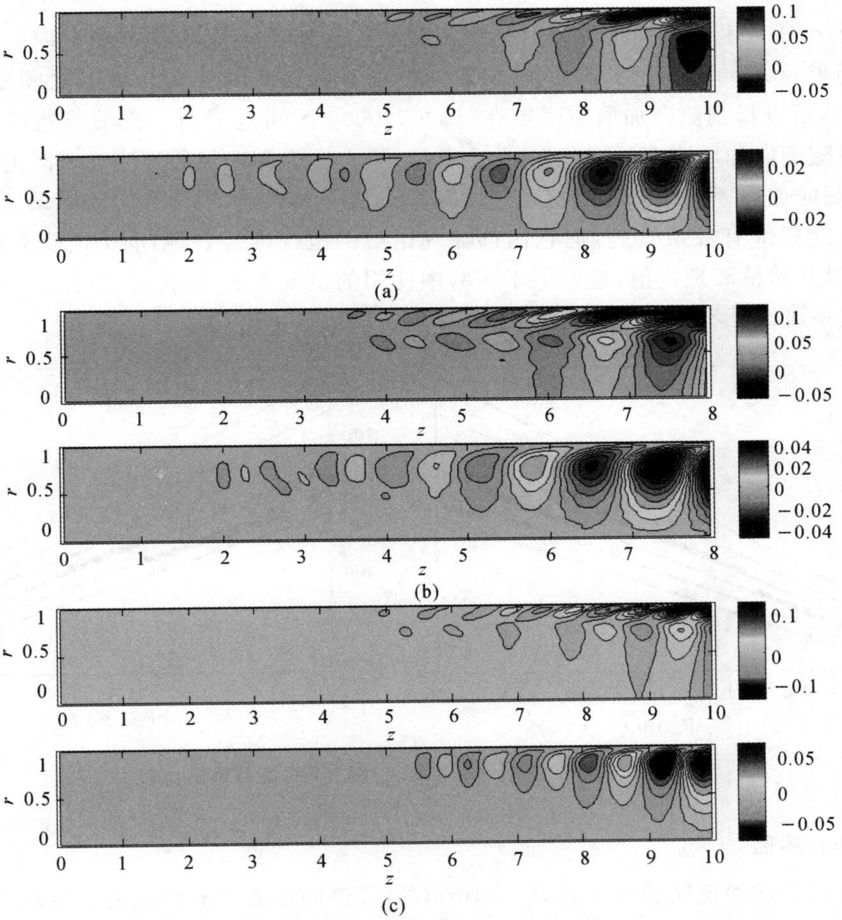


**图 6-6　轴向 $u_z$(上) 和径向 $u_r$(下) 无量纲扰动速度分布，$Re=2100$**

(a)$L/R=10, \omega=54.2-0.359\mathrm{i}$；　(b)$L/R=8, \omega=54.45-1.782\mathrm{i}$；　(c)$L/R=10, \omega=70.995+1.466\mathrm{i}$

## 6.4.5　实验验证

径向 $x$ 轴向网格量为 $20\times50$ 时，得到了一组特征值，可以很好的解释多个冷流实验结果。为了与实验结果比较，需把理论求解得到的一系列特征值 $\omega_M$(其实部为角频率) 量纲化为

$$f=\frac{V_{\mathrm{inj}}}{2\pi R}\omega_{\mathrm{r}}$$

表 6-1 列出了长径比为 8 和 10 时理论计算得到的部分无量纲角频率 $\omega_r$，通过上式计算得到不同试验器中出现的不稳定频率。

**表 6-1 无量纲角频率 $\omega_r$**

| | | | | | | | | | |
|---|---|---|---|---|---|---|---|---|---|
| $L/R=8$ | 45.71 | 49.51 | 54.45 | 59.49 | 64.58 | 71.06 | 78.67 | 87.67 | 99.77 |
| $L/R=10$ | 45.45 | 49.53 | 54.20 | 59.17 | 64.56 | 71.00 | 78.53 | 87.53 | 99.5 |

**1. VALDO 实验**

Cerqueira 等人利用侧向加质轴对称冷流实验器模拟固体发动机燃烧室内的气动声学过程。实验器半径 $R=30\text{mm}$，空气径向加质速度 $V_{\text{inj}}$ 可在 $0.8\sim2.0$ m/s 之间变化，由定义 $Re=RV_{\text{inj}}/\nu$，可以得到侧向加质雷诺数在[1600,4000] 区间范围内。在加质边界附近测得的不稳定频率随侧向加质速度的变化如图 6-7 所示，左图为侧向加质速度递增时的扰动速度频率，右图为侧向加质速度递减时的扰动速度频率。从图中看到，理论和实验结果比较一致。实验中的不稳定频率有数条轨迹，但它们都在理论解的范围内。在侧向加质速度大于 1.7m/s 时，实验结果开始偏离理论值，应归因于实验中使用的供气系统，压力过高时，其与径向加质速度的线性关系可能已不再适合。

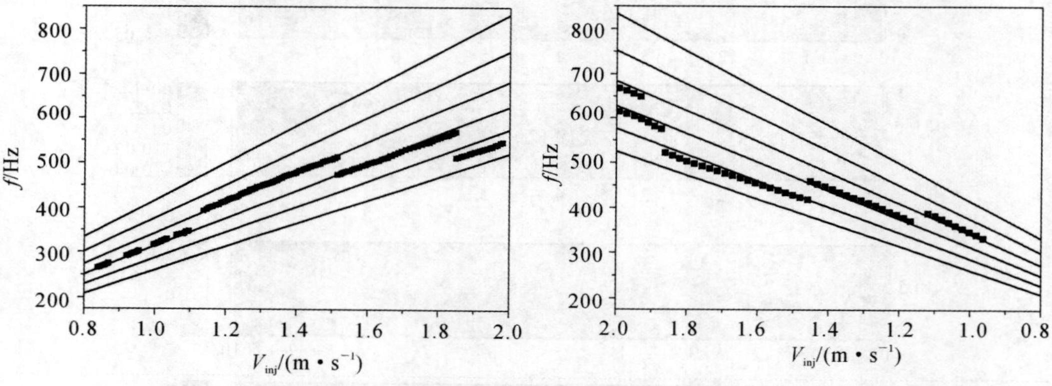


**图 6-7 理论结果(—)和实验(■)不稳定频率的比较**

**2. Dunlap 实验**

Dunlap 设计的冷流实验器半径 $R=50\text{mm}$，氮气侧向加质马赫数见表 6-2，实验中气体温度在 $257\sim286\text{K}$ 之间，本文计算中选取了温度的两边界值，取上界时，偏差在 2% 以内，取下界时，偏差在 6% 内。

**表 6-2 理论结果和实验不稳定频率的比较**

| 入射马赫数 $M_{\text{inj}}$ | 实验频率 $f_e/\text{Hz}$ | $T=257\text{K}$ $V_{\text{inj}}/(\text{m/s})$ | 理论频率 $f_t/\text{Hz}$ | $T=286\text{K}$ $V_{\text{inj}}/(\text{m/s})$ | 理论频率 $f_t/\text{Hz}$ | 入射雷诺数 $Re$ |
|---|---|---|---|---|---|---|
| 0.0018 | 140 | 0.59 | 133 | 0.62 | 140 | 4500 |
| 0.0027 | 230 | 0.92 | 221 | 0.93 | 233 | 6750 |
| 0.0036 | 280 | 1.29 | 265 | 1.24 | 280 | 9000 |

**3. VKI 实验**

VKI 流体力学研究中心的 Anthoine 设计了 Ariane 5 MPS 的 1/30 缩比冷流实验器来研究表面涡脱落引起的压强振荡。实验器长度 $L=0.63\text{m}$，直径 $D=0.076\text{m}$，喷管入口处马赫数 $Ma=0.09$，按以下公式计算得到侧向加质速度

$$V_{\text{inj}}=\frac{MaD}{4L}a_0=0.92\ \text{m/s}$$

雷诺数 $Re=2330$。实验中在 $L/R=10$ 处测得的不稳定频率为 270Hz 和 350Hz，这里的理论计算结果为 273Hz 和 337Hz，偏差在 4% 以内。

## 6.4.6　网格依赖性

在特征值的求解过程中，发现不稳定结果依赖于网格量的大小，最初以为是网格量太少，以至于结果是不收敛的。后来在内存为 200G 的工作站上做了计算，网格量达到了 120×80，发现结果依然不收敛，如图 6-8 所示，而国外同类分析中采用的网格量也仅为 100×50。

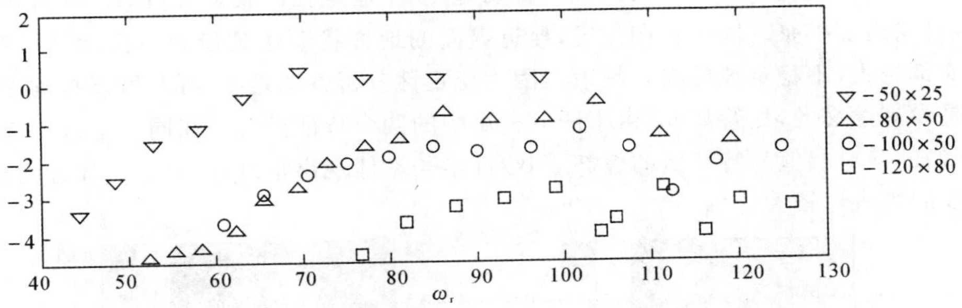


**图 6-8　轴向网格量对特征谱的影响**

最近 Boyer 对这个问题做了分析，认为是不可压算子的非正则性导致的，非正则算子的特征值对于物理参数的小扰动变化或数值计算带来的小扰动特别敏感，因此特征值很容易失稳。对于 Taylor-Culick 流动，头部基本流速度为 0，沿轴向速度一致增加，这也导致了特征函数会沿轴向放大，特征函数幅值在头部和出口的比值超过了机器精度会使得特征值计算出现奇性，从而得到与物理过程没有关系的特征模态。本节利用 Boyer 建议的方法，将计算区域分解成两部分，如图 6-9 所示。我们只计算后半部分区域 $[Z_{\text{in}},Z_{\text{out}}]$ 之间流场的稳定性，这样在边界 $z=Z_{\text{in}}$ 上，基本流速度不再为 0，从而避免了奇性的出现。

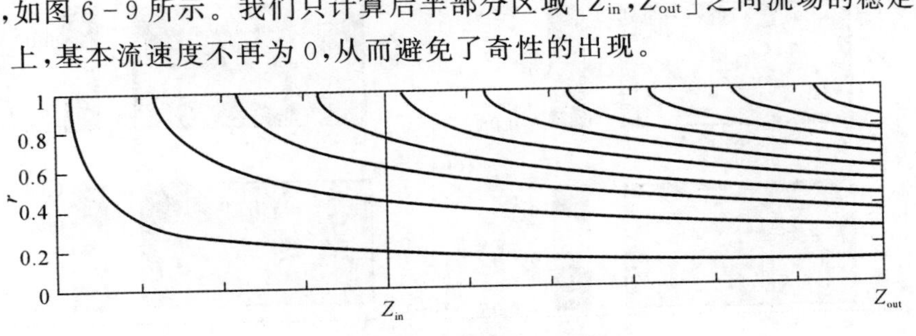


**图 6-9　计算域的分块**

首先讨论了 $[Z_{\text{in}},Z_{\text{out}}]=[4,8]$，$Re=100$ 时网格的收敛性。图 6-10 中列出了用五套网格

计算的结果，虽然不同网格量计算的特征值之间还是有一些微小的差别，但已不再强烈依赖于网格的数量。最小的网格量 50 × 25，也是前节计算整个计算域时所使用的网格量，与最大的网格量 120 × 80 计算的特征值相当一致。

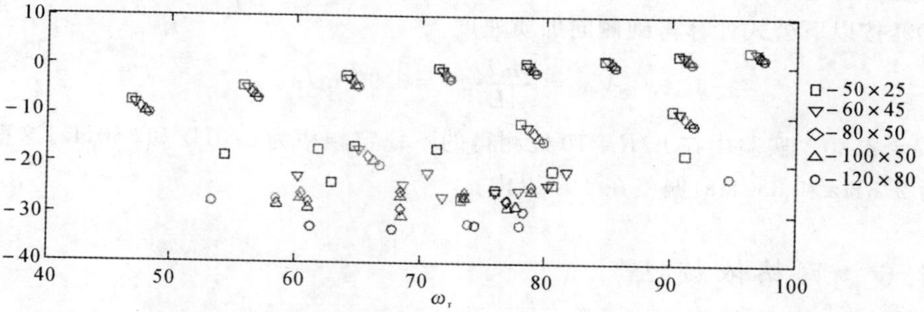


**图 6-10　网格的收敛性比较，$[Z_{in}, Z_{out}] = [4, 8]$，$Re = 100$**

图 6-11 列出了其中四个特征模态对应的特征向量，与计算域未分块时的结果图相比较，发现典型的特征没有改变，例如无论轴向扰动速度 $u_z$ 还是径向扰动速度 $u_r$，沿轴向都是逐渐增大的，且向内部扩张。同一径向位置，接近壁面的地方扰动达到最大。扰动频率越高，即特征值的实部越大，不稳定波的波长越短。因为稳定性分析方法是线性的，所以扰动速度幅值的绝对值是没有意义的，尽管如此，由于图 6-11 中的四个特征模态是在同一个目标集下计算出来的，它们的绝对幅值与特征值的虚部，即线性增长率体现出很好的一致性：线性增长率较大，扰动速度的幅值也较大。

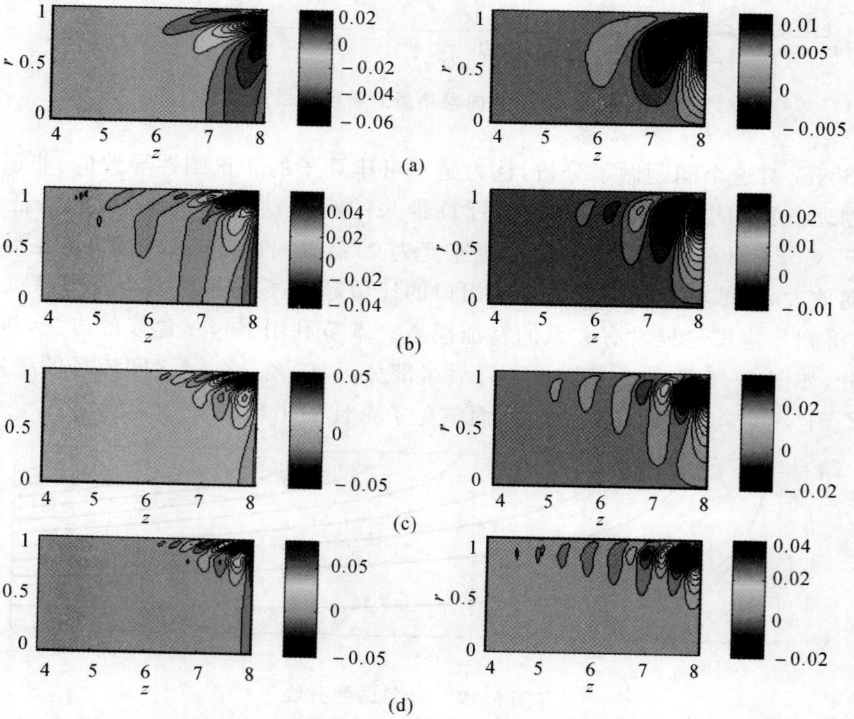


**图 6-11　四个特征向量，轴向扰动速度 $u_z$（左）和径向扰动速度 $u_r$（右），$Re = 100$**

(a)$\omega = 47.91 - 9.572i$；　(b)$\omega = 64.78 - 3.996i$；　(c)$\omega = 79.01 - 0.9678i$；　(d)$\omega = 91.48 + 1.122i$

**1. 雷诺数的影响**

计算域未分块时计算发现雷诺数对稳定性的影响是可以忽略的(见图 6-12),计算域分块后重新计算了该参数的影响。

图 6-12 中显示了多种雷诺数下的特征谱,从 $Re=100$ 到 $Re=2000$。$Re=100$ 与 $Re=1000$ 的特征谱有较大的区别,前者特征值的实部和虚部都大于后者,说明雷诺数在这个区间内,对稳定性结果是有影响的。但 $Re>1000$ 后,雷诺数对特征谱没有影响,与计算域未分块时的结论一致。发动机实际工作时,雷诺数随着时间是逐渐变化的,但典型的发动机其雷诺数都是大于 1000 的。由上述分析,其不稳定频率和增长率应该是不变的。

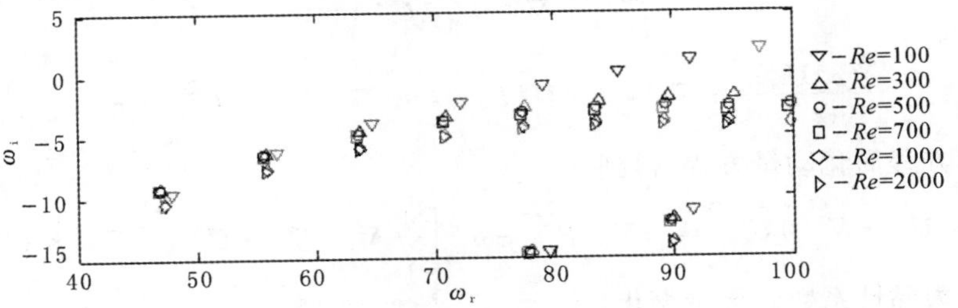


图 6-12　不同雷诺数下的特征谱

**2. 分块区域的不同对稳定性的影响**

上面的结果都是在 $[Z_{in}, Z_{out}]=[4,8]$ 时得到的,本节通过改变上下边界的位置来分析不同的分块方式对稳定性的影响。图 6-13 显示了改变上游边界对稳定性计算结果的影响,下游边界不变,上游边界向下游移动,特征值的数量减少,特征值的虚部减小,特征值的实部也发生了变化,但没有规律可循。上游边界不变,下游边界向下游移动时,特征值的数量同样减少,特征值的虚部却变大了,特征值的实部也发生了变化,有一些简单的对应关系可以发现,如图 6-14 所示。

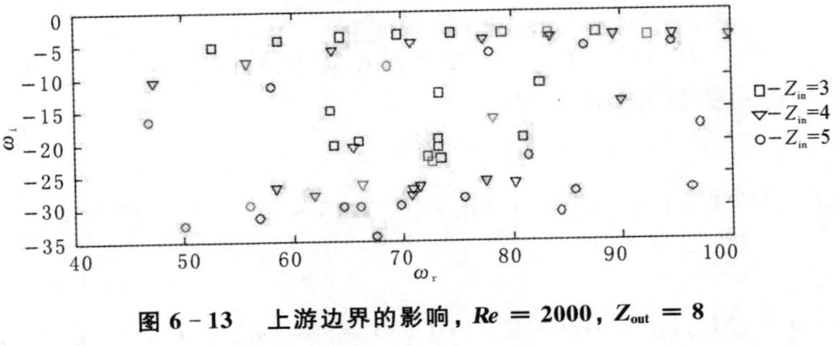


图 6-13　上游边界的影响,$Re=2000$, $Z_{out}=8$

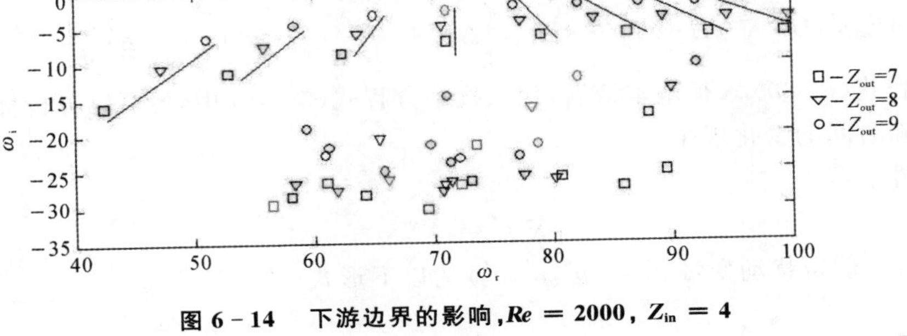


图 6-14　下游边界的影响,$Re=2000$, $Z_{in}=4$

# 6.5 可压 Taylor-Culick 流稳定性分析

## 6.5.1 控制方程

可压缩气体连续方程和动量方程分别为

$$\frac{\partial\rho^*}{\partial t^*}+\nabla^*\cdot(\rho^*\boldsymbol{U}^*)=0$$

$$\frac{\partial(\rho^*\boldsymbol{U}^*)}{\partial t^*}+\nabla^*\cdot(\rho^*\boldsymbol{U}^*\boldsymbol{U}^*)=-\nabla^*P^*-(\nabla^*\cdot\tau^*)$$

利用连续方程简化动量方程,得到

$$\rho^*\left[\frac{\partial\boldsymbol{U}^*}{\partial t^*}+(\boldsymbol{U}^*\cdot\nabla^*)\boldsymbol{U}^*\right]=-\nabla^*P^*+\mu^*\left[\frac{4}{3}\nabla^*(\nabla^*\cdot\boldsymbol{U}^*)-\nabla^*\times(\nabla^*\times\boldsymbol{U}^*)\right]$$

式中,$\mu^*$ 是动力黏性系数。无量纲化:

$$z=\frac{z^*}{R},\quad r=\frac{r^*}{R},\quad t=\frac{c_0}{R}t^*,\quad \boldsymbol{U}=\frac{\boldsymbol{U}^*}{c_0},\quad P=\frac{P^*}{\gamma p_0},\quad \rho=\frac{\rho^*}{\rho_0}$$

式中,$R$ 为通道半径。下标 0 表示头部坐标原点处的平均量。于是连续方程和动量方程可化为

$$\left.\begin{aligned}&\frac{\partial\rho}{\partial t}+\nabla\cdot(\rho\boldsymbol{U})=0\\&\rho\left[\frac{\partial\boldsymbol{U}}{\partial t}+(\boldsymbol{U}\cdot\nabla)\boldsymbol{U}\right]=-\nabla P+M_{inj}\varepsilon\left[\frac{4}{3}\nabla(\nabla\cdot\boldsymbol{U})-\nabla\times(\nabla\times\boldsymbol{U})\right]\end{aligned}\right\}\tag{6-29}$$

其中,侧向加质马赫数 $M_{\text{inj}}=V_{\text{inj}}/c_0$,$\varepsilon=1/Re$,$Re=V_{\text{inj}}R/\upsilon$。把瞬时变量分解为平均量和扰动变量的和

$$P=\bar{P}+p',\quad \rho=\bar{\rho}+\rho',\quad \boldsymbol{U}=M_{\text{inj}}\bar{\boldsymbol{U}}+\boldsymbol{u}'$$

代入方程(6-29),得到稳态基本流方程:

$$\left.\begin{aligned}&\nabla\cdot(\bar{\rho}\bar{\boldsymbol{U}})=0\\&\bar{\rho}M_{\text{inj}}^2(\bar{\boldsymbol{U}}\cdot\nabla)\bar{\boldsymbol{U}}=-\nabla\bar{P}+M_{\text{inj}}\varepsilon\left[\frac{4}{3}\nabla(\nabla\cdot\bar{\boldsymbol{U}})-\nabla\times(\nabla\times\bar{\boldsymbol{U}})\right]\end{aligned}\right\}\tag{6-30}$$

和线性扰动方程:

$$\begin{aligned}&\bar{\rho}\,\nabla\cdot\boldsymbol{u}'+\nabla\bar{\rho}\cdot\boldsymbol{u}'+M_{inj}[\rho'\,\nabla\cdot\bar{\boldsymbol{U}}+\nabla\rho'\cdot\bar{\boldsymbol{U}}]=-\frac{\partial\rho'}{\partial t}\bar{\rho}M_{\text{inj}}[(\bar{\boldsymbol{U}}\cdot\nabla)\boldsymbol{u}'+(\boldsymbol{u}'\cdot\nabla)\bar{\boldsymbol{U}}]+\\&M_{\text{inj}}^2\rho'(\bar{\boldsymbol{U}}\cdot\nabla)\bar{\boldsymbol{U}}+\nabla p'-M_{\text{inj}}\varepsilon\left[\Delta\boldsymbol{u}'+\frac{1}{3}\nabla(\nabla\cdot\boldsymbol{u}')\right]=-\bar{\rho}\frac{\partial\boldsymbol{u}'}{\partial t}\end{aligned}\tag{6-31}$$

利用稳态方程式(6-30)求得基本流后,代入扰动方程式(6-31)中,便可以分析扰动变量的特征模态以及随时间的变化规律。

等熵条件下有

$$\nabla p'=c^2\,\nabla\rho'$$

其中 $c^2=\bar{P}/\bar{\rho}$。假定扰动变量 $q'=(p',\rho',\boldsymbol{u}')$ 为以下形式

$$q' = q(r,z)\exp(m\theta - \mathrm{i}\omega t) \tag{6-32}$$

本文只考虑轴对称扰动，即 $m=0$ 的情形，于是有 $u'_\theta=0$。将式(6-32)代入方程并写成矩阵特征值问题如下

$$\boldsymbol{A}\boldsymbol{q} = \mathrm{i}\omega\boldsymbol{B}\boldsymbol{q} \tag{6-33}$$

其中 $\boldsymbol{A}$ 与 $\boldsymbol{B}$ 皆为 $3\times3$ 矩阵算子，各分量在柱坐标下的表达式为

$$A_{11} = M_{\mathrm{inj}}\left(\frac{\partial\bar{U}_r}{\partial r} + \frac{\bar{U}_r}{r} + \frac{\partial\bar{U}_z}{\partial z}\right) + M_{\mathrm{inj}}\left(\bar{U}_r\frac{\partial}{\partial r} + \bar{U}_z\frac{\partial}{\partial z}\right)$$

$$A_{12} = \bar{\rho}\left(\frac{\partial}{\partial r} + \frac{1}{r}\right) + \frac{\partial\bar{\rho}}{\partial r}$$

$$A_{13} = \bar{\rho}\frac{\partial}{\partial z} + \frac{\partial\bar{\rho}}{\partial z}$$

$$A_{21} = c^2\frac{\partial}{\partial r} + M_{\mathrm{inj}}^2\left(\bar{U}_r\frac{\partial\bar{U}_r}{\partial r} + \frac{\bar{U}_\theta}{r}\frac{\partial\bar{U}_r}{\partial\theta} - \frac{\theta^2}{r} + \bar{U}_z\frac{\partial\bar{U}_r}{\partial z}\right)$$

$$A_{22} = M_{\mathrm{inj}}\bar{\rho}\left[\bar{U}_r\frac{\partial}{\partial r} + \bar{U}_z\frac{\partial}{\partial z} + \frac{\partial\bar{U}_r}{\partial r}\right] - M_{\mathrm{inj}}\varepsilon\left[\frac{4}{3}\left(\frac{\partial^2}{\partial r^2} - \frac{1}{r^2} + \frac{1}{r}\frac{\partial}{\partial r}\right) + \frac{\partial^2}{\partial z^2}\right]$$

$$A_{23} = M_{\mathrm{inj}}\bar{\rho}\frac{\partial\bar{U}_r}{\partial z} - \frac{1}{3}M_{\mathrm{inj}}\varepsilon\frac{\partial^2}{\partial r\partial z}$$

$$A_{31} = c^2\frac{\partial}{\partial z} + M_{\mathrm{inj}}^2\left(\bar{U}_r\frac{\partial\bar{U}_z}{\partial r} + \frac{\bar{U}_\theta}{r}\frac{\partial\bar{U}_z}{\partial\theta} + \bar{U}_z\frac{\partial\bar{U}_z}{\partial z}\right)$$

$$A_{32} = M_{\mathrm{inj}}\bar{\rho}\frac{\partial\bar{U}_z}{\partial r} - \frac{1}{3}M_{\mathrm{inj}}\varepsilon\left(\frac{\partial^2}{\partial r\partial z} + \frac{1}{r}\frac{\partial}{\partial z}\right)$$

$$A_{33} = M_{\mathrm{inj}}\bar{\rho}\left[\bar{U}_r\frac{\partial}{\partial r} + \bar{U}_z\frac{\partial}{\partial z} + \frac{\partial\bar{U}_z}{\partial z}\right] - M_{\mathrm{inj}}\varepsilon\left[\frac{\partial^2}{\partial r^2} + \frac{1}{r}\frac{\partial}{\partial r} + \frac{4}{3}\frac{\partial^2}{\partial z^2}\right]$$

$$B_{12} = B_{13} = B_{21} = B_{23} = B_{31} = B_{32} = 0$$

$$B_{11} = 1$$

$$B_{22} = B_{33} = \bar{\rho}$$

## 6.5.2　基本流

Majdalani 得到了稳态可压缩，有旋且无黏的可压缩 Taylor-Culick 流的精确解，下面简单介绍一下求解过程。在上述假设之下，有量纲稳态基本流方程退化为如下形式：

$$\nabla^*\cdot(\rho^*\boldsymbol{U}^*) = 0$$

$$\rho^*(\boldsymbol{U}^*\cdot\nabla^*)\boldsymbol{U}^* = -\nabla^*P^*$$

无量纲过程

$$r = \frac{r^*}{R},\quad z = \frac{z^*}{R},\quad \boldsymbol{U} = \frac{\boldsymbol{U}^*}{c_0},\quad P = \frac{P^*}{P_0},\quad \rho = \frac{\rho^*}{\rho_0}$$

下标“0”代表坐标原点处的值。引入流函数 $\psi$：

$$\boldsymbol{U} = U_r\boldsymbol{e}_r + U_z\boldsymbol{e}_z = -\frac{1}{\rho r}\frac{\partial\psi}{\partial z}\boldsymbol{e}_r + \frac{1}{\rho r}\frac{\partial\psi}{\partial r}\boldsymbol{e}_z$$

则流函数自动满足了连续方程。并且有

$$\boldsymbol{\Omega} = \nabla\times\boldsymbol{U} = \boldsymbol{\Omega}\boldsymbol{e}_\theta = \left[-\frac{1}{r}\frac{\partial}{\partial z}\left(\frac{1}{\rho}\frac{\partial\psi}{\partial z}\right) - \frac{\partial}{\partial r}\left(\frac{1}{\rho r}\frac{\partial\psi}{\partial r}\right)\right]\boldsymbol{e}_\theta \tag{6-34}$$

动量方程可以改写为

$$\frac{1}{2}\nabla(\boldsymbol{U}\cdot\boldsymbol{U})-\boldsymbol{U}\times\boldsymbol{\Omega}=-\frac{\nabla p}{\rho\gamma} \quad 或 \quad \frac{1}{2}\rho\nabla\left[-\frac{\nabla\psi\cdot\nabla\psi}{(\rho r)^2}\right]+\frac{\Omega}{r}\nabla\psi=-\frac{\nabla p}{\gamma} \tag{6-35}$$

式(6-35)两端取旋度得到涡输运方程

$$\nabla\times(\boldsymbol{U}\times\boldsymbol{\Omega})=-\frac{\nabla\rho\times\nabla p}{\rho^2\gamma} \tag{6-36}$$

涡方程(6-36)可以改写为

$$\mathrm{D}^2\psi+\rho r\Omega=\frac{\nabla\rho\cdot\nabla\psi}{\rho} \tag{6-37}$$

其中

$$\mathrm{D}^2=\frac{\partial^2}{\partial x^2}+\frac{\partial^2}{\partial r^2}-\frac{1}{r}\frac{\partial}{\partial r}$$

等熵条件下

$$p=\rho^{\gamma} \tag{6-38}$$

边界条件为

$$U_r(0,z)=0,\quad U_z(1,z)=0,\quad U_r(1,z)=-M_{\mathrm{inj}},\quad U_z(r,0)=0 \tag{6-39}$$

基于边界条件(6-39),利用扰动方法求解方程式(6-34)~式(6-38),得到可压缩Taylor-Culick流精确解:

$$\psi=M_{\mathrm{inj}}\psi_0\left[1-\frac{1}{4}M_{\mathrm{inj}}^2\left(\pi^2z^2\left(1+\frac{1}{3}\cos2\eta\right)+2\right)\right],\quad \psi_0=z\sin\eta,\eta=\frac{1}{2}\pi r^2$$

$$U_z=M_{\mathrm{inj}}U_z^0\left[1+\frac{1}{4}M_{\mathrm{inj}}^2\left(\pi^2z^2\left(\frac{5}{3}-\cos2\eta\right)+\frac{1}{r^2}(1-\cos2\eta)-2\right)\right],\quad U_z^0=\pi z\cos\eta$$

$$U_r=M_{\mathrm{inj}}U_r^0\left[1-\frac{1}{4}M_{\mathrm{inj}}^2\left(\pi^2z^2(1+\cos2\eta)-\frac{1}{r^2}(1-\cos2\eta)+2\right)\right],\quad U_r^0=-\frac{1}{r}\sin\eta$$

$$p=1-\frac{1}{2}\pi\gamma M_{\mathrm{inj}}^2\left(\pi z^2+\frac{1}{2\eta}\sin^2\eta\right)-\frac{1}{8}\pi^2\gamma M_{\mathrm{inj}}^4\left[\frac{1}{3}\pi^2z^4+z^2(\pi\eta-4)+\frac{1}{4}\eta\left(3\eta-\frac{8}{\pi}\right)\right]$$

$$\rho=1-\frac{1}{2}\pi M_{\mathrm{inj}}^2\left(\pi z^2+\frac{1}{2\eta}\sin^2\eta\right)-\frac{1}{8}\pi^2M_{\mathrm{inj}}^4\left[\frac{1}{3}\pi^2z^4(3\gamma-2)+\pi z^2\left(\eta+\frac{1}{\eta}(\gamma-1)\sin^2\eta-\frac{4}{\pi}\right)\right]$$

**1. 与不可压基本流的比较**

为了方便比较,在这里列出了不可压 Taylor-Culick 基本流的解表达式

$$U_r=-\frac{1}{r}\sin\left(\frac{\pi r^2}{2}\right),\quad U_z=\pi z\cos\left(\frac{\pi r^2}{2}\right),\quad P=-\frac{\pi^2z^2}{2}-\frac{1}{2r^2}\sin^2\left(\frac{\pi r^2}{2}\right)+P_0$$

可以看到,可压基本流速度的第一项与不可压基本流速度只相差 $M_{\mathrm{inj}}$,这是由于无量纲参考量的不同引起的。求解不可压基本流时,采用的速度无量纲参考量为侧向加质速度 $V_{\mathrm{inj}}$,而在可压基本流求解时,速度无量纲参考量采用了头部声速 $c_0$。从解的形式上讲,可压缩基本流解是对不可压解进行高阶修正得到的。图 6-15 显示了可压缩基本流与不可压缩基本流的流线,实线为可压缩基本流,虚线为不可压缩基本流。在通道的前端,不可压基本流和可压基本流相同,沿着轴向速度逐渐增加,可压缩性的作用便体现了出来。比较侧向加质马赫数 $M_{\mathrm{inj}}$ 为 0.004 和 0.01 两种工况,$M_{\mathrm{inj}}$ 越大,可压缩性出现的位置越靠前。$M_{\mathrm{inj}}$ 从 0.004 增加到 0.01,轴向位置也从 $z=45$ 上移到 $z=20$,此时两者出口处不可压基本流和可压基本流流线的差异才大

致相同。

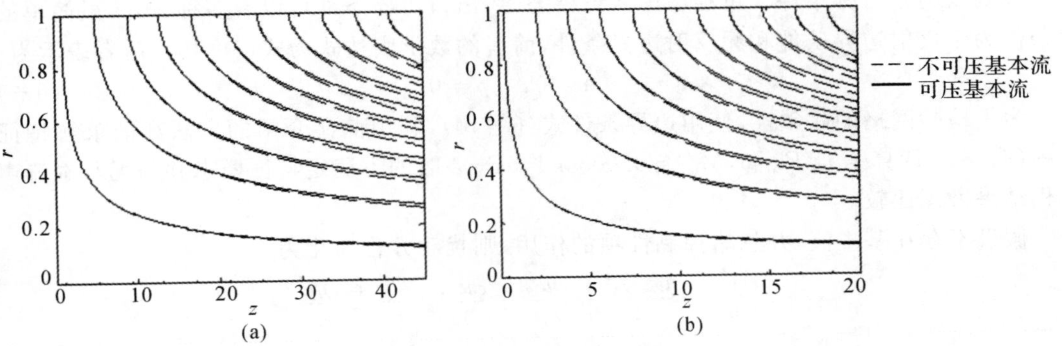


**图 6-15　不可压与可压基本流的比较**

(a)$M_{\text{inj}} = 0.004$；(b)$M_{\text{inj}} = 0.01$

图 6-16 比较了轴向不同位置处可压缩基本流与不可压缩基本流的流速大小。依赖于侧向加质马赫数 $M_{\text{inj}}$，$M_{\text{inj}}$ 为 0.004 时，无量纲轴向位置 $z=20$ 之前流动可以当作是不可压的，此时使用不可压 Taylor-Culick 解来计算是可以的。$M_{\text{inj}}$ 为 0.01 时，在 $z=10$ 下游可压缩性已经起作用了，因此如果计算域大于该值，则计算时应该使用可压缩基本流解。

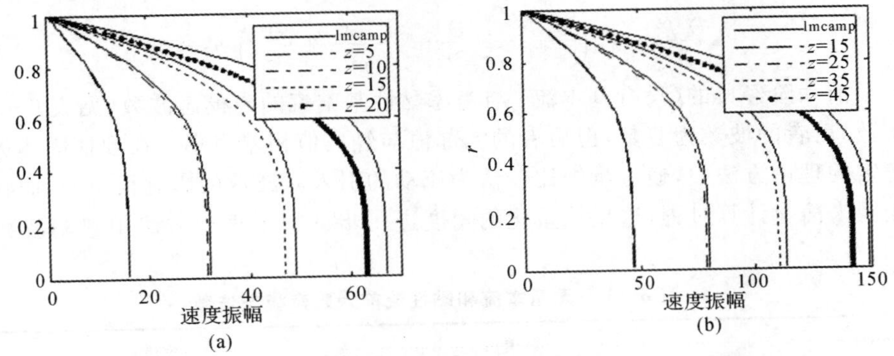


**图 6-16　不可压(—)与可压(标记线)基本流不同轴向位置处的比较**

(a)$M_{\text{inj}} = 0.004$；(b)$M_{\text{inj}} = 0.01$

## 6.5.3　结果分析

扰动速度可以分解为

$$\boldsymbol{u}' = \hat{\boldsymbol{u}} + \tilde{\boldsymbol{u}} + \breve{\boldsymbol{u}}$$

前两者分别代表声和涡部分，此处的涡是对经典的声无旋假定的修正，与声波是一体的，因此也合称为涡声波(vortico-acoustic wave)，第三项为流动稳定性部分(hydrodynamic wave)。可压缩流动稳定性分析可以同时得到扰动速度的全部分量，特征谱分为涡声部分和流动稳定性部分，下面分别来讨论它们的特征。

**1. 涡声模态(vortico-acoustic mode)**

求解特征值问题需要合适的边界条件，在头部，加质壁面取刚性反射声边界条件，即

$$\boldsymbol{n}\cdot\boldsymbol{u}=0,\quad \boldsymbol{n}\cdot\nabla p=0 \tag{6-40}$$

中心线处设为轴对称条件。单独考虑涡声模态时，出口边界条件可以有多种方式，最简单的边界条件为全反射边界条件和无反射边界条件，前者的数学表达式为式(6-40)，后者表示为

$$\partial_z\boldsymbol{u}=0,\quad p=0 \tag{6-41}$$

为了检验网格的收敛性，使用边界条件式(6-40)，利用前文介绍的方法离散求解特征值方程(6-33)计算了 $L/R=6, M_{\text{inj}}=0.003, \varepsilon=5\text{E}-4$ 时的不稳定特征模态并与无基本流声波方程结果做了比较。

假设不存在基本流，并忽略掉黏性项的作用，则扰动方程简化为

$$\frac{\partial u'_r}{\partial r}+\frac{u'_r}{r}+\frac{1}{r}\frac{\partial u'_\theta}{\partial \theta}+\frac{\partial u'_z}{\partial z}=-\frac{1}{c_0^2}\frac{\partial p'}{\partial t}$$

$$\frac{\partial \rho'}{\partial r}=-\frac{\partial u'_r}{\partial t}$$

$$\frac{1}{r}\frac{\partial \rho'}{\partial \theta}=-\frac{\partial u'_\theta}{\partial t}$$

$$\frac{\partial \rho'}{\partial z}=-\frac{\partial u'_z}{\partial t}$$

第一式两端对时间 $t$ 微分，并用后三式替换第一式中速度的时间导数项，同时利用等熵关系，得到柱坐标下的三维波动方程

$$\frac{\partial^2 p'}{\partial t^2}-c_0^2\left(\frac{\partial^2}{\partial r^2}+\frac{1}{r}\frac{\partial}{\partial r}+\frac{1}{r^2}\frac{\partial^2}{\partial \theta^2}+\frac{\partial^2}{\partial z^2}\right)p'=0$$

计算了前六阶经典的(没有基本流)与考虑黏性基本流的声模态波数(见表 6-3)，前者的波数为实数，后者的波数为复数，但后者的实部值与经典值相差很小。在预估固体火箭发动机燃烧不稳定的理论方法中，通过量纲比较认为流动的引入对波数的影响很小，从而在计算中假定两者相同来简化计算过程，这里从量化的角度进一步证明了理论方法中忽略波数的变化是合理的。

**表 6-3　无基本流和黏性流前六阶声模态波数**

| 模态 | 精确解（无基本流） | 数值解（无基本流） | 数值解（有基本流） | | |
|---|---|---|---|---|---|
| | | 30×20 | 40×30 | 60×40 | 80×50 |
| 1 | π/6≈0.52359877559830 | 0.52359877559829 | 0.522914 −0.005657i | 0.522872 −0.006222i | 0.523060 −0.006173 |
| 2 | π/3≈1.04719755119660 | 1.04719755119659 | 1.045859 −0.006629i | 1.045737 −0.005876i | 1.046233 −0.006232i |
| 3 | π/2≈1.57079632679490 | 1.57079632679489 | 1.569266 −0.006671i | 1.568595 −0.006441i | 1.568904 −0.005829i |
| 4 | 2π/3≈2.09439510239320 | 2.09439510239320 | 2.092532 −0.006889i | 2.091846 −0.006955i | 2.091556 −0.006254i |
| 5 | 5π/6≈2.61799387799149 | 2.61799387799151 | 2.615809 −0.006771i | 2.615173 −0.007081i | 2.614543 −0.006626i |
| 6 | π≈3.14159265358979 | 3.14159265358866 | 3.138947 −0.006941i | 3.138396 −0.007312i | 3.137628 −0.007073i |

涡声模态的前两阶振型如图 6-17 所示，可以看出无滑移边界条件对压力的分布没有影响

（见图 6－17（a）和（b）），但对轴向速度的作用很大，在加质壁面处形成了明显的声边界层结构，径向扰动速度的幅值很小，解析方法证明其与轴向扰动速度相差 $M_{\rm inj}$，数值结果也是如此，因此没有列出。

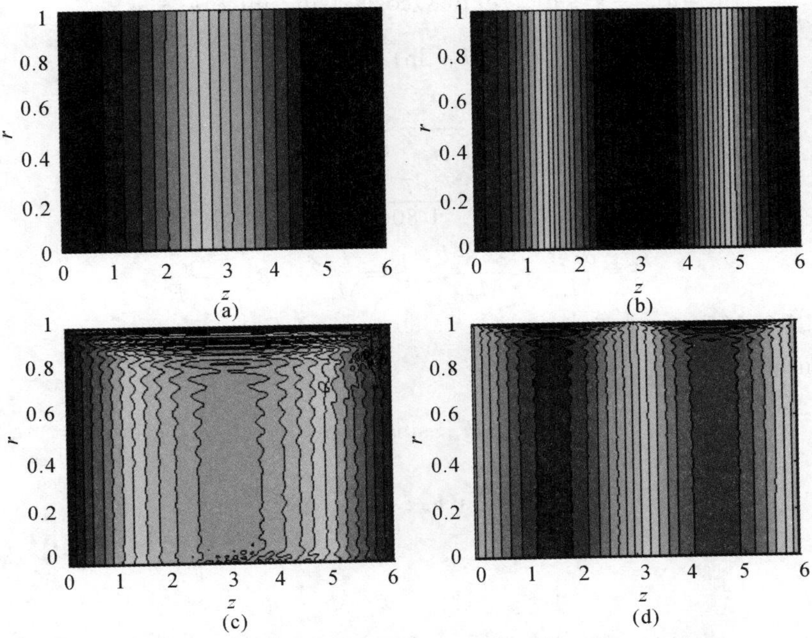


**图 6－17　前两阶涡声模态振型，$L/R=6$，$M_{\rm inj}=0.003$，$\varepsilon=5{\rm E}-4$**

（a）一阶压力振型；（b）二阶压力振型；（c）一阶轴向速度振型；（d）二阶轴向速度振型

燃烧不稳定预估方法中一直都在使用下式的轴向声波解来分析发动机燃烧稳定性水平，

$$\hat{p}={\rm e}^{-{\rm i}kt}\cos(k_m z),\quad \hat{u}={\rm i}{\rm e}^{-{\rm i}kt}\sin(k_m z)e_z,\quad k_m=\frac{m\pi}{l},\quad m=1,2,3,\cdots \tag{6-42}$$

Culick 的拟一维理论算法结果与实验结果比较后发现理论结果计算的稳定性边界偏小，预估结果为稳定的发动机点火试验时都是不稳定的。后面改进时引入了“流转向”这一能量损失项，它的物理意义解释为，垂直燃面进入燃烧室通道的燃气与燃烧室主流气体速度存在一个角度，因此燃气进入燃烧室后速度要发生偏转从而与主流气体速度一致，这样其动量必然会有所损失。在推广一维算法到三维时，流转向的引入便遇到了问题。Flandro 认为上式的简单正余弦声波解不满足边界无滑移条件，必需对其进行修正。Flandro 使用涡方程和奇异扰动方法，Majdalani 利用变量分离和多尺度方法分别得到了满足边界无滑移条件的涡声解。

首先列出 Flandro 的计算结果，波压分解为无旋可压部分 $\hat{p}$ 和有旋不可压部分 $\tilde{p}$，波速同样分解为无旋可压部分 $\hat{u}$ 和有旋不可压部分 $\tilde{u}$，

$$p'=\hat{p}+\tilde{p},\quad u'=\hat{u}+\tilde{u}$$

经典的声波解都假定声压和声速是无旋的，因此得到了扰动解的第一部分，即式（6－42）表示的声波解。Flandro 得到的第二部分为

$$\tilde{p}={\rm i}M_{\rm inj}\exp(-{\rm i}kt)\sin(2x)\exp(\phi+{\rm i}\psi)\left(\frac{1}{2}\pi z\right)\sin[\sin(x)k_m z]$$

$$\tilde{u}_z = \mathrm{i}\exp(-\mathrm{i}kt) r U_r \exp(\phi + \mathrm{i}\psi)\sin[\sin(x)k_m z]e_z = \exp(\alpha_m t)[\tilde{u}_m^{(r)}\sin(k_m t) + \tilde{u}_m^{(i)}\sin(k_m t)]$$

其中

$$\tilde{u}_m^{(r)} = \sin(x)\exp(\phi)\sin(\psi)\sin[\sin(x)k_m z]e_z$$

$$\tilde{u}_m^{(i)} = -\sin(x)\exp(\phi)\cos(\psi)\sin[\sin(x)k_m z]e_z$$

$$\psi(r) = -[k_m/\pi M_{\mathrm{inj}}]\ln\tan\left(\frac{1}{2}x\right), \quad x = \frac{1}{2}\pi r^2$$

$$\phi(r) = \frac{\xi}{\pi^2}\left[1 - \frac{1}{\sin(x)} - x\frac{\cos(x)}{\sin(x)} + I(x) - I\left(\frac{\pi}{2}\right)\right]$$

$$I(x) = x + \frac{1}{18}x^3 + \frac{7}{1\ 800}x^5 + \frac{31}{105\ 840}x^7 + \cdots$$

$$\xi = \frac{\delta^2 k_m^2}{M_{\mathrm{inj}}^3} = \frac{\delta^2 S^2}{M_{\mathrm{inj}}}, \quad S = \frac{k_m}{M_{\mathrm{inj}}}, \quad \delta^2 = \frac{\nu}{a_0 R}$$

上标 r,i 分别表示复数的实部和虚部。

Majdalani 的结果如下,

$$\tilde{u}_z = -\frac{\varepsilon_w}{\gamma}\mathrm{i}\sin\theta\sin(k_m z\sin\theta)\exp(\zeta - \mathrm{i}(k_m t + \Phi))$$

$$\tilde{u}_r = -\frac{\varepsilon_w}{\gamma}\frac{M_{\mathrm{inj}}}{r}\sin^3\theta\cos(k_m z\sin\theta)\exp(\zeta - \mathrm{i}(k_m t + \Phi)) \tag{6-43}$$

其中

$$\zeta = \zeta_0 + \zeta_1, \quad \Phi = \Phi_0 + \Phi_1$$

$$\zeta_0(r) = \zeta\eta(r)r^3\csc^3\theta, \quad \Phi_0(r) = (Sr/\pi)\ln\tan(\theta/2)$$

$$\zeta_1(r) = -\frac{2\pi^2}{Sr^2}\xi\eta(r)r^3\csc^3\theta\left(\cos 2\theta + \frac{\sin 2\theta}{2\theta}\right)$$

$$\Phi_1(r) = -2\pi\frac{\xi}{Sr}\eta(r)r\csc^2\theta(1 + 3\theta\cot\theta)$$

$$z = \frac{z^*}{R} = \frac{z^*}{L}\frac{L}{R}, \quad \xi = \frac{1}{S_p} = \frac{k_m^2\delta^2}{M_{\mathrm{inj}}^3}, \quad \theta = \frac{1}{2}\pi r^2$$

$$\eta(r) = -y\left(1 + qy^g\left(\frac{y}{r} - g\ln r\right)\right)^{-1}, \quad q = g = \frac{3}{2}, \quad y = 1 - r, \quad Sr = \frac{\omega_0 R}{V_{\mathrm{inj}}} = \frac{k_m}{M_{\mathrm{inj}}}$$

由于采用的求解方法不同,两类解不能等价的转化过去,但在下文计算的范围之内,它们的结果是完全相同的,因此下文中只列出 Majdalani 的解析结果。

选择了如图 6-18 所示的两种工况,对数值解与解析解做了比较。虽然侧向加质马赫数 $M_{\mathrm{inj}}$ 比真实发动机中的数据要大很多,但此处只是验证数值方法的可靠性。可以看到,两类解析解吻合的相当好,与数值解也一致,但其幅值小于数值计算的结果。Akiki 研究可压缩 Taylor 平面流的稳定性时也出现了这种偏差,他认为出现这种情况最主要的原因可能是解析方法把有旋量和无旋量分开去求解,而数值方法是整体求解,但 Chedevergne 发现解析涡声解和流动稳定性模态的叠加可以准确地重现 DNS 结果。

**2. 流动稳定性模态(hydrodynamic mode)**

计算流动稳定性时的边界条件需要特别考虑,尤其是下游出口处的边界条件。在尝试了多种出口边界条件之后,认为出口处取插值条件较为理想。在出口处取零法向应力边界条件,

即 $\partial_z \boldsymbol{u}=0, p=0$，得到了与实验相符的结果，这里在出口处也采用该边值条件。此时对于涡声模态来说，出口处等于“开”边界，即无反射边界。

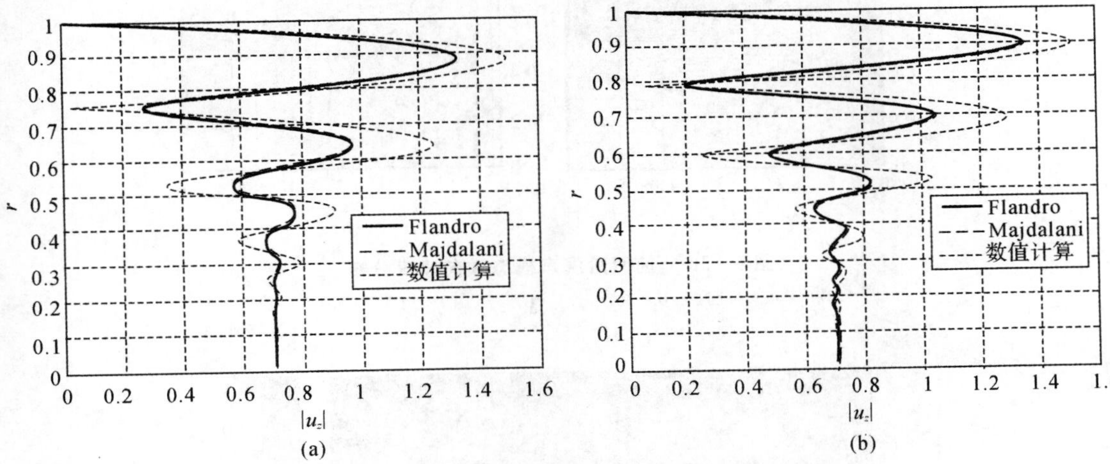


**图 6-18　数值结果和解析结果的比较**

(a)$m=1, L/R=12, M_{\text{inj}}=0.01, \varepsilon=5.42\text{E}-6$；　(b)$m=1, L/R=20, M_{\text{inj}}=0.005, \varepsilon=5.45\text{E}-6$

计算得到的特征谱如图 6-19 所示，实心圆点对应于涡声的前三阶模态，实心方框为流动稳定性模态。流动稳定性模态与不可压流动稳定性计算结果有定性的相似性，即特征值频率是离散的，时间增长率为负值，随着特征值实部频率增加，虚部先增大后减小。其特征频率明显靠近第二阶涡声模态。

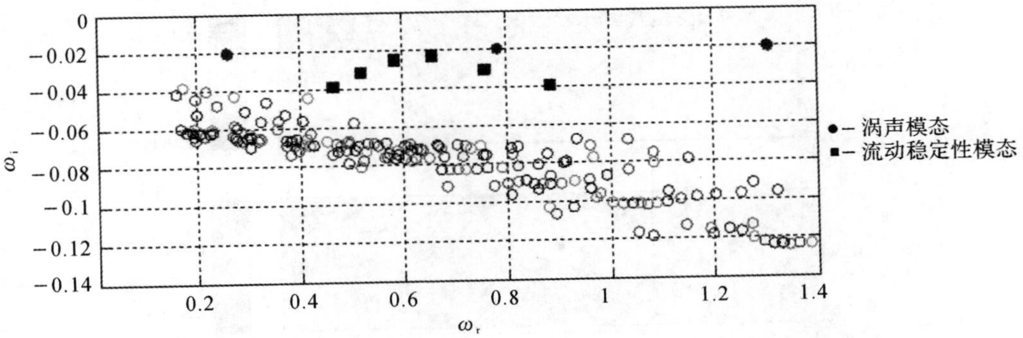


**图 6-19　涡声模态和流动稳定性模态特征谱，$M_{\text{inj}}=0.01, \varepsilon=5.42\text{E}-6, L/R=6$**

图 6-20 显示了前两阶涡声模态轴向速度分布，由于计算流动稳定性模态时出口边界为开边界，即无反射边界，因此轴向扰动速度在出口处为波峰。图 6-21(a) 为两个流动稳定性特征值对应的特征函数，后者的频率高于前者，图 6-21(b) 中表现为流动稳定性波长小于前者，且其出现位置靠后，这些特点与不可压流动稳定性分析的结果一致。

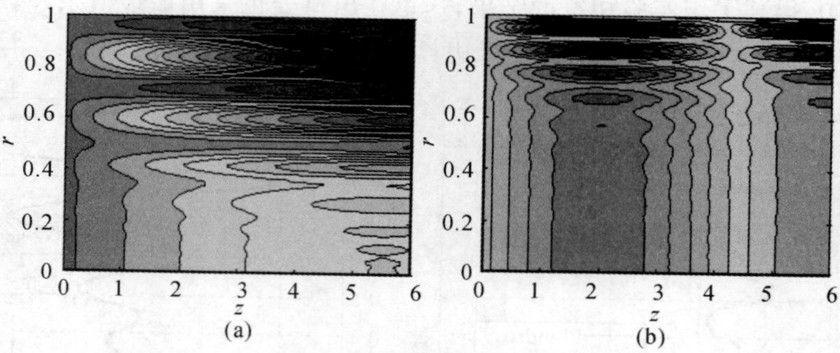


**图 6-20　前两阶涡声模态轴向速度分布**

(a)$\omega = 0.261191 - 0.020200\mathrm{i}$；　(b)$\omega = 0.782669 - 0.019650\mathrm{i}$

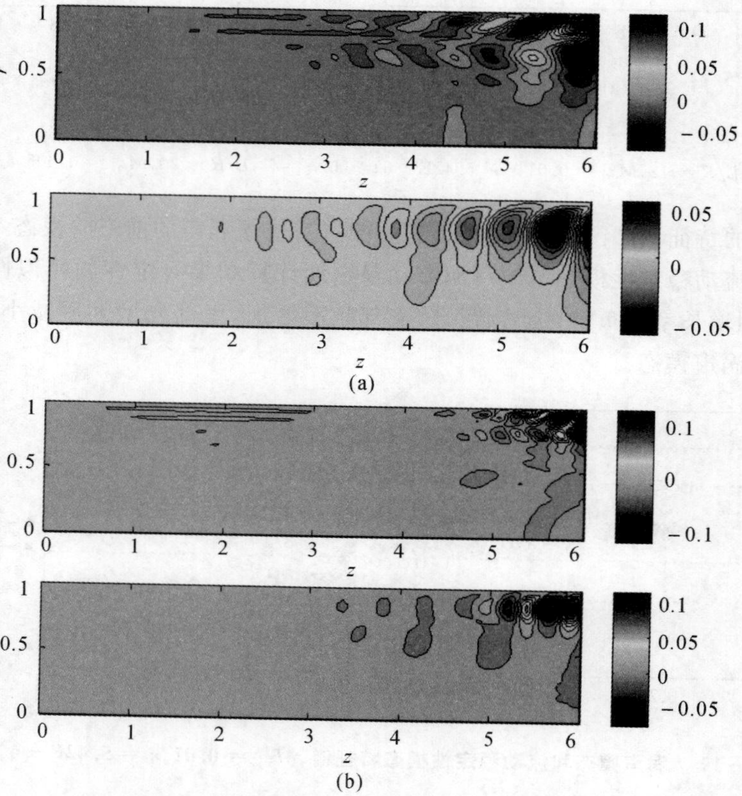


**图 6-21　轴向速度 $u_z$（上）和径向速度 $u_r$（下）分布**

(a)$\omega = 0.584 - 0.024\mathrm{i}$；　(b)$\omega = 0.884 - 0.039\mathrm{i}$

## 6.5.4　参数的影响分析

不可压缩稳定性分析中的流动控制参数只有雷诺数 $Re = V_{\mathrm{inj}}R/\nu$，可压缩稳定性分析中出现了两个参数，侧向加质马赫数 $M_{\mathrm{inj}}$ 和雷诺数 $Re = V_{\mathrm{inj}}R/\nu$。但雷诺数 $Re$ 依赖于侧向加质速

度 $V_{inj}$，而 $V_{inj}$ 与 $M_{inj}$ 可以通过声速 $c_0$ 联系起来 $M_{inj}=V_{inj}/c_0$，因此这两个参数是不独立的。同时由于 $M_{inj}$ 也单独出现在控制方程式(6-31)中某些项的系数中，也是没有办法消去的。可压缩流解析理论分析中经常使用与声雷诺数有关的参数 $\delta^2=\nu/c_0R$。采用 $\delta^2$ 来分析便排除了侧向加质速度 $V_{inj}$ 或马赫数 $M_{inj}$ 的影响，这样选取的两个研究参数 $M_{inj}$，$\delta^2$ 是相互独立的，对于分析问题是相当有益的。

**1. 侧向加质马赫数 $M_{inj}$ 的影响**

计算了三种侧向加质马赫数 $M_{inj}$ 下的特征谱，如图 6-22 所示，实心点表示前三阶涡声模态，空心点为流动稳定性模态。从图 6-22 中可以看到，侧向加质马赫数 $M_{inj}$ 对涡声模态的实部影响不大，涡声模态的虚部随 $M_{inj}$ 的增加而减小。流动稳定性模态的实部随 $M_{inj}$ 的增加而增大，表现在图 6-22 中向右移动，其虚部则随 $M_{inj}$ 的增加而减小。VKI 实验中侧向加质马赫数 $M_{inj}$ 较低时，激发了前两阶声模态的共振，增加 $M_{inj}$，则三四阶声模态被激发，这与本文理论结果是一致的。$M_{inj}=0.01$ 时，流动稳定性模态与第二阶涡声模态频率很接近，因此，该种工况下较容易发生第二阶声模态与表面涡脱落的耦合作用。降低 $M_{inj}$ 到 0.006 时，流动稳定性模态开始接近第一阶涡声模态频率，$M_{inj}$ 再减少到 0.003 时，流动稳定性模态已快越过第一阶涡声模态频率，因此，$M_{inj}$ 在 0.003～0.006 之间时，很容易发生第一阶声模态与表面涡脱落的耦合作用。可以看到侧向加质马赫数 $M_{inj}$ 的变化会引起流动稳定性模态的改变，从而导致声涡耦合条件的变化。

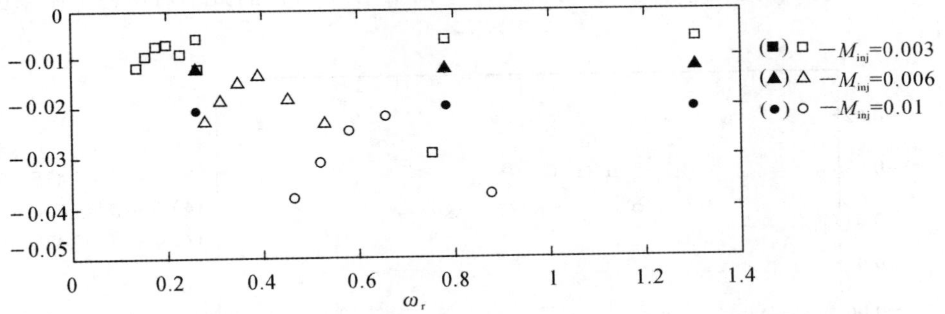


**图 6-22　涡声模态和流动稳定性模态特征谱，$\delta^2=5.42E-7$，$L/R=6$**

下面比较上述可压缩得到的流动稳定性模态与不可压计算的结果，来分析压缩性对流动稳定性的影响。可压缩稳定性分析时，时间无量纲参考量为

$$t=\frac{c_0}{R}t^*$$

因此，角频率的无量纲关系为

$$\omega_{comp}=\frac{R}{c_0}\omega^*$$

与不可压稳定性分析中角频率的关系为

$$\omega_{incomp}=\frac{R}{V_{inj}}\omega^*=\frac{c_0}{V_{inj}}\frac{R}{c_0}\omega^*=\frac{\omega_{comp}}{M_{inj}}$$

利用上式，将图 6-23 中的特征谱转化为不可压特征谱，如图 6-23 所示，发现三种侧向加质马赫数 $M_{inj}$ 下得到的流动模态重合在一起，意味着流动模态本质上是依赖于侧向加质速度

$V_{\text{inj}}$ 和半径 $R$，而不是侧向加质马赫数 $M_{\text{inj}}$。不可压流动模态与可压流动模态的特征谱无论实部还是虚部都处在相近的区间内，尽管具体数值存在差异。

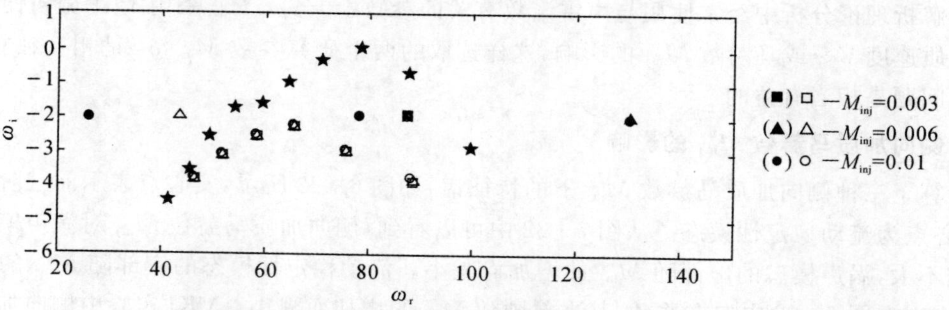


**图 6-23　不可压流动模态(★)和量纲变换后的可压缩模态，$\delta^2=5.42\text{E}-7$，$L/R=6$**

**2. 声雷诺数的影响**

声雷诺数的倒数 $\delta^2$ 定义为 $\delta^2=\nu/c_0R$，比较了三种工况下的特征谱，如图 6-24 所示。实心点表示前三阶涡声模态，空心点为流动稳定性模态。从图中看到，尽管三种工况对应三个量级的 $\delta^2$ 值，但涡声模态的值却基本不受影响。$\delta^2$ 从 5.42E－6 降低到 5.42E－7 时，流动稳定性模态的实部变化很小，其虚部增大较多。而当 $\delta^2$ 从 5.42 E－7 降低到 5.42 E－8 时，流动稳定性模态的实部虚部变化都很小，说明当 $\delta^2$ 小于 5.42 E－7，$\delta^2$ 的减小对不稳定结果已经不产生影响了。

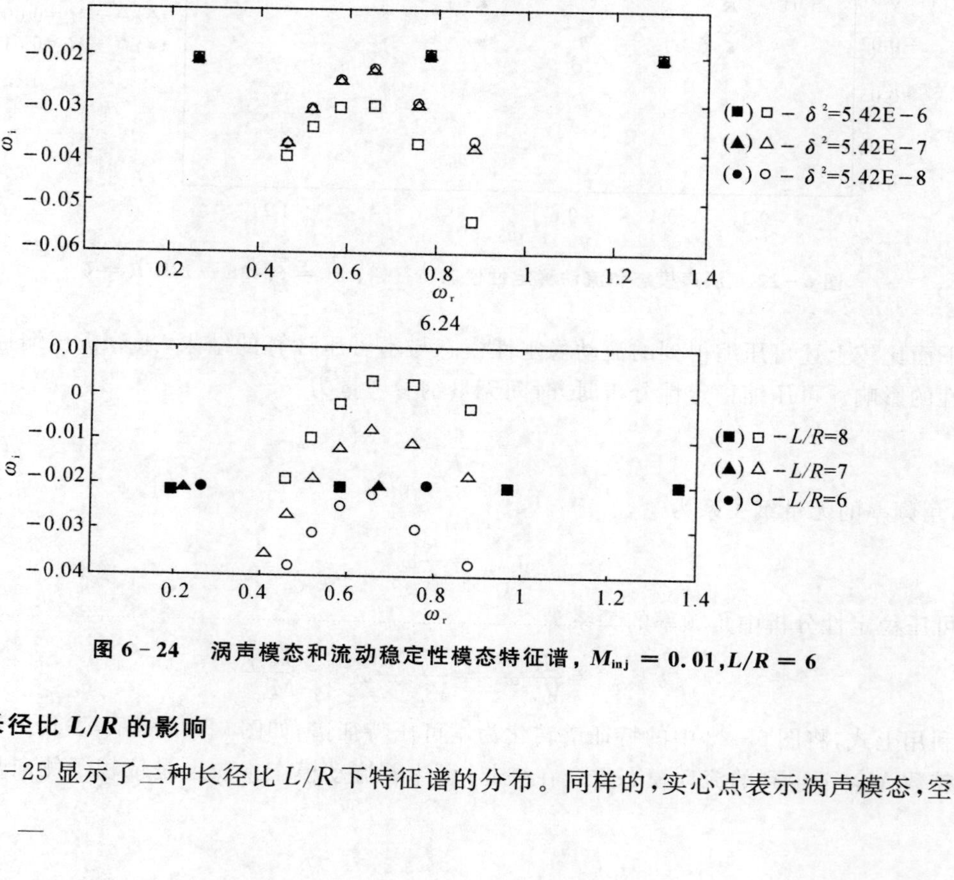


**图 6-24　涡声模态和流动稳定性模态特征谱，$M_{\text{inj}}=0.01$，$L/R=6$**

**3. 长径比 $L/R$ 的影响**

图 6-25 显示了三种长径比 $L/R$ 下特征谱的分布。同样的，实心点表示涡声模态，空心点

为流动稳定性模态。长径比 $L/R$ 变大，涡声模态的实部减小，虚部基本不变。图 6-25 中列出了 $L/R=\{6,7\}$ 的前三阶涡声模态和 $L/R=8$ 的前四阶涡声模态。随着 $L/R$ 的增大，流动稳定模态的实部变化较小，而其虚部增大较多。流动模态显出的特点与不可压情况相同。

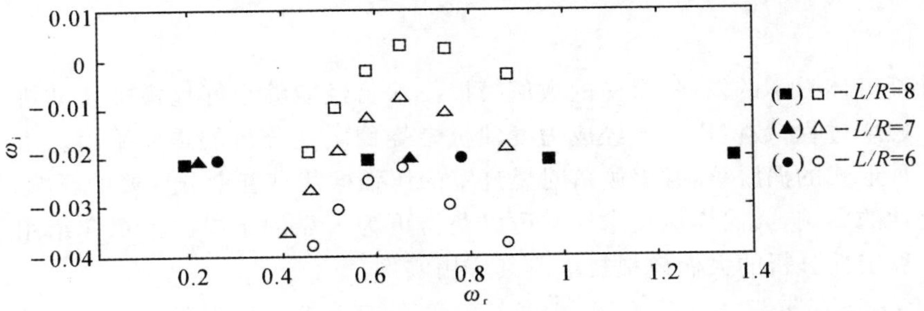


**图 6-25　涡声模态和流动稳定性模态特征谱，$M_{inj}=0.01, \delta^2=5.42E-7$**

# 6.6　本章小结

本章介绍了 Taylor-Culick 流的稳定性分析方法，对不可压和可压两种情况开展了流动稳定性分析，分析了关键参数对流动稳定性的影响。流动稳定性分析涉及复杂的模型和算法，由于篇幅的限制，书中的内容介绍相对简单。由于 N-S 算子的非正则性，当前的整体稳定性分析依然存在网格依赖性问题，值得开展进一步的深入研究。

# 第7章 固体发动机燃烧不稳定的大涡模拟

随着计算流体力学的发展，目前的数值模拟技术已经能够很好地模拟发动机中的非稳态流动和凝相燃烧过程，数值模拟已经成为发动机燃烧稳定性分析的重要手段。由于发动机中可能存在各种形式的涡脱落，且涡脱落对燃烧室的压强振荡有着十分重要的影响，某些情况下甚至是决定性的影响，大涡模拟技术通常可以获得更为可靠的结果。本章介绍用于固体火箭发动机燃烧稳定性分析的大涡模拟技术及其应用实例。

## 7.1 非稳态燃烧流动控制方程

固体发动机的燃烧不稳定大涡模拟需要考虑液态铝的燃烧和凝相产物的相变，描述含液滴相变和燃烧的发动机燃烧室流动控制方程包括：

(1)连续相控制方程：由描述流体质量、动量、能量守恒的控制方程及相应的状态方程组成。

(2)离散相控制方程：描述离散相运动的控制方程；描述离散相相变的控制方程。离散相与连续相之间的相互作用，通过在连续相控制方程中添加气-液双向耦合的源项表示。

(3)化学反应的控制方程：由组分质量守恒方程中的源项描述参与反应的各组分质量的增加与减少；由流体能量守恒方程中的热源项描述两相间的传热和化学反应中热量的生成。

### 7.1.1 连续相控制方程

$$\frac{\partial\rho}{\partial t}+\frac{\partial}{\partial x_j}(\rho u_j)=S_m \tag{7-1}$$

$$\frac{\partial}{\partial t}(\rho u_i)+\frac{\partial}{\partial x_j}(\rho u_i u_j)=\frac{\partial}{\partial x_j}(-\delta_{ij}P+\tau_{ij})+F_i+S_{ui} \tag{7-2}$$

$$\frac{\partial}{\partial t}(\rho h_t-P)+\frac{\partial}{\partial x_j}(\rho h_t u_j)=\frac{\partial}{\partial x_j}(-q_j+\tau_{ij}u_i)+u_jF_j+S_h \tag{7-3}$$

$$\frac{\partial}{\partial t}(\rho Y_m)+\frac{\partial}{\partial x_j}(\rho Y_m u_j+\rho Y_m V_{j,m})=S_{Y_m}+\dot{\omega}_m \tag{7-4}$$

方程式(7-1)为质量输运方程；方程式(7-2)为动量输运方程，其中下标 $i=1,2,3$ 代表矢量在笛卡儿坐标系的三个方向，$F_i$ 表示彻体力；方程式(7-3)为能量输运方程；方程式(7-4)为组分输运方程。

在方程式(7-2)中，剪切应力张量 $\tau_{ij}$ 可表示为

$$\tau_{ij}=\mu\left[\left(\frac{\partial u_i}{\partial x_j}+\frac{\partial u_j}{\partial x_i}\right)-\frac{2}{3}\delta_{ij}\frac{\partial u_k}{\partial x_k}\right] \tag{7-5}$$

式中，$\mu$ 为分子黏性系数，可通过 Sutherland 公式计算；$\delta_{ij}$ 为矩阵因子(Kronecker

Delta Function)。

在方程式(7-3)中,总焓 $h_t$ 可表示为

$$h_t = h + \frac{u_i u_i}{2} \tag{7-6}$$

热通量矢量 $q_j$ 可表示为

$$q_j = -\lambda \frac{\partial T}{\partial x_j} + \sum_{m=1}^{Ns} \rho Y_m V_{j,m} h_m \tag{7-7}$$

式中,$\lambda$ 为导热系数;$Y_m$ 为组分质量分数;$V_{j,m}$ 为分子扩散速度,定义为

$$V_{j,m} = -\frac{D_m}{Y_m}\frac{\partial Y_m}{\partial x_j} \tag{7-8}$$

式中,$D_m$ 为混合物平均分子扩散系数。同时,在方程(7－3)中,$\tau_{ij}u_i$ 为湍流黏性引发的能量变化项,$u_j F_j$ 为彻体力引发的能量变化项,如果不考虑彻体力,此项可以忽略。$\tau_{ij}u_i$ 对于不可压高速流动,不可忽略。

同时,在式(7-1)、式(7-2)、式(7-3)、式(7-4)中,源项 $S_m$,$S_{ui}$,$S_h$ 分别表示液滴相与气相之间的质量交换、动量交换、能量交换。源项 $S_{Y_m}$ 表示参与化学反应组分的质量交换。源项 $\dot{\omega}_m$ 代表化学反应的产生率,可表述如下:

$$\dot{\omega}_m = W_m \sum_{r=1}^{Nr} (v''_{k,r} - v'_{k,r}) \left[ k_{fr} \prod_{m=1}^{Ns} \left(\frac{\rho Y_m}{W_m}\right)^{v'_{k,r}} - k_{br} \prod_{m=1}^{Ns} \left(\frac{\rho Y_m}{W_m}\right)^{v''_{k,r}} \right] \tag{7-9}$$

$$k_{fr} = A_{fr} T^{\beta_{fr}} \exp\left(-\frac{E_{fr}}{RT}\right) \tag{7-10}$$

$$k_{br} = A_{fr} T^{\beta_{br}} \exp\left(-\frac{E_{br}}{RT}\right) \tag{7-11}$$

另外,还需添加理想气体状态方程使上述方程组封闭,则有

$$P = \rho R T \tag{7-12}$$

$$R = R_u \sum_{m=1}^{Ns} \frac{Y_m}{W_m} \tag{7-13}$$

## 7.1.2　离散相控制方程

液滴假设为稀薄离散介质,控制方程通过拉格朗日-欧拉轨道跟踪法(Lagrangian-Eular)描述,该方法实质上是基于牛顿运动定律对于质点运动的描述。液滴控制方程包括液滴运动方程、动量方程和能量方程,具体描述如下:

$$\frac{\mathrm{d}x_{p,i}}{\mathrm{d}t} = u_{p,i} \tag{7-14}$$

$$m_p \frac{\mathrm{d}u_{p,i}}{\mathrm{d}t} = \frac{1}{2} C_D \rho_f A_p |U_S| U_S \tag{7-15}$$

$$(m_p C_{p,d}) \frac{\mathrm{d}T}{\mathrm{d}t} = Q_C + Q_M \tag{7-16}$$

式中,$u_{p,i}$ 为液滴颗粒的 $i$ 方向运动分速度;$C_D$ 为气相阻力系数;$\rho_f$ 为负载流体密度(液滴环绕流体密度);$A_p$ 为液滴表面有效面积;$U_S$ 为液滴与周围气态流体之间的剪切滑移速度;$Q_C$ 表示液滴对流传热热量;$Q_M$ 表示液滴通过质量交换所带来的热量交换量。

在式(7－16)中，$C_D$ 可表示为

$$C_D=\begin{cases}\dfrac{24}{Re_p}(1+0.15\,Re_p^{0.687}), & Re_p<1000\\ 0.44, & Re_p\geqslant 1000\end{cases} \tag{7-17}$$

式中，$Re_p$ 为液滴雷诺数(Particle Reynolds Number)，可定义为

$$Re_p=(d_p|U_S|)/(\mu/\rho_f) \tag{7-18}$$

在式(7－16)中，液滴热量交换量 $Q_C$ 与 $Q_M$ 可通过经验公式表述为

$$Q_C=\pi d_p\lambda_f Nu(T_f-T_p) \tag{7-19}$$

$$Q_M=\sum\frac{\mathrm{d}m_p}{\mathrm{d}t}L_V \tag{7-20}$$

其中，$L_V$ 为液滴汽化潜热(Latent Heat)，为液滴本身材质属性；$Nu$ 为液滴努赛尔数(Nusselt Number)，可表示为

$$Nu=2+0.6\,\mathrm{Re}_p^{1/2}\left(\frac{\mu}{\rho\lambda}\right)^{1/3}=2+0.6Re_p^{1/2}Pr_f^{1/3} \tag{7-21}$$

式中，$Pr_f$ 为液滴环境流体普朗特数。

### 7.1.3　气-液耦合项

在数值计算中，不仅要考虑湍流效果对与液滴运动的影响，同时还要考虑液滴对于流动所带来的反作用，这种气－液相互作用的建模方式称为双向耦合。对于离散液滴对连续气态的耦合过程，通过在连续流体控制方程中添加相互作用的源项描述，如式(7-1)～式(7-4)中的 $S_m$，$S_{ui}$，$S_h$ 项。

$$S_m=-\frac{1}{\Delta V}\sum\frac{\mathrm{d}m_p}{\mathrm{d}t} \tag{7-22}$$

$$S_{ui}=-\frac{1}{\Delta V}\sum m_p\frac{\mathrm{d}u_{p,i}}{\mathrm{d}t} \tag{7-23}$$

$$S_h=-\frac{1}{\Delta V}\sum(m_pC_{p,d})\frac{\mathrm{d}T}{\mathrm{d}t} \tag{7-24}$$

$$S_{Ym}=\begin{cases}-\dfrac{1}{\Delta V}\sum\dfrac{\mathrm{d}m_p}{\mathrm{d}t}, & m=\mathrm{Fuel}\\ 0, & m\neq\mathrm{Fuel}\end{cases} \tag{7-25}$$

其中，符号 $\frac{1}{\Delta V}\sum$ 表示在离散液滴所占据的流体计算单元单位体积中的数量流量积分。

### 7.1.4　凝相颗粒相变和燃烧模型

研究表明，固体推进剂中的 Al 粒子的燃烧过程大部分局限于推进剂的近壁区域，但由于一部分铝在表面的聚集，形成粒度较大的颗粒团离开表面，燃烧所需的时间增加，在近壁区不能完成燃烧过程，在进入主流后燃烧持续进行，因此，这些 Al 粒子的燃烧属于分布式燃烧。Al 粒子的分布式燃烧过程对热声耦合特性产生影响，$Al_2O_3$ 的空间和尺寸分布对阻尼特性产生影响，两者以不同的形式影响发动机的燃烧稳定性。基于目前对固体火箭发动机燃烧的认识，

将考虑以下过程：

(1) 推进剂表面 Al 粒子的形成和加入过程；

(2) Al 粒子的燃烧过程。

对于过程(1)，即推进剂表面 Al 粒子的形成和加入过程。在计算中可以采用简单的方法，即在单位时间 d$t$ 内，计算每一个推进剂燃面计算单元内由于推进剂燃烧生成的 Al 的质量：

$$m = Ar\rho\alpha\,\mathrm{d}t \tag{7-26}$$

式中，$A$ 为推进剂燃面的面积；$r$ 为推进剂燃速；$\rho$ 为推进剂密度；$\alpha$ 为 Al 粉的质量百分含量；d$t$ 为时间步长。在确定了 Al 的加入质量之后，再根据颗粒粒径的分布函数，随机生成颗粒的粒径大小，计算颗粒生成颗粒的数目。如果生成的颗粒数目个数小于 1，则不生成颗粒，并将 Al 的质量计入推进剂表面 Al 熔融团，否则生成给定尺寸的 Al 颗粒，并假定颗粒的初始速度为零。

对于过程(2)，重点考虑 Al 颗粒的分散燃烧过程。Hermsen 总结了 Al 颗粒的燃烧模型如图 7－1 所示。

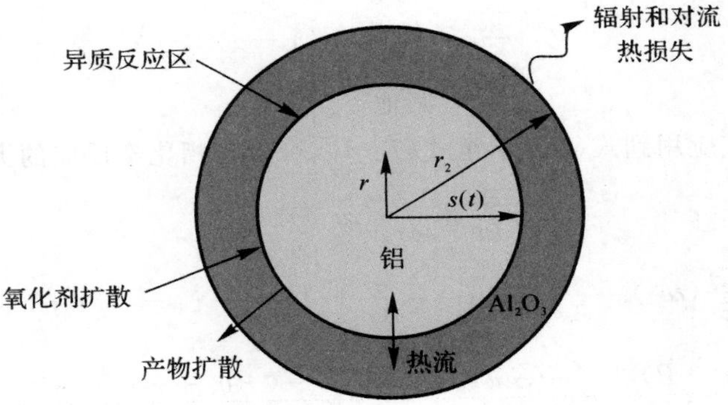


**图 7－1　Al 颗粒燃烧模型**

该过程的控制方程如下：

$$\dot{m}_{\mathrm{Al}} = \frac{\mathrm{d}m_{\mathrm{Al}}}{\mathrm{d}t} = -\frac{\pi}{2}\rho_{\mathrm{Al}}\,\frac{k}{n}D_k^{3-n} \tag{7-27}$$

以 Al 的直径表示该过程：

$$\dot{D}_k = \frac{\mathrm{d}D_k}{\mathrm{d}t} = -\frac{k}{n}D_k^{1-n} \tag{7-28}$$

式中，次数 $n = 1.8$；$\rho_{\mathrm{Al}}$ 为 Al 的密度；$D_k$ 为颗粒直径；$k$ 为燃烧速率常数，计算公式为

$$k = 8.3314\times10^{-5}A_k^{0.9}P_c^{0.27}Sh_k/2 \tag{7-29}$$

式中，$Sh_k$ 为颗粒的 Sherood 数。

在固体火箭发动机的数值模拟中，也可以采用第 2 章 2.8 节中总结的铝燃烧模型，对于团聚铝颗粒来说，选用式(2－90) 或式(2－91) 更为合适。

# 7.2 LES 计算方法

## 7.2.1 LES 控制方程

LES 控制方程可以通过对原始控制方程进行空间滤波得到，认为流动参数 $f$ 由两部分线性叠加组成，可表示为 $f=\tilde{f}+f''$，其中 $\tilde{f}$ 代表大涡可求解尺度系数，$f''$ 代表亚格子模型求解尺度参数，并将流动参数进行 Favre 平均（质量加权平均），可表示为：$\tilde{f}=\overline{\rho f}/\bar{\rho}$。此处 $\tilde{f}$ 代表的是空间滤波，定义为 $\overline{\rho f(x_i,t)}=\int_D \rho f(z_i,t)g(x_i-z_i,\Delta)\mathrm{d}z_i$。此处 $g$ 是滤波函数，$D$ 是积分区域，$\Delta$ 是滤波尺度，定义为 $\Delta=(\Delta x\Delta y\Delta z)^{\frac{1}{3}}$，此处 $\Delta x$、$\Delta y$ 和 $\Delta z$ 分别是三维空间网格尺度。采用的简单滤波函数为：

$$g=\begin{cases}\dfrac{1}{\Delta}, & -\dfrac{\Delta}{2}\leqslant(x-z)\leqslant\dfrac{\Delta}{2}\\ 0, & \text{其他}\end{cases} \tag{7-30}$$

将空间滤波方式应用到式(7-1)至式(7-4)，可得气相化学反应的大涡模拟控制方程：

$$\frac{\partial\bar{\rho}}{\partial t}+\frac{\partial}{\partial x_j}(\bar{\rho}\tilde{u}_j)=\widetilde{S}_m \tag{7-31}$$

$$\frac{\partial}{\partial t}(\bar{\rho}\tilde{u}_i)+\frac{\partial}{\partial x_j}(\bar{\rho}\tilde{u}_i\tilde{u}_j)=\frac{\partial}{\partial x_j}(-\delta_{ij}\bar{P}+\tilde{\tau}_{ij}-\tau^{sgs})+\widetilde{S}_{ui} \tag{7-32}$$

$$\frac{\partial}{\partial t}(\bar{\rho}\tilde{h}-\bar{P})+\frac{\partial}{\partial x_j}(\bar{\rho}\tilde{h}\tilde{u}_j+h_j^{sgs})=\frac{\partial}{\partial x_j}(-\tilde{q}_j+\tilde{\tau}_{ij}\tilde{u}_i-\sigma_j^{sgs})+\widetilde{S}_h \tag{7-33}$$

$$\frac{\partial}{\partial t}(\bar{\rho}\widetilde{Y}_m)+\frac{\partial}{\partial x_j}[\bar{\rho}\widetilde{Y}_m\tilde{u}_j-\bar{\rho}\widetilde{Y}_m\widetilde{V}_{j,m}+Y_{j,m}^{sgs}+\theta_{j,m}^{sgs}]=\widetilde{S}_{Y_m}+\tilde{\dot{\omega}}_m \tag{7-34}$$

同时类比式(7-5)、式(7-7)和式(7-8)可得，

$$\tilde{\tau}_{ij}=\mu\left[\left(\frac{\partial\tilde{u}_i}{dx_j}+\frac{\partial\tilde{u}_j}{dx_i}\right)-\frac{2}{3}\delta_{ij}\frac{\partial\tilde{u}_k}{dx_k}\right] \tag{7-35}$$

$$\tilde{q}_j=-\bar{\lambda}\frac{\partial\widetilde{T}}{\partial x_j}+\sum_{m=1}^{Ns}\bar{\rho}\widetilde{Y}_m\widetilde{V}_{j,m}\tilde{h}_m+\sum_{m=1}^{Ns}q_{j,m} \tag{7-36}$$

$$\widetilde{V}_{j,m}=-\frac{\widetilde{D}_m}{\widetilde{Y}_m}\frac{\partial\widetilde{Y}_m}{\partial x_j} \tag{7-37}$$

而新生成的亚格子项可表示为

$$\tau^{sgs}=-2\nu_t\widetilde{S}_{ij}+\frac{1}{3}\delta_{ij}\tau_{kk} \tag{7-38}$$

$$h^{sgs}=-\bar{\rho}\frac{\nu_t}{Pr_t}\frac{\partial\tilde{h}}{\partial x_j} \tag{7-39}$$

$$Y_{j,m}^{sgs}=-\bar{\rho}\frac{\nu_t}{Sc_t}\frac{\partial\widetilde{Y}_m}{\partial x_j} \tag{7-40}$$

式中，$\nu_t$ 为亚格子黏性项，而其他亚格子项 $\sigma_j^{sgs}$，$\theta_{j,m}^{sgs}$ 和 $q_{j,m}$ 则通常忽略认为很小而予以省略。

另外，$\tilde{\dot{\omega}}_m$ 为滤波后的化学反应源项，其直接通过式(7-9)至式(7-11)中的空间显示变量表达，此处不再重述。

## 7.2.2　湍流亚格子项的封闭方法

湍流亚格子项的封闭，即指亚格子黏性系数 $\nu_t$ 的模拟，通常的求解思想参照湍流涡黏性假设。Smagorinsky 模型提出了最初的模拟方法：

$$\nu_t = (C_s\Delta)^2\ (2\tilde{S}_{ij}\tilde{S}_{ij})^{1/2} \tag{7-41}$$

其中 $C_s$ 为 Smagorinsky 常数，需要在数值计算中预先给定。Germano 认为，固定的 $C_s$ 无法适应全流动范围的不同状态，因此提出了基于可解速度场动态计算 Smagorinsky 常数的方法，即 Dynamic Smagorinsky-Lilly 模型。其求解思路如下：

首先在计算网格尺度($\Delta$)上采取滤波运算(滤波后的结果用上标“—”表示)，相应的亚格子应力为 $\tau_{ij}$；然而在实验网格尺度($\alpha\Delta, \alpha > 1$)上再作一次滤波运算(滤波后的结果用上标“～”表示)，相应的亚格子应力为 $T_{ij}$(Subtest-Scale Stress)，定义为

$$T_{ij} = \widetilde{\overline{u_i u_j}} - \tilde{\bar{u}}_i\, \tilde{\bar{u}}_j \tag{7-42}$$

Germano 假定：

$$L_{ij} = T_{ij} - \widetilde{\tau_{ij}} = \widetilde{\bar{u}_i\, \bar{u}_j} - \tilde{\bar{u}}_i\, \tilde{\bar{u}}_j \tag{7-43}$$

式(7-43)称为 Germano 等式，其物理意义是二次过滤后的亚格子应力等于粗、细网格上的亚格子应力差。在此基础上应用涡黏性模式的亚格子应力计算公式(7-35)，可得

$$L_{ij} - \frac{\delta_{ij}}{3}L_{kk} = C_d\,(\alpha_{ij} - \widetilde{\beta_{ij}}) \tag{7-44}$$

这里

$$\alpha_{ij} = -2\,\tilde{\Delta}^2\,|\tilde{\bar{S}}|\tilde{\bar{S}}_{ij} \tag{7-45}$$

$$\beta_{ij} = -2\,\bar{\Delta}^2\,|\bar{S}|\bar{S}_{ij} \tag{7-46}$$

式(7-44)是超定的。为了克服超定性，动力 Smagorinsky-Lilly 模型采用了 Lilly 的思想。即采用最小二乘法获得 $C_d$ 使平均误差 $E$ 最小：

$$E = \left(L_{ij} - \frac{\delta_{ij}}{3}L_{kk} - C_s M_{ij}\right)^2 \tag{7-47}$$

这里

$$M_{ij} = \alpha_{ij} - \widetilde{\beta_{ij}} = -2(\tilde{\Delta}^2\,|\tilde{\bar{S}}|\tilde{\bar{S}}_{ij} - \bar{\Delta}^2\,\widetilde{|\bar{S}|\bar{S}_{ij}}) \tag{7-48}$$

令 $\partial E/\partial C_d = 0$，可得

$$C_d = \frac{L_{ij}M_{ij}}{M_{ij}M_{ij}} \tag{7-49}$$

最终的 $\nu_t$ 表达式为

$$\nu_t = C_d\Delta^2\ (2\tilde{S}_{ij}\tilde{S}_{ij})^{1/2} \tag{7-50}$$

依据上述方法得到的 $C_d$ 是个局部变量，其值会在一个比较大的范围内随时间和空间变化，很可能会导致数值不稳定。为了保证数值的稳定性，可采取简化措施限制 $C_d$ 的变化

范围。

### 7.2.3 气相流场求解的有限体积法

基于三维的中心差分，有限体积的空间离散方法。控制体是六面体，控制体的角和边的编号如图 7-2 所示。图 7-2 中角 1 与网格节点$(i,j,k)$相关联，角 5 与$(i+1,j,k)$相关。微元体的几何中心表示为$(I,J,K)$。

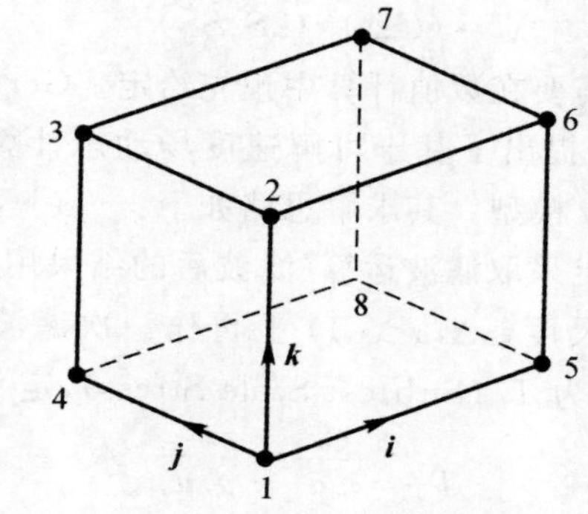


**图 7-2 计算空间的角的编号**

方程(7-31)～(7-34)中的面向量 $\boldsymbol{S}=\boldsymbol{n}\Delta S$ 被用来计算和存储控制体的三个面：$i$ 方向编号 1－2－3－4；$j$ 方向编号 1－5－6－2；$k$ 方向编号 1－4－8－5。

三个面向量指向控制体的外表面。它们可以在四个面上用高斯公式方便的求得。例如，图 7-3 中的面 1234 的面向量

$$\boldsymbol{S}_I=\frac{1}{2}\begin{bmatrix}\Delta z_A\Delta y_B-\Delta y_A\Delta z_B\\ \Delta x_A\Delta z_B-\Delta z_A\Delta x_B\\ \Delta y_A\Delta x_B-\Delta x_A\Delta y_B\end{bmatrix} \tag{7-51}$$

不同之处在于

$$\left.\begin{array}{l}\Delta x_A=x_3-x_1,\Delta x_B=x_2-x_4\\ \Delta y_A=y_3-y_1,\Delta y_B=y_2-y_4\\ \Delta z_A=z_3-z_1,\Delta z_B=z_2-z_4\end{array}\right\} \tag{7-52}$$

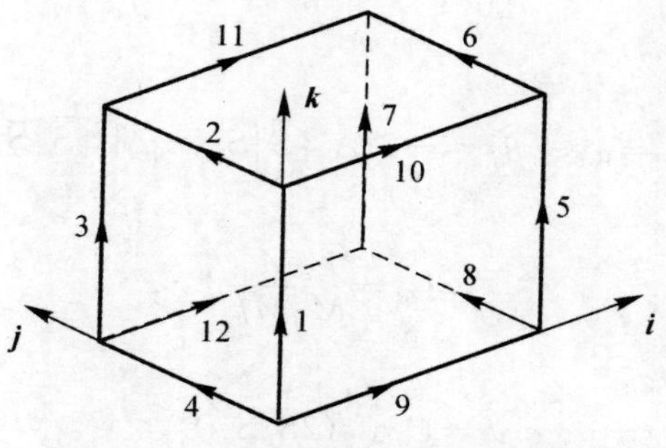


**图 7-3 计算空间的边的编号和方向**

控制体的大小由散度定理来确定，所以六面体的体积计算方法如下：

$$\Omega_{I,J,K}=\frac{1}{3}\sum_{1}^{6}(r_{\text{mid}}\cdot S)_{m} \tag{7-53}$$

式中，$m$ 表示控制体的面；$r_{\text{mid}}$ 表示面的中点。

## 7.2.4　无黏项中心差分格式

计算中无黏项采用带有人工耗散项的中心差分法进行离散。对流项 $\boldsymbol{F}_c$ 穿过控制体一个面，用保存的变量的均值来逼近它。通过加入人工耗散项以提高计算的稳定性。这样在控制体面$(I+1/2,J,K)$上的总对流项如下：

$$(\boldsymbol{F}_c\Delta S)_{I+\frac{1}{2},J,K}\approx\boldsymbol{F}_c(\boldsymbol{W}_{I+1/2,J,k})\Delta S_{I+1/2,J,k}-\boldsymbol{D}_{I+1/2,J,k} \tag{7-54}$$

向量表示微元体矩心。流体变量是通过求平均值得到的：

$$\boldsymbol{W}_{I+1/2,J,K}=\frac{1}{2}(\boldsymbol{W}_{I,J,K}+\boldsymbol{W}_{I+1,J,K}) \tag{7-55}$$

人工耗散项包括了由 1 阶和 3 阶截断误差的作用以及由 2 阶和 4 阶截断误差的作用。

$$\boldsymbol{D}_{I+1/2}=\hat{\Lambda}^{S}_{I+1/2}\left[\varepsilon^{(2)}_{I+1/2}(\boldsymbol{W}_{I+1}-\boldsymbol{W}_{I})-\varepsilon^{(4)}_{I+1/2}(\boldsymbol{W}_{I+2}-3\boldsymbol{W}_{I+1}+3\boldsymbol{W}_{I}-\boldsymbol{W}_{I-1})\right] \tag{7-56}$$

其中 $\hat{\Lambda}^{S}_{I+1/2}$ 计算依赖对流项的雅格比矩阵的特征值：

$$\hat{\Lambda}^{S}_{I+1/2}=(\hat{\Lambda}^{I}_{c})_{I+1/2}+\max\left[(\hat{\Lambda}^{J}_{c})_{I+1/2},(\hat{\Lambda}^{K}_{c})_{I+1/2}\right] \tag{7-57}$$

如在 $I$ 方向上（由上角标 $I$ 表示），其平均值为

$$(\hat{\Lambda}^{I}_{c})_{I+1/2}=\frac{1}{2}\left[(\hat{\Lambda}^{I}_{c})_{I}+(\hat{\Lambda}^{I}_{c})_{I+1}\right] \tag{7-58}$$

其中 $\hat{\Lambda}_c$ 由以下公式来计算：

$$\hat{\Lambda}_c=(|V|+c)\Delta S \tag{7-59}$$

式中，$V$ 表示流动速率，$c$ 表示当地声速。

方程中的系数 $\varepsilon^{(2)}$，$\varepsilon^{(4)}$ 的计算方法如下：

$$\begin{aligned}\varepsilon^{(2)}_{I+1/2}&=k^{(2)}\max(\gamma_I,\gamma_{I+1})\\ \varepsilon^{(4)}_{I+1/2}&=\max\left[0,(k^{(4)}-\varepsilon^{(2)}_{I+1/2})\right]\end{aligned} \tag{7-60}$$

参数的特征值 $k^{(2)}=1/2$，$1/128\leqslant k^{(4)}\leqslant 1/64$。

$$\gamma_I=\frac{|p_{I+1}-2p_I+p_{I-1}|}{p_{I+1}+2p_I+p_{I-1}} \tag{7-61}$$

## 7.2.5　黏性项计算方法

黏性项 $\boldsymbol{F}_v$ 在方程(1)中是由控制体面上的变量均值来求得的。速度分量$(u,v,w)$，动态黏性系数 $\mu$ 和传热系数 $k$，这些都是上述方程中的未知量，都可以在各自的面上通过简单的求均值得到。因此，在控制体的面$(I+1/2)$上的值

$$U_{I+1/2}=\frac{1}{2}(U_I+U_{I+1}) \tag{7-62}$$

估算方程式(7-35)中速度分量的一阶导数和式(7-36)中温度的一阶导数，这里用高斯公式求斜率。为了达到这个目的，定义了一个如图 7-4 所示的辅助控制体，在面中心的变量 $U$

的导数如下所示：

$$\frac{\partial U}{\partial x}=\frac{1}{\Omega'}\int_{\partial\Omega'}U\mathrm{d}S'_{x}\approx\frac{1}{\Omega'}\sum_{m=1}^{6}U_{m}S'_{x,m} \tag{7-63}$$

其余的坐标方向也是如此，面值 $U_m$ 可以直接通过中心差分得到，或者在控制体 $\Omega'$ 的上表面或下表面求均值得到，如图 7－4 所示。

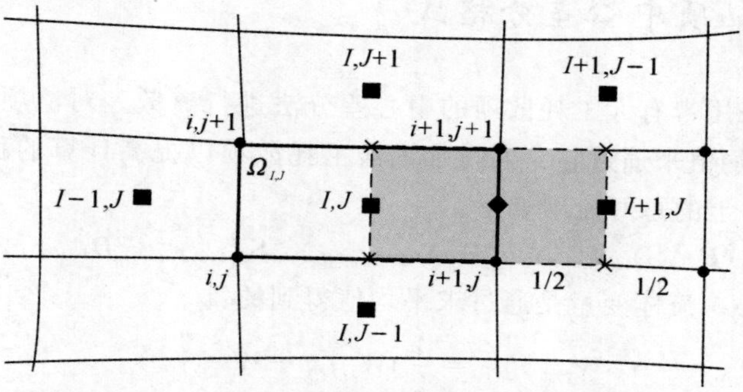


**图 7－4　辅助控制体 $\Omega'$ 用来估计两个容积的一次导数**
**（菱形标志表示一次导数已经被估计过的区域）**

### 7.2.6　边界条件

在固体火箭发动机内流场分析中，通常涉及的边界条件包括固壁、射流、入口/出口边界以及对称面。

**1. 固壁边界条件**

在无黏流体中，壁面上的边界条件为滑移壁面，没有摩擦力，速度向量必须与表面平行。这就跟表面没有流动相等价。在表面上

$$\boldsymbol{v}\cdot\boldsymbol{n}=0 \tag{7-64}$$

$\boldsymbol{n}$ 表示面上的基向量。因此，逆向速度 $V$ 在壁面上是 0，因此方程中对流向量减少到只有压强项。

$$(\boldsymbol{F}_c)=\begin{bmatrix}0\\ n_x p_w\\ n_y p_w\\ n_z p_w\\ 0\end{bmatrix} \tag{7-65}$$

式中，$p_w$ 是壁面压强。壁面压强是用内插法来求得的

$$p_w=\frac{1}{2}(3p_2-p_3) \tag{7-66}$$

式中，2 表示边界层，3 表示另一个边界层。

黏性流体通过固体壁面，流体表面和壁面的相对速度为 0。在固定壁面中，笛卡儿速度如下：

$$u=v=w=0 \tag{7-67}$$

如果壁面是绝热的，无错动边界条件通过复制从内部到模型微元速度分量的相反值求得。

$$u_1 = -u_2,\quad v_1 = -v_2,\quad w_1 = -w_2 \tag{7-68}$$

标量如密度，总能量是由内部节点外推。

温度是由精确的壁面温度采用线性外推法求得的。

**2. 射流边界条件**

推进剂表面上的流体速度和其他的变量由已知的质量流率 $\dot{m}$ 求得：

$$V = -\frac{\dot{m}}{\rho_s},\quad V_t = 0 \tag{7-69}$$

$\rho_s$ 表示在温度 $T_s$ 时的密度。模型微元中的值从内部和面上的相关速度通过外推法得到。

**3. 出口边界条件**

在亚声速流动中，静温是由流出边界决定的。四变量（密度和三个速度分量）要用外推法从内部的实体微元中求得。边界上的初值如下：

$$\left.\begin{aligned} \rho_b &= \rho_d + \frac{p_b - p_d}{c_0^2} \\ u_b &= u_d + n_x \frac{p_b - p_d}{\rho_0 c_0} \\ v_b &= v_d + n_y \frac{p_b - p_d}{\rho_0 c_0} \\ w_b &= w_d + n_z \frac{p_b - p_d}{\rho_0 c_0} \end{aligned}\right\} \tag{7-70}$$

式中，$p_b$ 表示规定的静压；$d$ 表示在微元内部的区域。在微元中的流体性质通过 $b$ 和 $d$ 线性外推得到。在超声速流出时，所有的变量都是与内部的相同。

## 7.2.7　并行计算

随着固体火箭发动机药柱形状的复杂化和对内流场模拟细节化和真实化，发动机内流场仿真对计算资源的要求也在增高，单机已经很难满足计算要求，特别是为了提高湍流计算精度而采用的直接数值模拟（DNS），大涡模拟（LES）对计算机要求更高，需要开展并行计算。

并行计算采用物理区域分割并行方法，在编程上采用单控制流多数据流（SPMD）模型，采用非阻塞式 MPI 实现消息传递，几乎适用于所有的并行机体系结构，如向量机、MPP、集群系统、SMP 及其构成的星群系统，甚至是局域网连接的工作站 /PC 群。并行原理是：将整个流动区域分割成 $N$ 个子区域（称为块），经分配，各 CPU 分别计算一个或几个子区域。把子区域的初始流场信息、几何信息（网格坐标、标识号）分别装载入各子区域对应的CPU的内存中，在每一个 CPU 中启动计算进程，由主进程（主 CPU）调度各 CPU 的计算。在每一次全场的扫描过程中，由各 CPU 完成子区域的计算并在边界完成数据交换（各 CPU 间的通信），在计算过程中数据交换发生在迭代时间步之间，由主进程收集全场数据完成收敛准则判别，并按需要进行写盘等其他操作。以二维简单发动机内流场 1/2 模型为例，把流体域分成 3 个子区域，用 3 个 CPU 并行计算，如图 7－5 所示为并行方式结构图。这种并行计算并不像算法层面的并行那么高效，但其编程实现简单，在程序中只要加一些编程语言所固有的 MPI 子函数，而且容易理解。

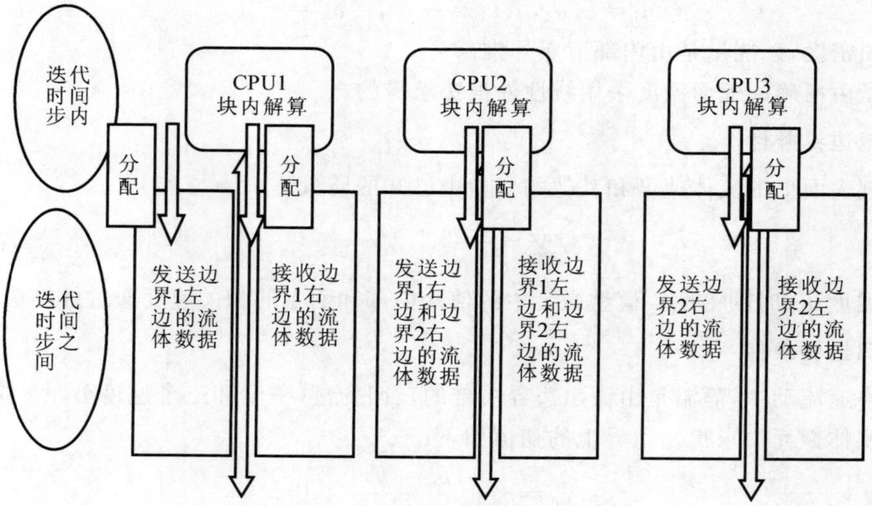


图 7-5　并行计算方式结构图

# 7.3　燃烧不稳定大涡模拟算例

本节给出几个发动机燃烧不稳定的大涡模拟算例，一方面使读者了解大涡模拟技术的应用情况，另一方面可使读者对发动机中的涡脱落现象有更为直观的认识。

## 7.3.1　针对 C1x 发动机的大涡模拟分析

作为研究 Ariane5 固体助推器 P230 MPS 不稳定燃烧的一个重要环节，法国宇航研究中心（简称 ONERA）设计并试验了一种自激振荡的模型固体发动机（简称 C1x）。该发动机装药构型的设计思路源于名为“MAVOT”的由转角涡脱落引起压强振荡的计算构型。C1x 采用贴壁浇注的内孔装药构型，推进剂填装在发动机前半部分，装药末端切削出 45° 的转角结构，试验装置结构示意图如图 7-6 所示。热试过程中采用高频压力传感器分别测量燃烧室头部、中段以及喷管收敛段的压强。

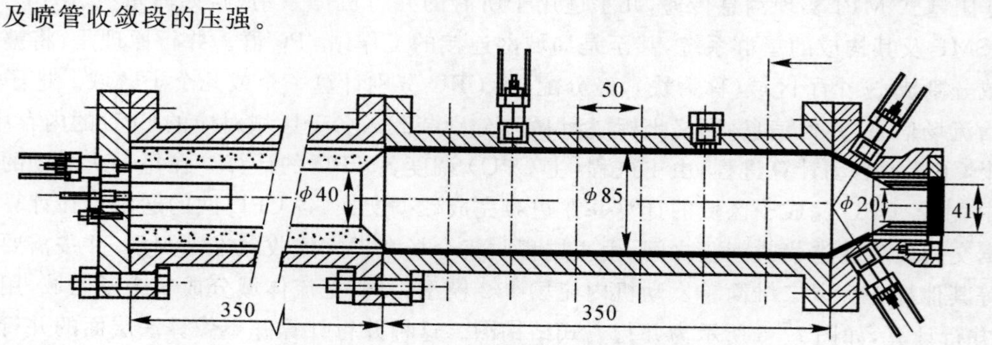


图 7-6　C1x 实验器构型示意图

由于采用增面燃烧的内孔装药，发动机工作过程中燃烧室压强逐渐升高（$11\text{bar} < P_{ch} < 22\text{bar}$，$1\text{bar} = 10^5\text{Pa}$），平均压强约为 17bar，试验中观测到较为明显的压强振荡现象，燃烧室压力时间曲线及压强波动分量如图 7-7 所示，出现了三个明显的压强振荡包，发动机头部及喷管入口的压强振荡现象及振幅相近。

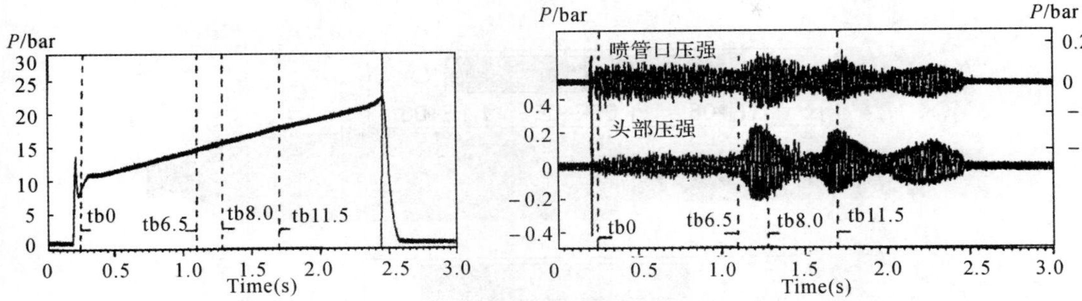


**图 7-7　C1x 试验压强曲线及振荡分量示意图**

示例的数值模拟以 C1x 试验发动机为研究对象，分析燃烧室固有声场、涡旋的形成及周期性脱落以及凝相颗粒燃烧三者之间的耦合作用，分析这三者之间的耦合和相互影响机理。数值模拟的结构如图 7-8 所示。

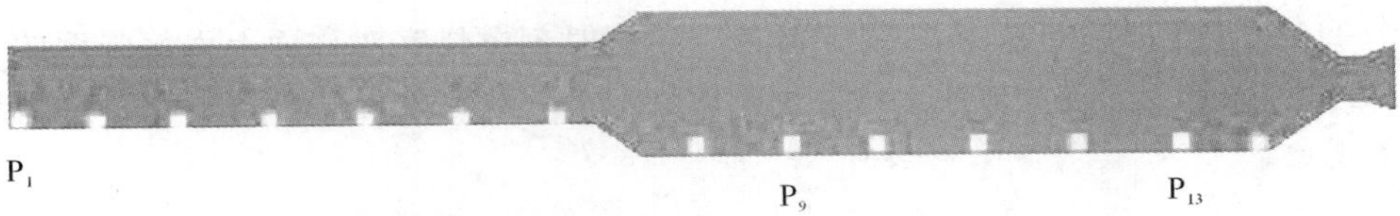


**图 7-8　C1x 发动机结构示意图**

图 7-8 给出了 C1x 发动机的计算示意图，其中白颜色的点代表计算中的压强监测点，按从左到右的顺序，依次定义为 $Pn(n=1,2,\cdots,14)$。

对以上发动机分别开展了单相流动计算，不考虑颗粒燃烧的两相计算以及考虑颗粒燃烧的两相流动计算。采用的计算参数如表 7-1 所示。

**表 7-1　计算两相流参数（均采用国际单位）**

| 参数 | 单相 | 两相 |
| --- | --- | --- |
| 温度 | 2224 | 2299 |
| 定压比热 | 1967 | 1967 |
| 比热比 | 1.243 | 1.210 |
| 气体常数 | 384.5 | 341.4 |
| 黏性系数 | $7\times10^{-5}$ | $7\times10^{-5}$ |

**1. 单相流动的大涡模拟**

为了初步分析 C1x 发动机内流动的特点，首先开展单相流动的大涡模拟数值分析，计算结果如下：

图 7-9 给出了 0.0135s 时刻发动机燃烧室对称面上压强和温度的分布云图，由压强分布云图可以看出，在该时刻燃烧室中部以前区域同一轴向位置压强分布均匀，而在燃烧室下游接近收敛段入口的区域，压强分布出现了明显的不均匀现象，而温度在整个燃烧室中部以后的区域均出现不均匀现象。

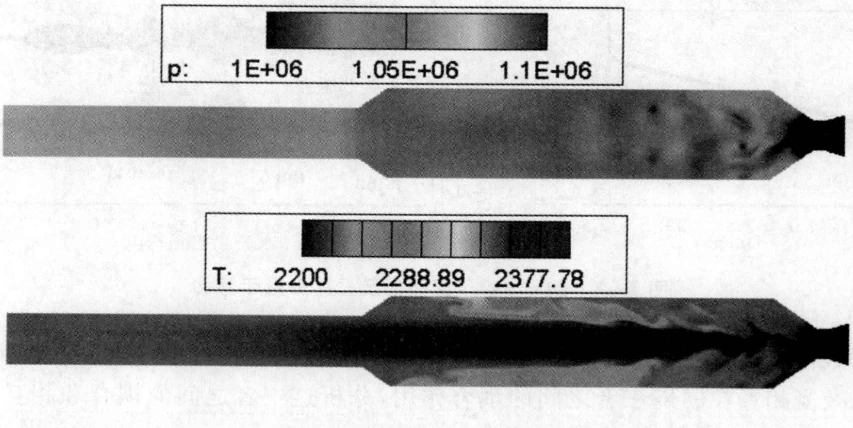


**图 7-9　0.0135s 时刻燃烧室对称面上的压强和温度分布云图**

图 7-10 给出了时间间隔为 0.001s 时三个不同时刻燃烧室对称面上涡旋强度的分布云图，从中可以明显看到涡旋的形成大约发生于燃烧室下游轴线距离 0.6m 的位置，随后出现涡旋的脱落现象。

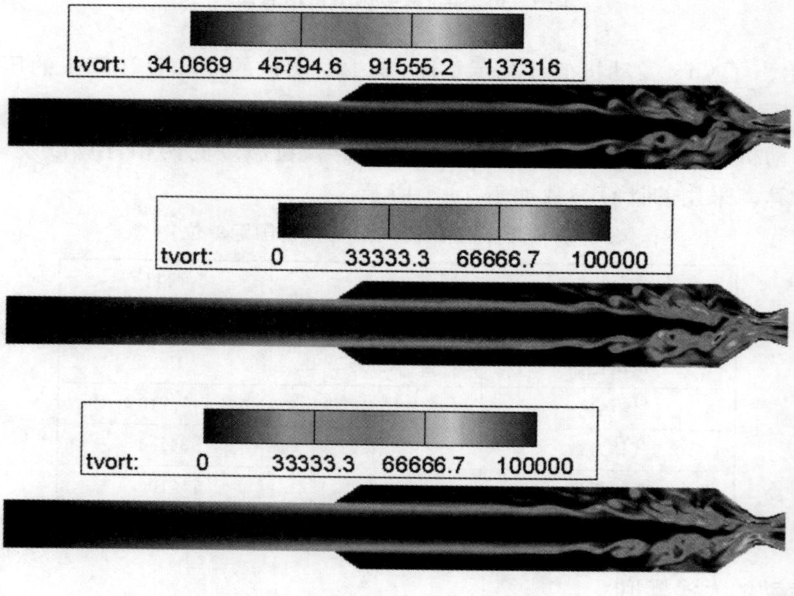


**图 7-10　不同时刻燃烧室对称面上涡旋强度分布云图**

图 7-11 至图 7-13 分别给出了 $P_1$，$P_9$ 和 $P_{13}$ 三个压强监测点上压强随时间的变化曲线及其 FFT 分析结果。可以看出，不同点上压强的 FFT 分析结果在存在相同点的同时也存在较大的差异，三个不同压强检测点压强的振荡频率均为 715Hz 左右，该频率为 C1x 发动机的一阶轴向自由声振荡频率，这说明在 C1x 发动机内，涡旋的周期性形成脱落诱发了燃烧室一阶轴向声振荡现象发生，这也是 C1x 发动机设计的初衷，但同时可以看到，三个不同点上压强振荡的幅度也存在明显的差异，$P_1$ 和 $P_{13}$ 点上压强的振荡幅度约为燃烧室平均压强的 2.0%，而 $P_9$ 点上压强振荡的幅度只有燃烧室平均压强的 0.3%，其原因主要有两个方面：首先是 $P_9$ 点靠近一阶压强振荡的波节，而 $P_1$ 和 $P_{13}$ 点则靠近波腹；其次，从图 7-10 可以看出，$P_9$ 点没有受到涡的扰动。

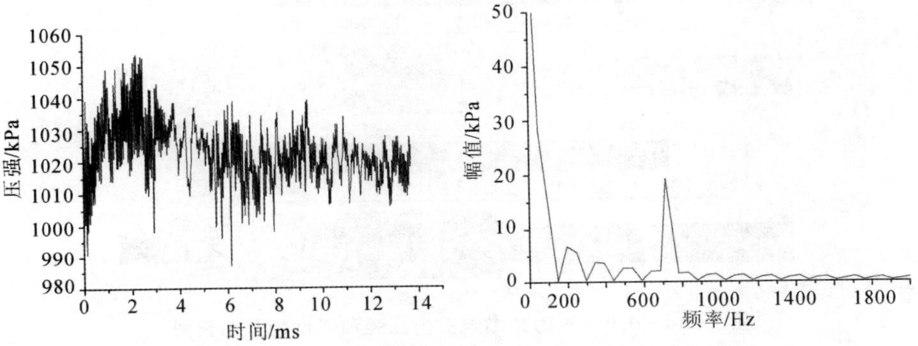


**图 7-11 $P_1$ 点压强变化曲线及其 FFT 分析结果**

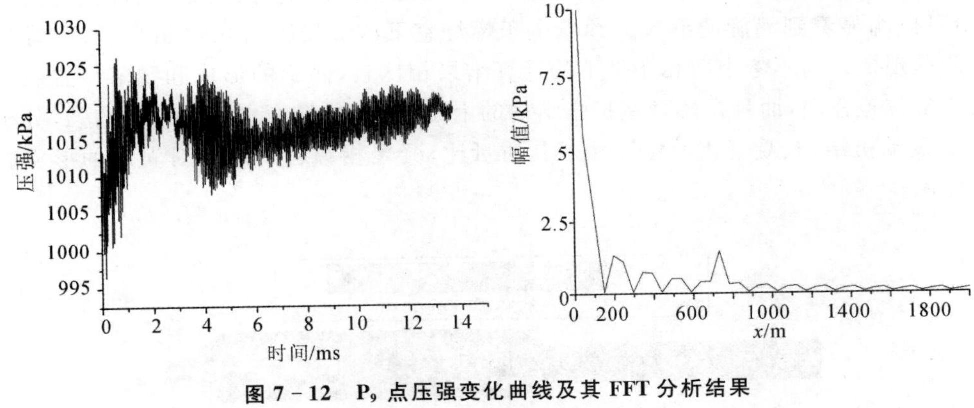


**图 7-12 $P_9$ 点压强变化曲线及其 FFT 分析结果**

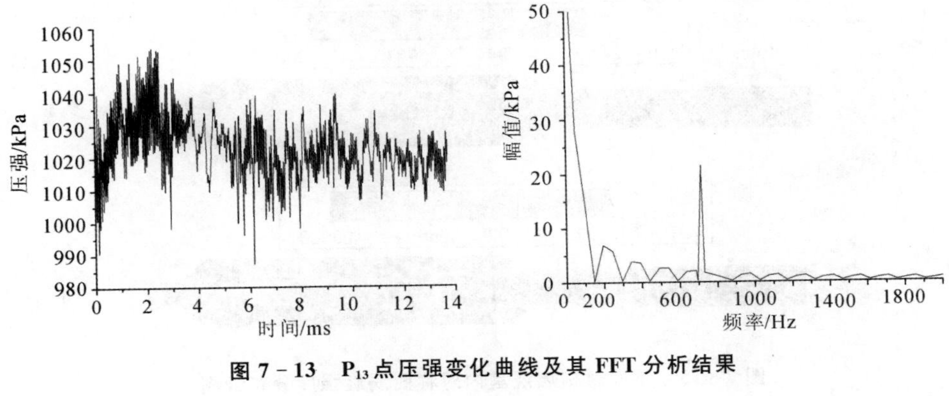


**图 7-13 $P_{13}$ 点压强变化曲线及其 FFT 分析结果**

**2. 两相流动的大涡模拟**

在以上发动机燃烧室单相流动LES计算分析的基础上，开展了三维两相流动的LES分析，其中未考虑凝聚相颗粒的燃烧过程，认为颗粒在从推进剂表面加入到核心流中以后即为$Al_2O_3$，计算中采用的颗粒直径为服从单一分布的5μm颗粒，质量百分比为10%。

图7-14给出了0.0133s时刻发动机燃烧室对称面上压强和温度的分布云图，由压强分布云图可以看出，同纯气相模拟结果类似，该时刻燃烧室中部以前区域同一轴向位置压强分布均匀，而在燃烧室中部下游的整个区域，压强和温度分布出现了明显的不均匀现象。

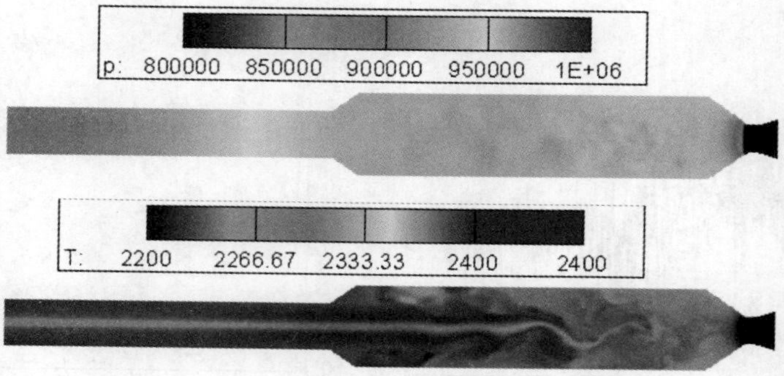


**图7-14　0.0133s时刻燃烧室内压强和温度的分布云图**

图7-15给出了时间间隔为0.001s时三个不同时刻燃烧室对称面上涡旋强度的分布云图，从中可以明显看到涡旋的形成大约发生于燃烧室下游轴线距离0.40m的位置，随后出现涡旋的脱落现象。与不考虑两相条件下的计算结果相比较，涡旋的形成和脱落位置明显向发动机的头部位置移动，而且在燃烧室扩张结构的上游，涡旋的强度也有明显的增强，分析认为针对C1x发动机结构、凝聚相颗粒尺寸及其质量比，凝聚相颗粒的加入对涡旋的形成有一定的促进作用。

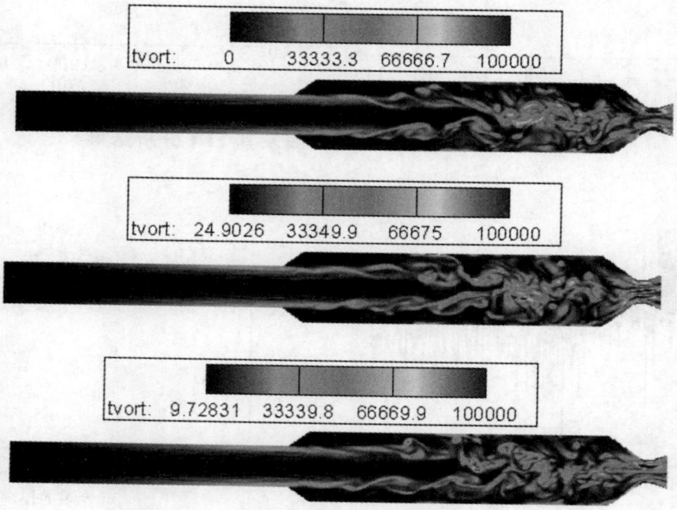


**图7-15　不同时刻燃烧室内对称面涡旋强度分布云图**

图 7－16 至图 7－18 分别给出了 $P_1$，$P_9$ 和 $P_{13}$ 三个压强监测点压强随时间的变化曲线及其 FFT 分析结果。可以看出，三个不同压强检测点上压强的振荡频率均为 715Hz 左右，压强的振荡幅度约为燃烧室平均压强的 3.5％左右，和单相流动分析结果相比较，振荡的幅度有了较为明显的增加，这说明两相条件下，燃烧室压强振荡的幅度有所增加。在该计算条件下，凝聚相颗粒的加入对振荡产生了增强作用，尽管处于波节位置，$P_9$ 点受到涡的影响，压强振荡的幅度增加明显。

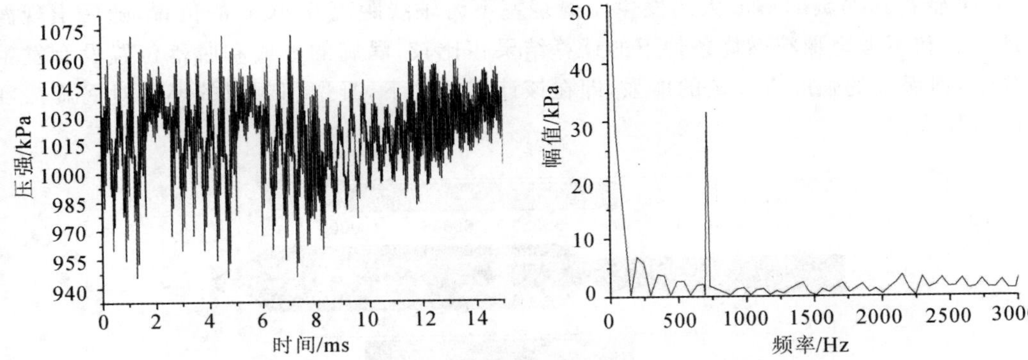


**图 7－16　$P_1$ 点压强变化曲线及其 FFT 分析结果**

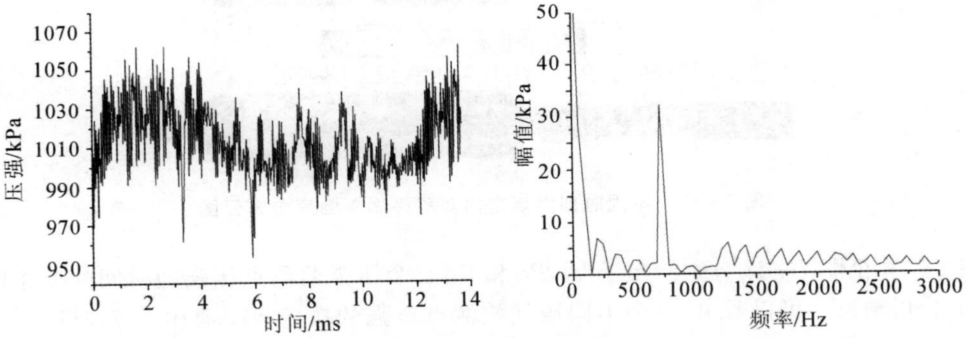


**图 7－17　$P_9$ 点压强变化曲线及其 FFT 分析结果**

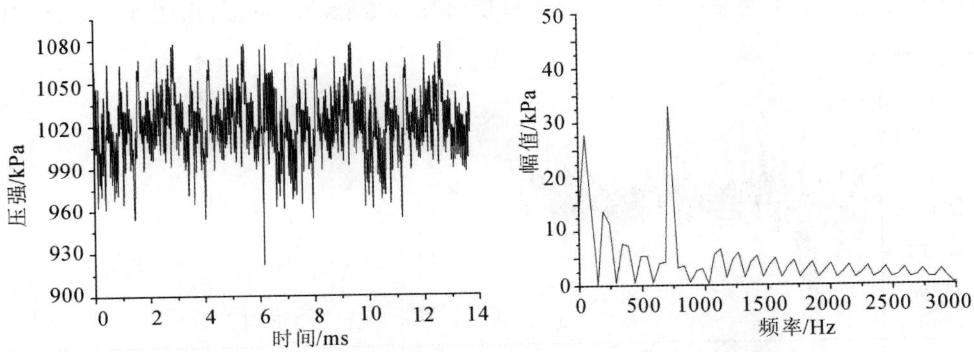


**图 7－18　$P_{13}$ 点压强变化曲线及其 FFT 分析结果**

**3. 两相燃烧流动的大涡模拟**

为进一步分析凝聚相颗粒燃烧的影响，开展了考虑凝聚相颗粒燃烧过程的三维两相流动的 LES 计算分析，认为颗粒在从推进剂表面逃逸时为 $Al_2O_3$（10%）和 Al（90%），计算中采用的颗粒直径为服从单一分布的 10μm 颗粒，质量百分比为 10%，颗粒的燃烧采用 Beckstead 模型。

图 7-19 给出了时间间隔为 0.001s 时三个不同时刻燃烧室对称面上涡旋强度的分布云图，可以明显看到涡旋的形成大约发生于燃烧室下游轴线距离 0.40m 的位置，随后出现涡旋脱落现象。和不考虑颗粒燃烧条件下的计算结果相比较，涡旋的形成和脱落位置没有发生明显的移动，但涡旋的强度有一定的增强，即在该计算条件下，凝聚相颗粒的燃烧对涡旋强度有一定的增强作用。

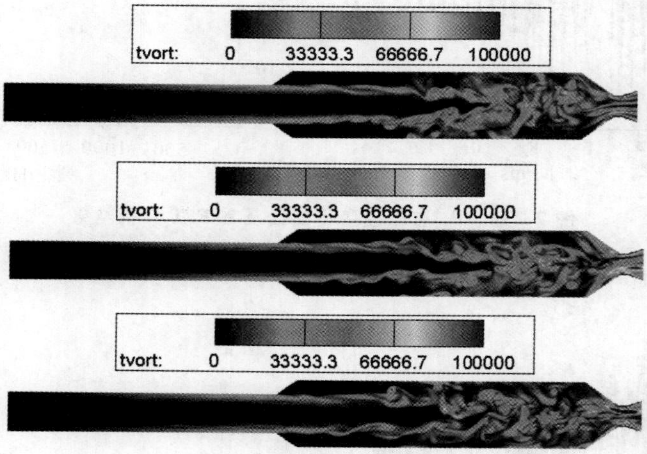


**图 7-19　不同时刻燃烧室内对称面涡旋强度分布云图**

图 7-20 至图 7-22 分别给出了 $P_1$，$P_9$ 和 $P_{13}$ 三个压强监测点压强随时间的变化曲线及其 FFT 分析结果。可以看出，三个不同压强检测点压强的振荡频率集中在 715Hz～1250Hz 之间，压强的振荡幅度约为燃烧室平均压强的 5%左右，和不考虑颗粒燃烧时的分析结果相比较，振荡的幅度有了较为一定的增加。这说明两相燃烧条件下，颗粒燃烧通过放热对压强振荡的频率和振幅都产生了明显的影响，使流动呈现出强湍流脉动的特征，振荡波在燃烧室中的运动更为复杂。

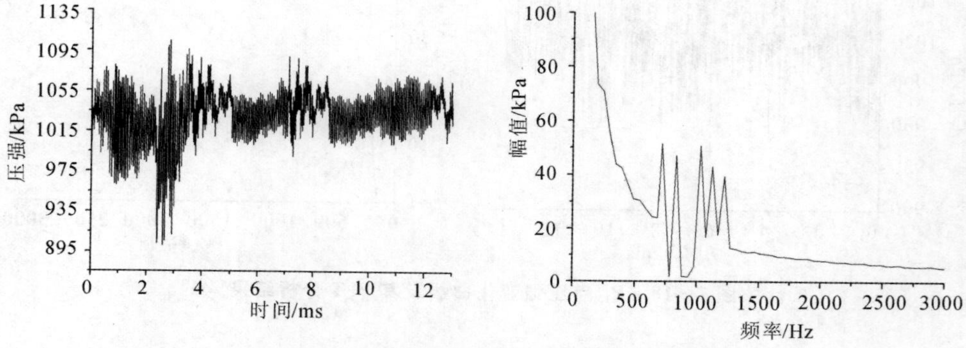


**图 7-20　$P_1$ 点压强变化曲线及其 FFT 分析结果**

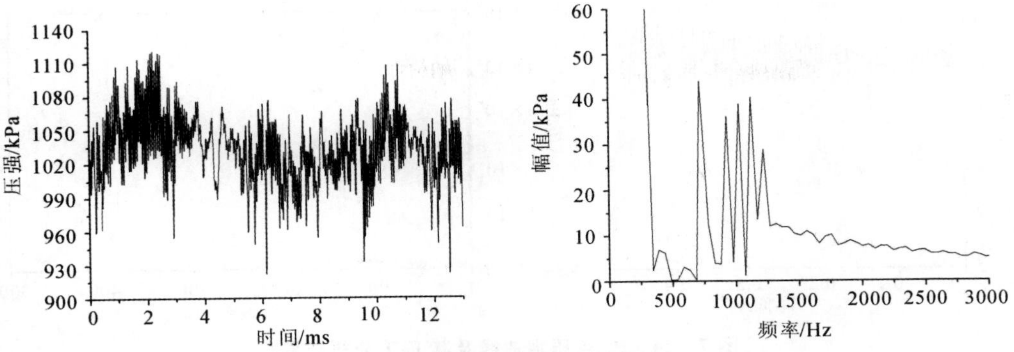


**图 7-21　$P_9$ 点压强变化曲线及其 FFT 分析结果**

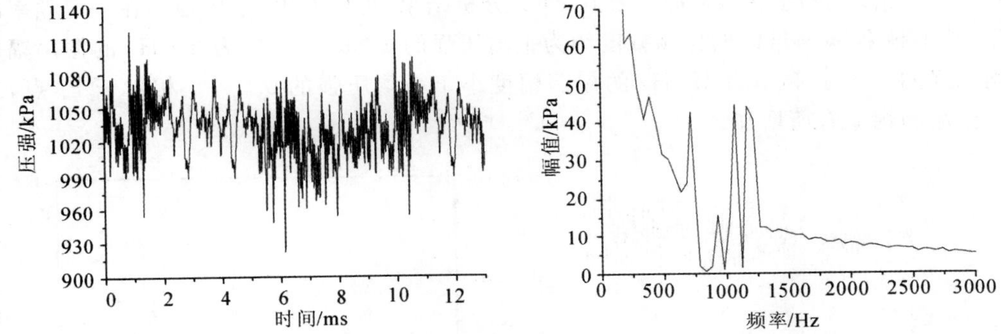


**图 7-22　$P_{13}$ 点压强变化曲线及其 FFT 分析结果**

## 7.3.2　全尺寸发动机的大涡模拟

针对全尺寸发动机出现的燃烧不稳定现象，对其开展大涡模拟分析。发动机计算网格剖分采用了结构化六面体单元，网格总数约为 680 万，计算采用了并行分区计算，分区数为 512。计算过程中，对燃烧室内不同位置上的压强的变化情况进行了监测，压强监测点的分布如图 7-23所示。

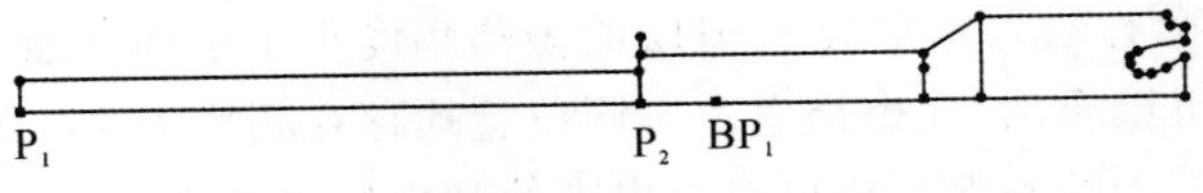


**图 7-23　压强监测点分布情况**

计算中瞬态过程采用的时间步长为 $1.0^{-7}$ s，压强监测点数据的输出时间间隔也为 $1.0^{-7}$s。针对原始构型的发动机工作到 5s 时的状况开展了数值分析，计算结果如图 7-24 所示。

图 7-24 给出了 $P_1$ 点(燃烧室头部)压强曲线及其 FFT 分析结果，可以看出 $P_1$ 压强存在一定频率的振荡现象，其中频率为 141Hz(约为发动机结构的一阶固有频率)的振荡幅度约为平均压强的 2.9%，频率为 280Hz 的振荡幅度小于平均压强的 0.1%。

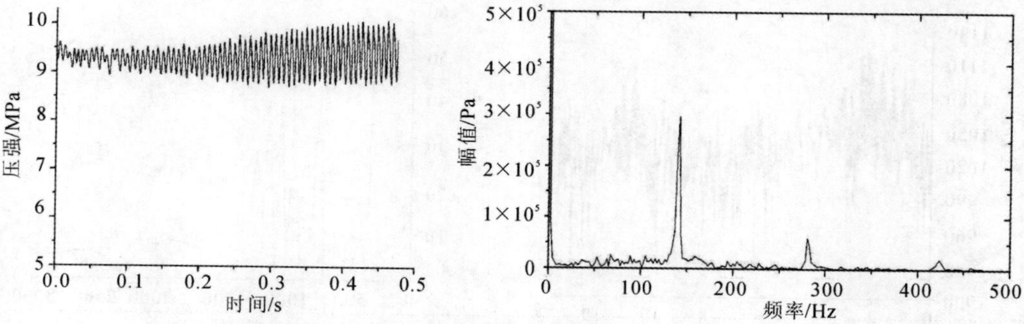


**图 7-24　$P_1$ 点压强曲线及其 FFT 分析结果**

图 7-25 给出了 $P_2$ 点压强曲线及其 FFT 分析结果，可以看出 $P_2$ 压强存在一定频率的振荡现象，其中频率为 141Hz 的振荡幅度约为平均压强的 2.89%，频率为 280Hz 的振荡幅度小于平均压强的 0.5%，频率为 420Hz 的振荡幅度小于平均压强的 0.5%。相对于 $P_1$ 点，二阶和三阶谐波的幅值有所增加。

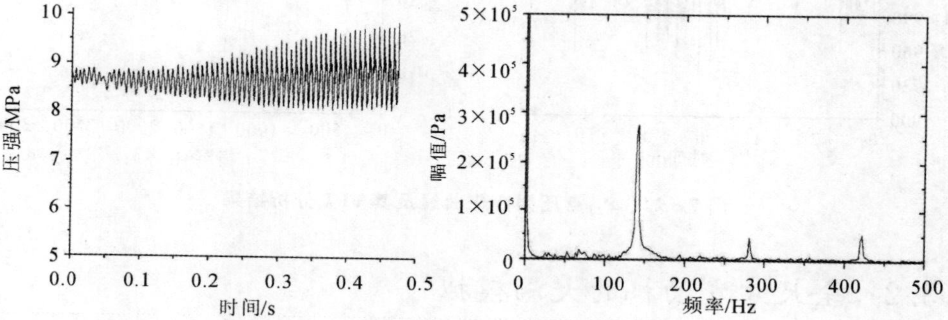


**图 7-25　$P_2$ 点压强曲线及其 FFT 分析**

图 7-26 给出了 $BP_1$ 点压强曲线及其 FFT 分析结果，可以看出 $BP_1$ 压强存在一定频率的振荡现象，其中频率为 141Hz 的振荡幅度约为平均压强的 2.2%，频率为 280Hz 的振荡幅度小于平均压强的 0.4%，频率为 420Hz 的振荡幅度小于平均压强的 0.1%，频率为 210Hz 的振荡幅度小于平均压强的 1.6%，频率为 350Hz 的振荡幅度小于平均压强的 0.6%。

从上述计算结果可以看出，在燃烧室内不同位置均存在频率为 141Hz 和 280Hz 的压强振荡。从燃烧室内流动产生的旋涡结构可以对出现的频率给出初步的解释。

图 7-27 给出了一组不同时刻燃烧室内涡旋强度的分布云图，其中相邻时刻间隔周期为 7ms。从图中可以看出，在发动机装药构型的台阶处，由于燃烧室流动通道的突扩，燃气的流动于该位置发生了流动分离，台阶结构的下游流动出现了较为明显的涡旋结构，直接进入到下游流动的核心流中，对核心流动造成明显的影响；由图 7-27 还可以看出，在燃烧室台阶结构出涡旋的形成和脱落频率约为 140Hz（发动机一阶轴向声振频率），和压强检测点上监测到的压强振荡频率相一致，这说明燃烧室内压强的振荡现象是由台阶处涡旋的周期性形成和脱落引起的。

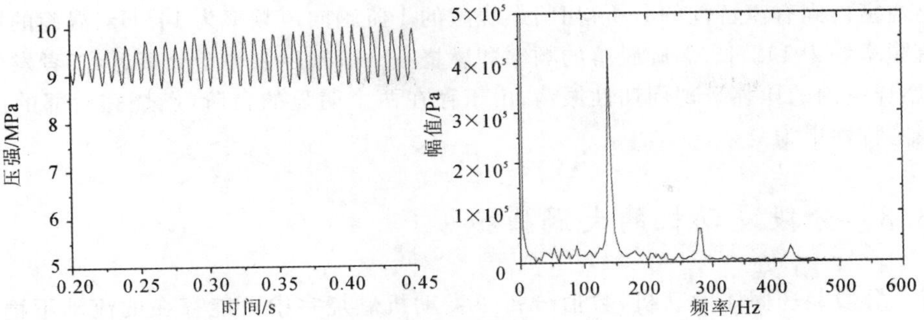


图 7－26　$BP_1$ 点压强曲线及其 FFT 分析

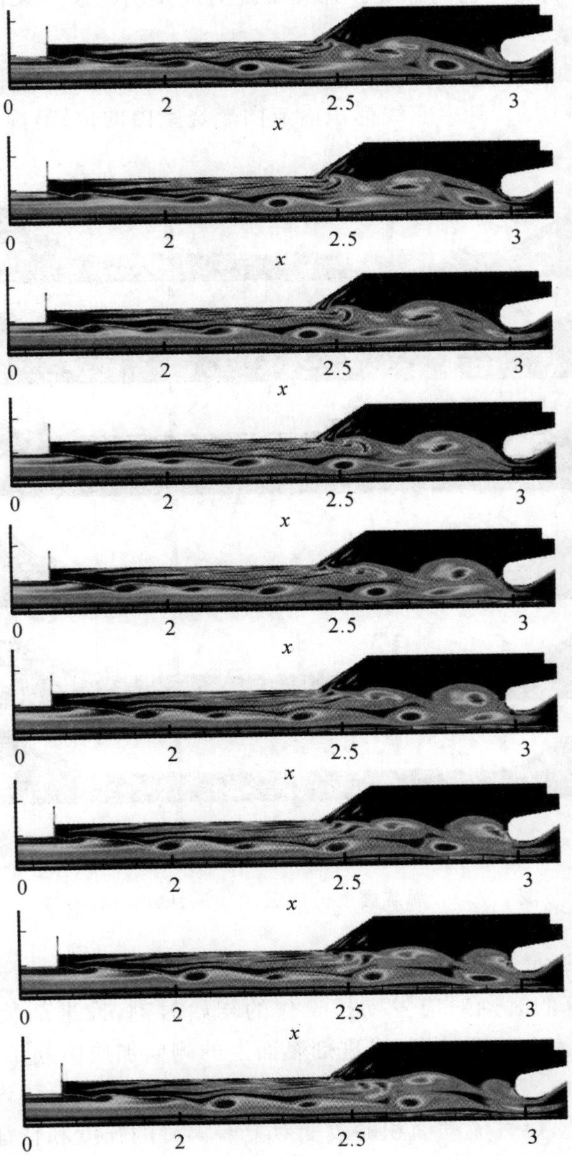


图 7－27　不同时刻涡旋强分布云图

通过对燃烧室内固有声特性的分析得到：燃烧室的1阶轴向声频率为145Hz，涡旋的周期性形成和脱落频率约为142Hz，涡旋脱落的频率和燃烧室一阶轴声频率十分接近，二者发生声－涡耦合，使燃烧室内的压强呈现周期性振荡；由于存在两个明显的台阶，燃烧完后部的流动结构和压强振荡特性更为复杂。

### 7.3.3 分段发动机的大涡模拟

针对三分段装药固体发动机，数值分析了发动机燃烧室中可能存在的流动不稳定现象。计算区域的剖分采用结构化计算网格，轴向和径向近壁面区域网格的特征尺寸为0.8～1.2mm，保证对小尺寸涡旋结构的捕捉。计算工况对应发动机装药燃面退移0mm时刻，计算网格总数约为4300万。

对计算结果非稳态过程中时间间隔为2ms的流场进行了分析，得到了整个流场的涡旋强度分布云图如图7－28所示，其中实线标识沿流向燃烧室内的位置，虚线标识单个涡旋的发展过程。

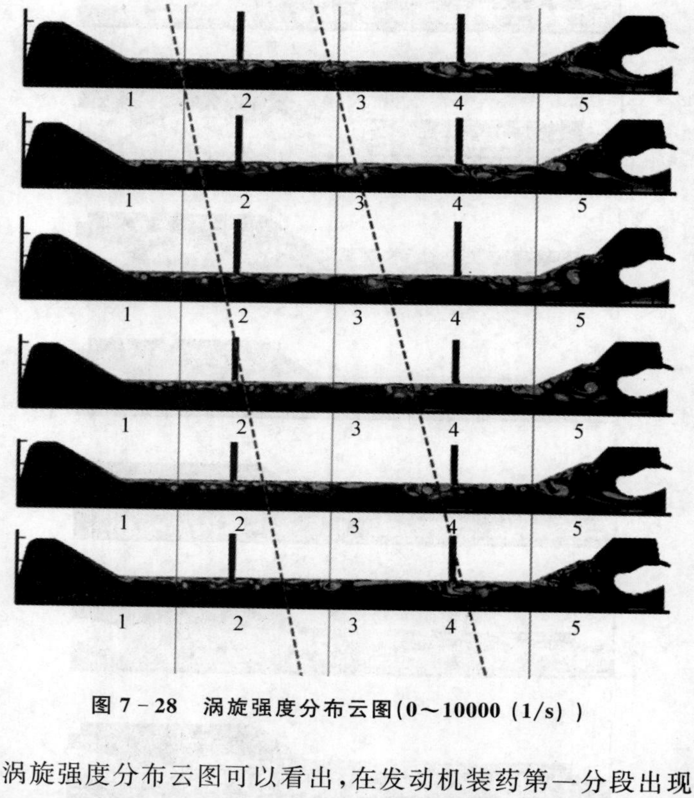


**图7－28　涡旋强度分布云图(0～10000 (1/s))**

由图7－28的涡旋强度分布云图可以看出，在发动机装药第一分段出现了较为明显的近壁面涡旋结构，由于计算的时刻对应发动机工作的初始时刻，推进剂装药燃面还没有发生退移，燃气通道直径较小，流动速度较高，推进剂燃面上的侧向加质引起了流动转向，导致近壁面处与加质燃气垂直的轴向流动发生了局部分离，产生了涡旋，但该分段内涡旋的特征尺寸整体较小；在第一分段间隙处，燃气流动面积的改变对上有涡旋的强度和特征尺度均没有产生明显的影响；在发动机装药第二分段处，随着上游涡旋向下游的发展，在侧向加质燃气流的进一步作用下，涡旋的强度和特征尺寸均有所增加，在到达第二分段和第三分段间隙处，涡旋的强度和尺寸有了明显的增加；在第三分段内，涡旋运动方向发生了偏转，进入到喷管的收敛段，随后流出发动机燃烧室。

从以上过程可以看出，在发动机燃面退移 0mm 时刻，燃烧室内发生了典型的表面涡旋现象，在发动机第一分段中前部开始出现较为明显的表面涡脱落，并在第二分段处得到进一步发展，若干由近壁面处卷起的旋涡继续合并成为更大的涡结构，造成涡旋的周期性形成与脱落过程，使得燃烧室压强发生了具有比较明显振幅的周期性振荡现象。

图 7－29 给出了发动机头部压强监测点上压强随时间的变化曲线及其 FFT 分析结果，可以看出压强随时间发生了周期性的脉动，FFT 分析结果表明结果，发动机头部压强的振荡频率约为 110Hz，振荡幅度约为 0.032MPa，为该时刻燃烧室平均压强的 0.7%。

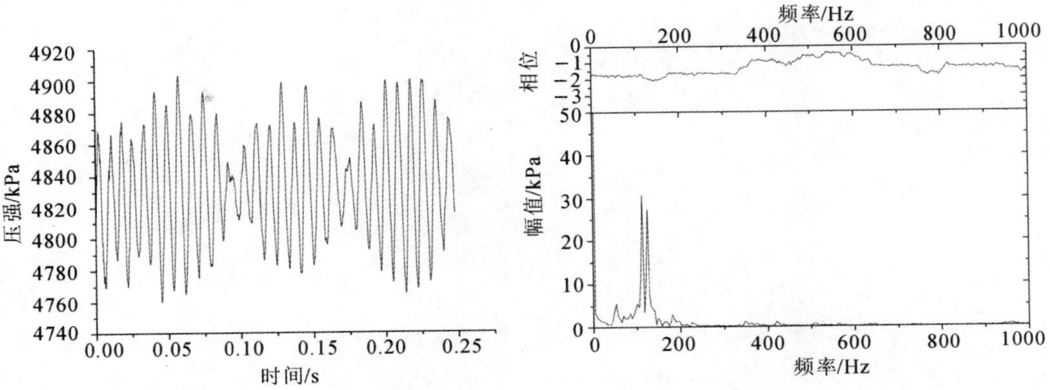


**图 7－29　发动机头部压强曲线及其 FFT 分析结果**

图 7－30 给出了发动机分段装药第一分段间隙处压强监测点上压强随时间的变化曲线及其 FFT 分析结果，可以看出压强随时间发生了周期性的脉动，FFT 分析结果表明，发动机装药第一分段间隙处压强的振荡频率约为 110Hz，振荡幅度约为 0.046MPa，为该时刻燃烧室平均压强的 1.1%。

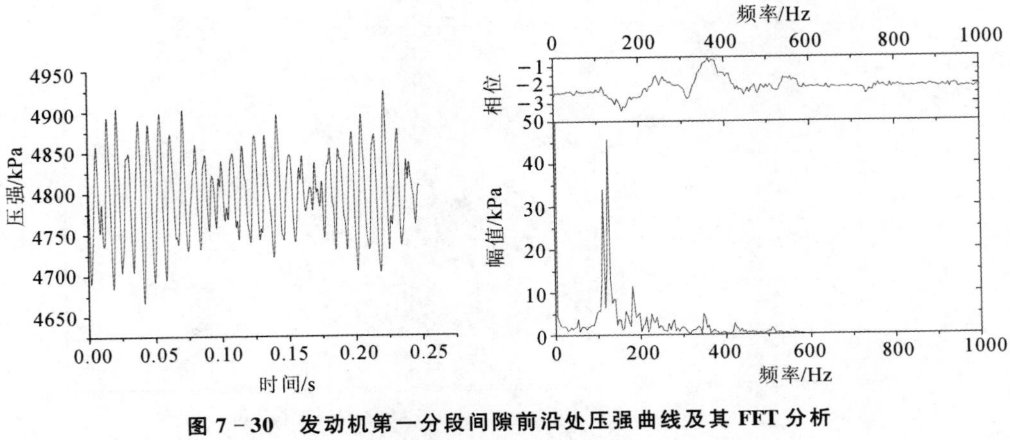


**图 7－30　发动机第一分段间隙前沿处压强曲线及其 FFT 分析**

# 7.4 本章小结

发动机中的涡脱落现象容易与结构声场产生耦合，导致压强振荡的产生。大涡模拟技术是模拟发动机中声涡耦合的有效工具。本章介绍了用于固体火箭发动机压强振荡分析的大涡模拟计算方法，并结合三个算例，说明了大涡模拟方法在发动机压强振荡分析中的应用效果。另一方面，通过对不同发动机内部出现的涡脱落及声涡耦合现象的分析，加深读者对涡脱落及其对发动机性能影响的理解。

# 第8章 燃烧不稳定主被动控制方法

抑制可能出现的燃烧不稳定，使其程度减轻或消失是燃烧不稳定研究的最终目标。当在发动机设计和试验过程中出现非预期的燃烧不稳定时，需要采用控制措施抑制燃烧不稳定。本章简要介绍航天动力系统中燃烧不稳定的主动和被动控制方法。由于固体火箭发动机中的工作环境十分恶劣，主动控制方法难以实现，目前主要采用被动控制方法。

## 8.1 概 述

经过多年的研究，目前对热声耦合燃烧不稳定的形成机理和激发过程有了基本的认识。现在普遍认为燃烧不稳定是由燃烧室内压强和热释放振荡之间复杂的相互作用引起的。这种相互作用形成了一个反馈循环，其中包括了燃烧室动力学和燃烧动力学两个分支。包含声波运动在内的燃烧室动力学过程会激发燃烧动力学的振荡过程，即引起热释放振荡。而燃烧动力学的振荡过程又会激励压强的继续振荡，这又会反过来进一步激发燃烧室内的热释放振荡，这样就形成了压强振荡的正反馈循环，如图8-1所示，这种正反馈的形成的具体机制正是研究燃烧不稳定的关键问题。在一定的条件下，这种反馈过程会使得燃烧室压强和热释放的振荡过程呈现出非线性特征，首先出现线性增长阶段，之后形成非线性的极限环形式的振荡。图8-2说明了从稳态燃烧到非稳态极限环压强振荡的转变过程。在1.03s前的稳态燃烧阶段的特征是湍流脉动形成的低振幅压强振荡。在这个时刻触发了不稳定，振荡振幅以指数形式上升，这个阶段是线性增长阶段。直到1.5s形成极限环形式的压强振荡，并一直保持其振荡特征，直到工作条件发生变化。

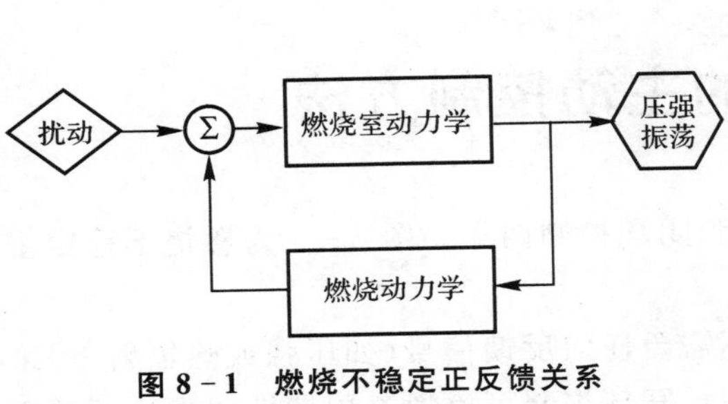


图8-1 燃烧不稳定正反馈关系

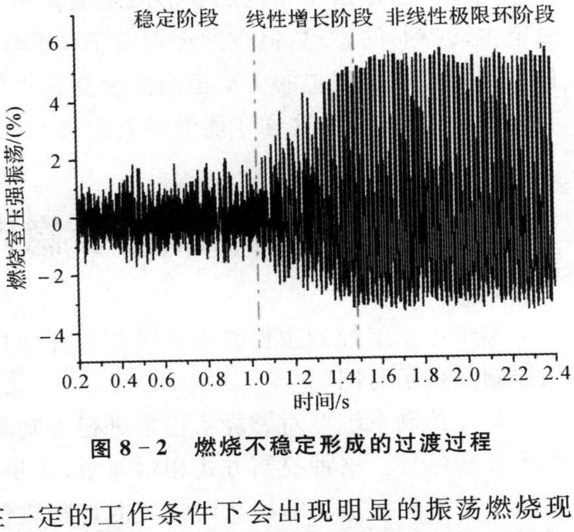


图8-2 燃烧不稳定形成的过渡过程

不稳定燃烧实验中经常出现这样的情况，在一定的工作条件下会出现明显的振荡燃烧现象，而在另外的条件下则不会出现。这说明必须满足一定的条件，才能产生触发和维持燃烧不稳定正反馈的热释放和压强振荡。Rayleigh 根据大量的实验现象提出了以下准则：如果局部压强和热释放振荡同相，那么就会有净能量加入到声场中；相反的，如果压强和热释放反相，那么就会有净能量从声场中消失。定义 $R(x)$ 为 Rayleigh 函数，则热释放和压强振荡之间空间上的耦合关系可以表达为

$$R(x)=\frac{1}{T}\int q'(x,t)p'(x,t)\mathrm{d}t \tag{8-1}$$

式中，$T$ 为振荡周期；$q'$ 和 $p'$ 为热释放和压强振荡的脉动部分。当局部 Rayleigh 函数为正时，$R(x)>0$，当地声场会被增强。对于简谐振荡，就是要求满足热释放和压强的相位差 $\phi<90°$。相反，如果热释放和压强的相位差 $\varphi>90°$，那么当地 Rayleigh 函数就为负值，在此位置上的热释放会对声场形成阻尼作用。当加入声场的能量大于其他过程中声学能量的损失（例如，对流、黏性耗散、传热和喷管声学辐射等），燃烧室就会出现不稳定燃烧。Rayleigh 准则虽然说明了当热释放和压强同相时会出现燃烧不稳定，但是并没有明确地给出燃烧室压强振荡的具体形成机制和触发条件。

在航天动力领域，液体火箭发动机、液体燃料冲压发动机和固体火箭发动机都有可能出现燃烧不稳定。除 POGO 之外，液体发动机中常出现高频横向或切向不稳定，恶化头部和室壁的传热；冲压发动机的燃烧不稳定形成压强振荡会与进气道激波系相互影响，减小发动机稳定工作的裕度，严重时会引起发动机结构破坏，导致飞行失败；固体火箭发动机的燃烧不稳定会影响推力以及对导弹的精确控制。研究燃烧不稳定的目的就在于能够控制发动机中的压强振荡。从控制的原理上可以分为被动控制和主动控制。传统的燃烧不稳定被动控制方法有：增加燃烧室内不稳定模态的系统阻尼，改变喷管结构，加入 Helmholtz 共振器或声学衬垫；改变燃烧过程以减弱燃烧不稳定的正反馈，改变燃料喷注形式和位置；改变燃烧室声学固有频率。被动控制的设计过程会耗费大量的成本和时间，并且得到的控制结果只对特定发动机在一定的工作范围内有效果。

燃烧不稳定主动控制是根据一定的控制算法，通过周期性地向燃烧系统加入能量的方式来抑制压强振荡。通过这种方式可以一定程度上改变压强振荡的反馈循环，并且加入的能量与燃烧室压强振荡反相也能够形成阻尼作用。虽然早在 20 世纪 50 年代就有人提出了燃烧不稳定主动控制的思想，但直到近期由于计算性能提高和高效作动装置的出现才使得主动控制日益受到重视。理想的主动控制系统是在不做过多修改的情况下对不同工况下的燃烧室都能够进行有效的控制，这样才能够具有比被动控制更大的优势。

## 8.2 燃烧不稳定的主动控制方法

燃烧不稳定控制按控制方式可分为开环控制和闭环控制两类。图 8-3 为燃烧不稳定主动控制原理示意图。

开环控制系统在对燃烧不稳定进行抑制时，不需要任何反馈信号（如压强或热辐射等）来产生控制信号。这种控制方式相对简单，容易实现。开环控制可以通过周期性的强迫调整来影响大尺度逆序旋涡结构从而改变混合和热释放过程，达到抑制压强振荡的目的。但是最优的控制系统参数可能需要进行大量反复试验才能获得。

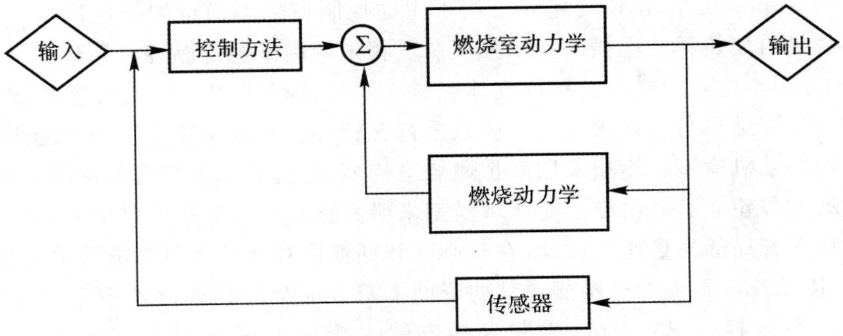


**图 8-3　燃烧不稳定主动控制原理**

燃烧不稳定闭环控制通过与燃烧室压强振荡反相地加入能量来抑制燃烧振荡。闭环控制系统通过传感器测量燃烧室内的压强或热释放振荡信号，控制器在分析这些振荡信号后产生控制信号，然后作动装置开始工作来抑制燃烧室内的压强振荡。可以通过压强传感器测量燃烧室压强、光学仪器测量燃烧室局部温度和组分浓度的脉动。常见的作动装置是使用扬声器来产生压强振荡，或者使用高频的燃料阀门喷嘴。由于简便易用，在实验室进行原理实验时使用扬声器较多，而对大尺寸实验器或真实发动机，使用高频燃料阀门喷嘴更具有实用意义。

最简单的主动控制算法就是通过滤波加相位移动来产生控制信号。这种简单的控制方式对只存在单一振荡模态的燃烧不稳定较为有效。而对于存在多个振荡模态的燃烧不稳定，这种简单的控制方式可能会抑制一个振荡模态的同时会激发另一个模态的振荡。同时这种控制方法还要求能够事先了解发动机在不同工作调节下可能的振荡频率，以确定合适的滤波参数。第二种主动控制方法是建立一个包含燃烧室几何构型、时间延迟、作动器动力学和燃烧过程的数学模型，通过这个数学模型得到在不同工作条件下燃烧室的动态特征，并给出燃烧不稳定主动控制的传递函数。这种控制方法已经应用到实验室中的简单构型燃烧室上，并获得了一定的进展。但是对于复杂构型的真实发动机，要建立这样的数学模型仍然非常困难。第三种方法是基于实时测量的控制算法，这种算法不需要对燃烧室建立复杂的模型。通过将测量信号进行时域和频域的转换，相对独立地计算各个模态的控制信息。这种方法也在实际应用中取得了一定的进展。但是上面提到的几种主动控制方法，都需要事先针对发动机在不同工作条件下进行大量的实验，来确定最优的控制参数，当工作条件或发动机设计状态发生改变时，还需要反复进行实验，这也是主动控制技术应用到真实发动机中所要面临的一个重要问题。

由于固体火箭发动机的燃烧过程难以人工干预，燃烧不稳定的主动控制主要用于液体火箭发动机和液体燃料冲压发动机。受高频阀门的技术水平的限制，主动控制一般只能针对低频燃烧不稳定。1996 年慕尼黑理工大学的 Hantschk 对 4MW 的单喷管液体燃料发动机燃烧室进行了主动燃烧不稳定试验研究。作动结构使用的是 MOOG 公司的高频响应电磁驱动阀门 DDV，常规阀门响应频率一般小于 150Hz，而 DDV 的响应频率可达 450Hz。实验采用麦克风作为燃烧室内的声传感器，将信号传入控制器中进行滤波、放大和相位移动，再作为输入信号传递给 DDV 阀门。当实验当量比为 0.95～1.2，燃料体积流率为 $0.001m^3/min$ 时，燃烧室出现了频率为 275Hz，声压强度为 153dB 的自激燃烧振荡，经过主动控制在相同频率下声压强度下降了 30dB。

1998 年 Rajendran Mohanraj 建立了用于主动控制燃烧不稳定的简化模型。模型通过调节部分燃料的供给使热释放率振荡与压强振荡反相来抑制不稳定燃烧。还建立了探索式的混合模型,用于分析不稳定燃烧以及预混气体燃料火箭发动机采用开环二次燃料脉冲喷射的主动控制问题。计算结果与气体火箭的实验数据符合较好。后来又建立了一个能用于研究预混气体贫燃涡轮发动机模型。模型采用突扩燃烧室构型、准稳态和非稳态的回流区模型、带源项的准一维流动方程建立了自由核心流区域模型来研究稳态和非稳态的燃烧。研究发现非稳态燃烧过程中存在着局部当量比的脉动,在核心区和回流区存在着质量和能量的交换。

1999 年 Richards 等人在美国能源部的资助下对 30kW 的预混旋流稳定燃烧室进行了主动控制研究。在内径为 36.5cm,装有观察窗的大管道内固定一个石英管。石英管内径 9.0cm,长 60cm,主要振荡频率约 300Hz。通过两个电磁阀对燃料进行周期性的调节。当量比保持在 0.65 和 1.0 之间,燃料流率调节范围为 9.4～20.8g/s。使用 20Hz 的燃料调节频率对 300Hz 振荡的振荡进行了开环主动控制,结果显示压强振幅明显下降。

1999 年 Jones 等人使用分频谐波燃料喷射对突扩构型燃烧室进行了燃烧不稳定主动控制研究。实验中出现的振荡燃烧频率为 350Hz,二次燃料喷射的相位与燃烧室压强振荡相位固定。在当量比为 0.85 时获得了最好的控制效果,控制过程使用了相当于主流 3%的控制流率,使得声强下降了 22dB。

2001 年 Glaude Seywert 将两种不同的燃烧不稳定方法进行整合,建立了低阶模型,研究了不稳定燃烧主动控制中的多个问题。将模型应用于 Rijke 管模型中并和实验数据进行了比较。与 Rijke 燃烧器实验相比,模型存在两个主要差异:第一,不能说明其中存在的滞后循环;第二,不能描述不稳定区域中压强振荡在振幅上存在的随机脉动现象。虽然滞后现象目前还不能被解释清楚,但这种现象已经被非线性控制技术充分利用来拓展燃烧室的稳定工作范围。模型认为压强中“噪声”是燃烧室中的熵波和旋涡运动引起的,通过在振动方程中引入随机源项,通过计算模拟来分析这些源项带来的影响,可以确定燃烧系统中模型的参数,最终得到统一的不稳定燃烧控制方法,能够进行外部扰动和内在噪声源的描述和分析。

2006 年 Johnson 使用了基于实时观测的自适应控制方法对燃烧不稳定进行了主动控制研究。首先通过实验建立了传递函数的描述方法,包括燃烧室中压强振荡对热释放的影响和热释放脉动对压强振荡动态特性的影响。使用这两个传递函数,整个系统的增益和相位都可以确定,这样就可以评估燃烧室出现燃烧不稳定的可能性。在此基础上建立了抑制燃烧不稳定的自适应控制系统。实现了在线辨识,能够快速和半自动地计算出最优控制相位。

主动控制技术是目前液体燃料冲压(或其他吸气式)发动机燃烧不稳定研究的重点。在合理的燃烧不稳定物理模型的基础上,建立主动控制模型,通过干预燃烧室中的燃烧过程,打破激发压强振荡的激励机制从而实现抑制燃烧不稳定的目的。现在研究的重点集中于建立更有效和稳健的控制算法以及高带宽低功耗的控制作动器。虽然目前主动控制方法仍停留在实验室阶段,但仍是最有希望实现抑制燃烧不稳定的方法。本书的主要研究对象是固体火箭发动机,因此对不稳定的主动控制不再做更多的介绍。

## 8.3 燃烧不稳定的被动控制方法

固体火箭发动机的燃烧不稳定一般采用被动控制的方式，由于不同类型的发动机其结构特性、推进剂以及外部工作环境均可能不相同，因而诱发燃烧不稳定的原因也就不同。一般根据固体发动机的具体特性，有针对性地采取被动抑制措施，减小或消除燃烧不稳定。从第1章和第2章的论述可以知道，固体火箭发动机声不稳定燃烧是燃烧过程、非稳态流动过程与发动机内腔中的声学过程相互作用的结果，发动机燃烧室内部存在各种阻尼，对声能起衰减作用，所有各种增益和衰减因素都与频率和振型有关。整个燃烧室声腔的压强振荡能否维持和发展，取决于每一振型所能获得的声能增益与衰减之间的消长关系。如果增益大于衰减，这一振型的压强振荡就会发展放大，形成不稳定燃烧。反之，衰减大于增益，振荡就会减弱或消失。尽管目前还不能获得增益和阻尼的准确值，但是对增益和阻尼影响规律的定性了解有助于采取合适的燃烧不稳定抑制措施。

### 8.3.1 降低推进剂燃烧响应

在影响发动机燃烧不稳定的诸多因素中，固体推进剂的燃烧响应带来的燃烧增益是燃烧不稳定最主要的增益因素。目前在理论和实验上对压强耦合研究较多，认识相对深刻一些；由于试验研究方面存在较大的困难，目前对速度耦合响应的认识还比较简单。

当固体火箭发动机出现燃烧不稳定时，首先想到的就是能否降低推进剂的燃烧响应。由于燃烧响应的计算结果还不够准确，目前还是采用试验研究的方法对比不同推进剂配方的实验结果(如T型燃烧器实验)，筛选出压强耦合响应较小的推进剂。采用这样的方法，解决了一些型号发动机的燃烧不稳定问题。

由于导弹总体对固体火箭发动机性能的约束，许多发动机所采用的固体推进剂的燃速和能量特性可变范围很小，导致配方调节困难。从目前的认识来看，调节AP的粒度级配是改变压强耦合响应特性的最主要的方法，随之带来推进剂燃速的改变则可以通过燃速催化剂来平衡。从第2章介绍的燃烧机理可以看出，AP粒度的变化可能会影响压强耦合响应函数的峰值，某种程度上为避免峰一峰耦合提供了理论基础，但是这种理论指导目前只是定性的。

试验研究结果表明，粗粒度AP(平均直径超过300μm)含量过高会导致压强耦合响应的增加，对发动机燃烧稳定性不利。基于理论分析的推测，粗粒度AP含量高也容易导致速度耦合响应的增加，更容易引起平衡压强上升。然而超细粒度AP(微米量级或10μm左右)含量的增加同样引起压强耦合响应值的升高，因为细粒度AP推进剂的燃烧更接近于预混火焰，对压强的响应更快，对发动机的燃烧不稳定性带来不利的影响。例如，某高能固体推进剂含有约40%的AP，在175Hz(T形燃烧器一阶固有频率)和10.5MPa条件下，当全部采用粗粒度(330μm)AP时，压强耦合响应函数约为1.75，当全部采用中等粒度(120μm)AP时，压强耦合响应函数下降为1.06。可以看出，改变氧化剂粒径对压强耦合响应的影响相当明显。

实验表明，中高能推进剂，无论是四组元丁羟推进剂还是NEPE推进剂，由于含有HMX或RDX，在其他条件相同时，压强耦合响应值偏大。这一点在长径比较大的战术发动机中尤为明显。

压强耦合响应与推进剂的燃速也有一定的关系，理论分析表明，低燃速推进剂燃烧区抗压强扰动能力差，从降低燃烧响应的角度来说，应在满足技战术指标的前提下，尽可能采用燃速较高的推进剂，增加燃烧不稳定的被动抑制能力。另外，在可能的条件下，尽量降低发动机的工作压强。

## 8.3.2 抑制声涡耦合

当燃烧室中出现后向台阶时，台阶下游剪切层是不稳定的，涡层失稳、卷起和持续的涡量注入导致转角涡脱落的形成，因此燃烧室中不连续结构(后向台阶)的容易引起旋涡脱落现象。

根据台阶下游是否能形成声反馈循环将旋涡脱落现象分为两类：第一类旋涡脱落的特征是旋涡脱落后能够撞击下游喷管从而形成声反馈循环，成为“声反馈循环涡”；第二类旋涡脱落的特征是脱落后的旋涡在未撞击下游障碍物之前就发生耗散而不能产生声反馈作用，称为“自耗散涡”。

燃烧室的台阶扩张比、台阶上下游的管道长径比是影响两类旋涡脱落现象形成的重要结构参数。台阶上游长径比主要是对边界层稳定性产生影响，大长径比结构下边界层容易失稳、卷起，形成近壁面拟序结构；而台阶下游长径比主要对旋涡的发展扩散产生影响，如果下游长径比较大，脱落旋涡经过较长距离的耗散并导致流场湍流强度增加，因此规律的相干涡结构难以发展至下游喷管；台阶扩张比体现了上述结构参数的综合结果，从总的趋势来看，扩张比增加使自耗散涡更容易形成。从抑制燃烧不稳定的角度来说，应通过结构设计，形成自耗散涡。由于声对涡同时具有调制作用，因此准确地从结构和流动参数的角度描述自耗散涡的形成条件还存在困难。

数值模拟能够很好地预示燃烧室中涡脱落和声涡耦合现象，特别是对频率的预示已相当准确。图 8-4 是采用大涡模拟模拟技术预示并抑制涡脱落的例子。发动机采用初始装药结构，在横坐标 1.65 附近有明显的涡脱落产生(见图 8-4(a))，并导致发动机燃烧室内产生的压强振荡。通过修改关键部位的结构，使燃烧室内的涡脱落得到明显的抑制(见图 8-4(b))。

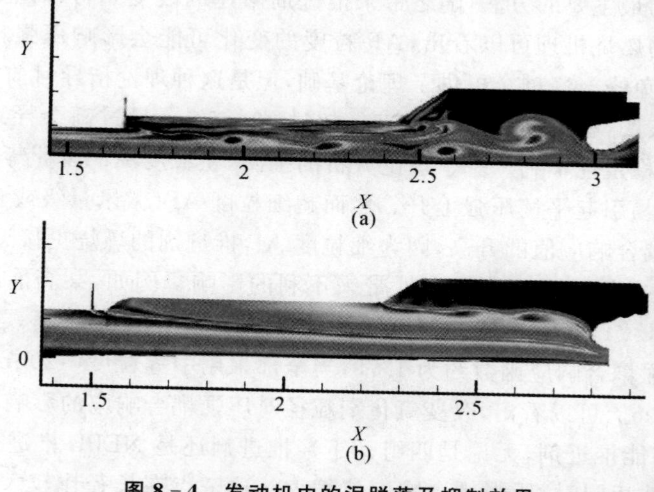


**图 8-4 发动机中的涡脱落及抑制效果**

大型分段发动机容易产生障碍或表面涡脱落，导致燃烧室内的压强振荡。分段之间的狭缝几何结构对点火初期的压强振荡也有影响。障碍涡脱落可以设法消除，狭缝的几何结构也可以调节，这些因素导致的涡脱落和压强振荡可以设法消除。表面涡脱落则源自于流动的本质不稳定，基本无法消除。Ribereau 等人研究认为在固体火箭发动机中存在闭环耦合机理，破坏该闭环耦合可在一定程度上抑制燃烧不稳定现象。如果采用主动控制，则会带来复杂的结构和额外的负面质量，所以其采用被动调节，设计了一种新型绝热环，来破坏旋涡的脱落以及涡与声之间的耦合作用，并对新型绝热环进行了缩比发动机实验，结果令人满意，但进一步用于全尺寸发动机仍需大量数值模拟和实验来加以验证和改进。图 8-5 显示的是该绝热环的结构及效果。Anthoine 等人还进行了压强振荡的被动控制研究和障碍物柔性对压强振荡的影响研究，发现减少旋涡与喷管空腔的相互作用，可以降低振幅，随着障碍物柔性的增加，压强振荡值减小，障碍物形状的改变，可以减小声－涡耦合作用。此外，还提出了无孔型和有孔型两种被动控制装置，来阻止涡撞击潜入式喷管的潜入段。

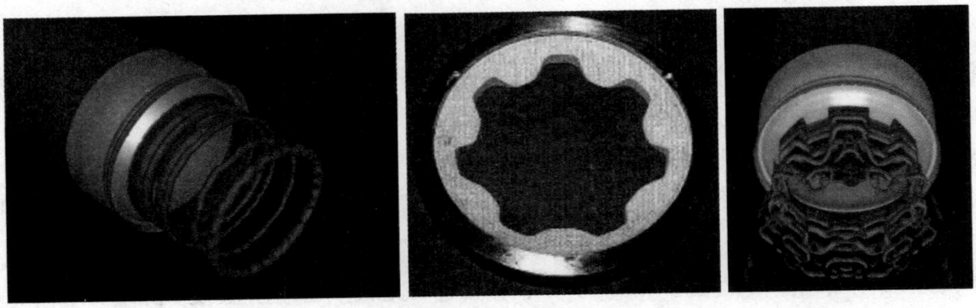

**图 8-5　采用新型绝热环破坏有规律的涡**

### 8.3.3　增加结构阻尼

推进剂本身是一种黏弹性材料，具有一定的吸收声能的能力。声波在装药的气/固界面上既有反射也有透射。透射声波以应力波的形式在装药中传播，并在对面的边界上进行反射和透射。在一系列的反射和透射过程中，有一部分声能将被装药吸收，还有部分声能通过壳体向外界透射而散失。声波在固体推进剂中的黏性损失比较大，所以装药本身也产生一定的结构阻尼。改变发动机装药结构，一方面可以在一定程度上改变燃烧室声腔的固有频率；另一方面可以改善装药的吸声效果，即增加对声能的阻尼作用。

装药结构变化对发动机内声波传播和流动影响较大，燃气的流动和装药型面对气流的扰动及声波在发动机内腔传播都会对推进剂燃烧产生影响。当燃烧室声腔结构发生改变时，对应的固有频率和振型会发生相应的改变，因此，通过对药型结构的调整改变其声腔结构，可以改变固有频率，从理论上可以避开发生不稳定燃烧的“共振频率”，对不稳定燃烧起到很好的抑制作用。然而，对于纵向不稳定来说，声腔固有频率主要由燃烧室长度决定，装药结构的变化对固有频率的影响很小。

有观点认为，装药设计时要注意在后封头处不应留有太大的燃面，否则由于速度耦合响应和金属铝的分布式燃烧，将导致增益增大。对于星孔型、车轮型和翼槽型装药，奇数的星角数将降低切向模态振荡，但是这种说法在实际发动机中并没有起到明显的抑制效果。

近期的理论分析表明,收缩结构(见图 8-6)的装药可以抑制纵向压强振荡波的发展,相对于传统的扩张结构的装药结构形式,采用收缩的装药结构形式更有助于抑制燃烧不稳定的发展。在装药结构设计时,截面积变化的位置和面积比对增加阻尼效果也有明显的影响,而且面积比的影响要更显著一些。数值模拟表明,在发动机头部设置空腔对抑制压强振荡是有利的。

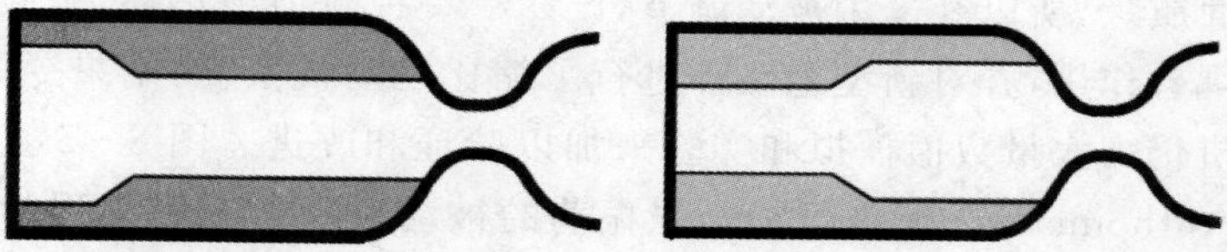

**图 8-6 收缩结构和扩张结构的装药**

## 8.3.4 增加喷管阻尼

喷管阻尼是发动机结构阻尼的一部分,由于喷管收敛段的结构相对容易改变,增加喷管阻尼是固体火箭发动机常用的燃烧不稳定抑制手段。

燃烧室声腔与封闭、刚性壁圆柱空腔不同,区别之一就是燃烧室的喷管端不是封闭、刚性的,喷管将以辐射和对流的形式排出能量,从而形成阻尼。对于不同的振型,喷管阻尼是不同的。

喷管收敛段内,随着横截面积的减小,气流被连续加速,压力、温度、密度以及音速等也相应变化。设想用垂直于轴线的平面,将喷管收敛段分隔成许多厚度无限小的圆片,则各片的横截面积和平均性质各不相同,所以声波从燃烧室进入收敛段必然要在各个截面上发生反射和透射。但是达到喷管喉部的透射波不再反射,因为喉面以下的平均气流速度已大于声波传播速度(音速)。透射到喷管外面的声波造成声能的辐射损失;经过一系列透射与反射又重新回到燃烧室的反射波,则要影响声场驻波的结构和声振频率。原则上,分析喷管阻尼,要求将燃烧室和喷管相结合计算声波。但是在实际中考虑到燃烧室和喷管不同的流动特性,通常马赫数较大的喷管分离出来单独进行试验和分析,并用喷管进口截面上的声导纳表示喷管对声场的影响。定义为

$$A_{\mathrm{n}}=\overline{\rho a}\left(\frac{\tilde{u}}{\bar{a}}\right)\Big/\left(\frac{\tilde{p}_{\mathrm{n}}}{\bar{p}}\right) \tag{8-2}$$

式中,$\tilde{u}$ 和 $\tilde{p}_{\mathrm{n}}$ 是喷管进口截面上的法向速度和声压复振幅。

除了辐射损失以外,穿过喷管的平均气流还可以将声能带出喷管而造成对流损失,这是由平均流与声场相互作用而产生的一种阻尼作用。因此,总的声能损失率为

$$\dot{E}=-\frac{1}{2\bar{\rho}\bar{a}}\int_{s_{\mathrm{n}}}(A_{\mathrm{n}}^{(\mathrm{r})}+\overline{M}_{\mathrm{n}})\hat{p}_{\mathrm{n}}^{2}\,\mathrm{d}s \tag{8-3}$$

式中,$s_{\mathrm{n}}$ 是喷管进口截面积;$\overline{M}_{\mathrm{n}}$ 是喷管进口处的平均气流马赫数。相应的喷管阻尼系数表达式即为

$$\alpha_{\mathrm{n}}=-\frac{\bar{a}}{2}\frac{\int_{s_{\mathrm{n}}}(A_{\mathrm{n}}^{(\mathrm{r})}+\overline{M}_{\mathrm{n}})\hat{p}_{\mathrm{n}}^{2}\,\mathrm{d}s}{\int_{V}\hat{p}^{2}\,\mathrm{d}V} \tag{8-4}$$

喷管声导纳函数的值与收敛段的几何形状和尺寸、进口气体状态、声振振型及频率等有关，可用理论方法或实验方法确定。

现阶段理论计算固体火箭发动机喷管声导纳主要依据短喷管理论，通常，大、中型固体火箭发动机的喷管收敛段长度远小于燃烧室的长度，将这种喷管称为“短喷管”。Culick 首先提出了短喷管理论，后来金又加以系统化，更加适应工程应用。对于中低频的轴向不稳定，短喷管的特点是收敛段长度远小于轴向基波振型的波长，声波在喷管中的传播时间远小于燃烧室内的传播时间。因此，声波好像在喷管进口截面上被瞬时反射回来，反射压强波与入射压强波近似同相，整个收敛段呈整体型振荡。由于喷管收敛段内振荡到处均匀一致，因而可以用稳态方程加以描述。这就是短喷管理论的准稳态假设。当然，“准稳态”并不意味着喷管流动不随时间变化，相反的是，流动参数都是时间的函数，而且整个收敛段流场都能瞬时地响应喷管进口处的变化，从而产生整体型振荡。

实验方法中，目前发展了多种冷流模拟实验技术，常用的方法有直接法、稳态波衰减法、稳态共振法和阻抗管法。

喷管对于轴向不稳定燃烧有很强的阻尼作用，通常，喷管进口截面恰好处于声压波腹位置，这里的平均气流速度也比较高，所以声能辐射和对流损失都比较大。粗略估计，喷管损失常占总声能损失的一半以上。短喷管对于轴向振型的阻尼系数 $\alpha_n$ 可按下式计算：

$$\alpha_n = -\left(\frac{\gamma+1}{2}\right)^{(\gamma-3)/2(\gamma-1)} \frac{\bar{a}}{L_c} J \tag{8-5}$$

式中，$\gamma$ 是比热比；$L_c$ 是燃烧室长度；$J$ 是喉通比。当 $\gamma=1.4$ 时

$$\alpha_n \approx -0.69 \frac{\bar{a}}{L_c} J \tag{8-6}$$

根据实验，短喷管对轴向振型的阻尼系数为

$$\alpha_{n\cdot l} = -\frac{\bar{a}}{L_c} J \tag{8-7}$$

对横向振型的阻尼系数为

$$\alpha_{n\cdot t} = -\frac{1}{2} \cdot \frac{\bar{a}}{L_c} J \tag{8-8}$$

喉通比

$$J = \frac{A_t}{A_c} \tag{8-9}$$

式中，$A_t$ 为喉部面积；$A_c$ 为装药通气面积。

不同收敛段构型和收敛半角的喷管对声波的散射程度不同，因此产生的声能损也不同。一般而言对于一定的进口马赫数，凸形收敛段比凹形收敛段产生的声能损失大；对于锥形喷管，收敛半角越小，声能损失越大。因此，针对发动机出现轴向声不稳定燃烧的具体情况，修改发动机喷管结构是增加阻尼的有效措施。

当采用嵌入喷管时，潜入空腔的存在对声能起到放大的效果，对压强振荡振幅的影响与空腔体积近似呈线性关系，这一点得到了理论分析和冷流试验的证实（见图 8－7）。从抑制燃烧不稳定的角度来说，可以设法减小潜入空腔的容积，或尽量避免采用潜入式喷管。

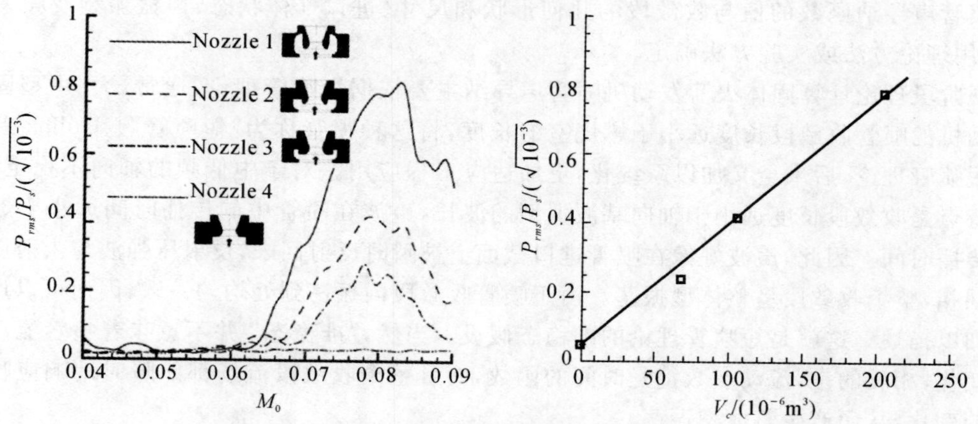


**图 8-7 潜入喷管容积对压强振荡幅值的影响**

## 8.3.5 增加两相流阻尼

固体推进剂中加入金属铝粉显著提高了推进剂的能量，同时也明显地提高了发动机的工作稳定性。铝粉并不能显著地改变推进剂燃面的响应函数，但是它的燃烧产物 $Al_2O_3$ 微粒的密度比气体大 500～5000 倍，振荡时很难跟上气体的运动(或温度)，故当气体通过颗粒前后振荡时可提供相当强烈的阻尼作用。微粒阻尼往往是高频燃烧振荡系统中的主要损失。当燃烧产生的气体中悬浮着适当大小的金属和金属氧化物的固体或液体微粒时，这些微粒能够耗散大量的声能。这种阻尼分布于燃气所占的整个空间。微粒产生阻尼的机理在于导热和黏性，且主要是黏性。此项阻尼远远大于气相阻尼、壁面阻尼等，是促使发动机稳定工作的主要因素之一。

研究表明，微粒尺寸分布对阻尼有重大影响，对于高压下的高燃速推进剂，铝粒子粒径与燃烧响应之间有一个直接的关系，铝粒子粒径越小，响应越高。对于低压下中低燃速的推进剂，有证据表明小粒径铝粒子导致低响应函数。此外，还有证据表明铝的类型以及铝的包覆都有可能影响推进剂的燃烧响应。

气相反应所产生的大量细粒(平均直径 1.5$\mu$m 左右)能够造成浓烟，却不能有效地抑制常见频率的不稳定燃烧(只对频率很高的横向不稳定燃烧有效)。凝相反应产生的粗粒有很重要的阻尼作用，其有效性取决于平均直径是否接近特定振型所要求的最佳直径。显然，尺寸过大或过小的颗粒仅能够提供很小的阻尼，只有那些尺寸适中的颗粒，才能提供很大的阻尼作用。

利用悬浮微粒的吸声理论，把微粒看作是在黏性气体中运动的小球，假设微粒与气体之间没有质量交换过程(蒸发、凝聚、化学反应等)；气体是理想气体；微粒密度远大于气体密度；微粒间距离远大于直径，因而不发生碰撞。还假设声场为小扰动，介质无平均流动，微粒周围的流动状态接近斯托克斯流动，因而可以应用经典的斯托克斯定律，即

$$F_p = 3\pi\mu d(u_p - u) \tag{8-10}$$

式中，$F_p$ 为作用在一个球形微粒上的阻力；$\mu$ 为气体的动力黏性系数；$d$ 为微粒的直径；$u_p$ 为微粒的瞬时运动速度；$u$ 为气体的瞬时运动速度。

用这种简化的模型可以得出微粒阻尼的衰减指数：

$$\alpha_s = -\frac{\omega c_m}{2}\frac{\beta}{1+\beta^2} \tag{8-11}$$

式中

$$\beta = \rho_s d/(18\mu)$$

$$c_m = \rho_s/\bar{\rho}$$

式中，$c_m$ 为颗粒-气体质量比；$\rho_s$ 为微粒的密度；$\bar{\rho}$ 为燃气的平均密度；$\beta$ 为无量纲频率或无量纲频率半径。

在实际火箭发动机中，燃气中的微粒直径是呈一定分布的，直径从 0.5$\mu$m 到几百微米。因为 $\alpha_s$ 具有可叠加性，如果用 $c_m(\beta)\mathrm{d}\beta$ 表示无量纲半径在 $\beta$ 附近 $\mathrm{d}\beta$ 范围内的微粒质量浓度，于是由式(8－11)积分可得总的微粒阻尼系数

$$\alpha_s = \omega\int_0^\infty \frac{c_m(\beta)}{2}\frac{\beta}{1+\beta^2}\mathrm{d}\beta \tag{8-12}$$

获得 $\alpha_s$ 的困难是微粒大小分布函数 $c_m(\beta)$ 难以准确知道。虽然几年来关于凝相燃烧产物粒径分布的报道增多，但是由于粒径分布与配方、工作参数有关，并不是所有的情况都有合适的数据。

式(8－12)表明，$c_m$ 一定时，对于某一振荡频率，$\beta$ 值小时，$\alpha_s$ 随 $\beta$ 线形增长，当 $\beta=1$ 时阻尼达最大，相应的最大值为

$$\alpha_{smax} = -\frac{1}{4}c_m\omega = -1.57fc_m \tag{8-13}$$

$\beta$ 值大时，$\alpha_s$ 与 $\beta$ 成反比下降。鉴于 $\beta$ 代表无量纲微粒半径，由 $\beta=1$ 可以得出阻尼最大的颗粒直径即最佳颗粒直径为

$$d_{sopt} = \sqrt{18\mu/\rho_s\omega} \tag{8-14}$$

式中，$\omega$ 和 $f$ 为振荡角频率和频率。上述的近似理论公式在固体火箭发动机的实用范围内，准确程度是比较满意的。

图 8－8 所示的是几种不同频率下不同尺寸粒子的阻尼作用的计算结果，计算时 $c_m=0.296$，粒子的尺寸单一且质量分数相同。由图中可以看出在粒子质量分数相同的情况，小粒子对高频的阻尼效果比对低频的好很多。图 8－9 显示了对于特殊的频率存在最佳的阻尼粒子尺寸。

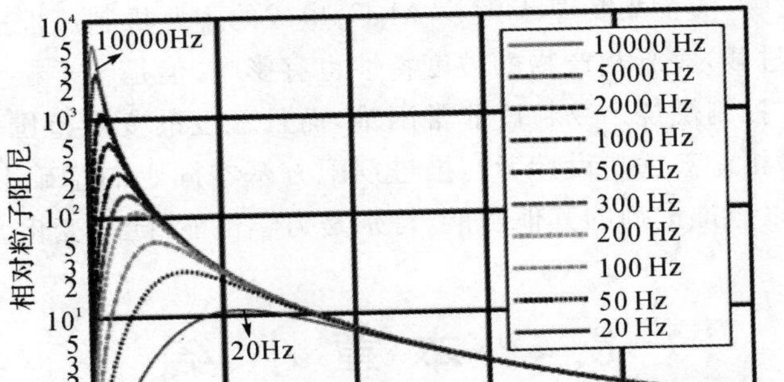


**图 8－8　不同粒径对不同频率振荡的阻尼曲线**

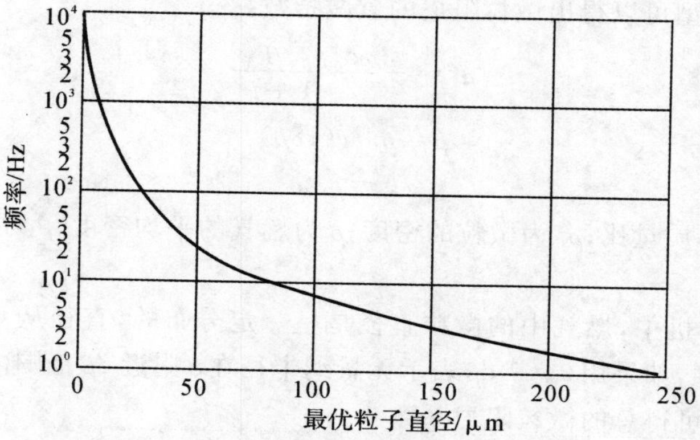


**图 8-9 不同频率的粒子最佳阻尼粒径**

根据图 8-8 和图 8-9 所示的分析结果，结合实际发动机中凝相燃烧产物的粒径分布，可以看出：$Al_2O_3$微粒对中、低频（10～1000Hz）不稳定的阻尼作用较小；对于高频不稳定（1000～5000Hz），起阻尼作用的主要是直径为 1～10μm 的微粒，而且尺寸愈小，对高频振荡就愈有效；直径小于 2μm 的细粒（占实际凝相产物的大部分）对 5000Hz 以上的振荡提供很强的阻尼，但是对 1000～5000Hz 的声振荡却几乎没有阻尼作用。

显然，粒子阻尼的大小取决于流场中粒子的质量分数和粒子的尺寸，大尺寸粒子阻尼低频振荡而小尺寸粒子阻尼高频振荡。在粒子质量分数相同的情况下，粒子对高频的阻尼效果明显强于对低频的阻尼效果。

在大型分段固体发动机中，燃烧室的固有频率较低（一般在十几赫兹，与发动机长度有关），有效的阻尼要求颗粒直径大于 50μm。但是对铝粉燃烧生成的 $Al_2O_3$颗粒的大部分来说，其直径均小于 2μm。因此，大量细颗粒只是对阻尼小型发动机中的横向振型有效，而对阻尼大型发动机中的振荡，特别是低频轴向振荡无效。对含铝推进剂来说，有少量的凝相（$Al_2O_3$）颗粒以大直径的形式存在，这些颗粒在低频下确实能起到有效的阻尼作用，它们对大型发动机的稳定性更重要。

研究表明，可以通过控制推进剂中初始铝颗粒之间的距离控制燃烧产物的粒度，特别是表面聚集之后的凝相产物，表面聚集是大颗粒 $Al_2O_3$生成的主要机制。推进剂的配方、基本燃速和工作状态（如横向过载）对凝相产物的粒度特性也有影响，但是粒子粒度分布的变化范围小，通过调节推进剂配方控制燃烧产物粒度非常困难，而且粒度的变化范围距阻尼战术发动机的中低频不稳定的要求相差甚远。设计者在推进剂配方基本固定的基础上，一般不愿意在推进剂配方上大的改动，以免推进剂的其他性能（特别是力学性能）随之变化。

## 8.4 本章小结

本章介绍了燃烧不稳定主动控制和被动控制的概念，重点介绍了固体火箭发动机燃烧不稳定的被动控制方法。从降低燃烧响应、抑制或消除声涡耦合、增加结构阻尼、喷管阻尼和两相流阻尼的角度，探讨了用于工程上抑制燃烧不稳定的常用方法。

# 参考文献


[1] 陈晓龙,何国强,刘佩进.固体火箭发动机燃烧不稳定的影响因素分析和最新研究进展[J].固体火箭技术,2009,32(6):600-605.

[2] 陈晓龙.固体火箭发动机中声—涡耦合引起的压强振荡研究[D].西安:西北工业大学,2010.

[3] 弗伦奇 A P.振动与波[M].徐绪笃,译.北京:人民教育出版社,1982.

[4] 胡大宁,何国强,刘佩进,等.翼柱型药柱固体火箭发动机不稳定燃烧研究[J].固体火箭技术,2010,33(5):502-506.

[5] 胡松启.固体火箭发动机燃烧基础[M].西安:西北工业大学出版社,2014.

[6] 刘佩进,白俊华,杨向明,等.固体火箭发动机燃烧室凝相粒子的收集与分析[J].固体火箭技术,2008,31(5).

[7] 刘佩进,金秉宁,李强.战术导弹固体发动机燃烧不稳定研究概述[J].固体火箭技术,2012,35(4):446-449,456.

[8] 刘佩进,杨尚荣.分段固体火箭发动机中声涡耦合现象的实验研究现状[J].固体火箭技术,2012,35(6):726-731.

[9] 刘佩进,齐宗满,金秉宁,等.两种含铝复合推进剂压强耦合响应的试验对比[J].固体火箭技术,2013,36(1):83-88.

[10] 马大猷.现代声学理论基础[M].北京:科学出版社,2012.

[11] 秦飞.液体冲压发动机低频燃烧不稳定及其控制方法研究[D].西安:西北工业大学,2008.

[12] 孙维申.固体火箭发动机不稳定燃烧[M].北京:北京工业学院出版社,1988.

[13] 王宁飞,苏万兴,李军伟,等.固体火箭发动机中铝粉燃烧研究综述[J].固体火箭技术,2011,34(1).

[14] 王宁飞,张峤,李军伟,等.固体火箭发动机不稳定燃烧研究进展[J].航空动力学报,2011,26(6):1405-1414.

[15] 肖波.复合推进剂压强耦合研究[D].西安:西北工业大学,2011.

[16] 杨尚荣.固体火箭发动机侧向加质流稳定性分析[D].西安:西北工业大学,2014.

[17] 张翔宇.固体火箭发动机转角涡脱落及声涡耦合规律研究[D].西安:西北工业大学,2013.

[18] 赵崇信,王宁飞.固体推进剂压强耦合响应函数手册[M].北京:兵器工业出版社,1994.

[19] Akiki M, Batterson J W, Majdalani J. Biglobal Stability of Compressible Flow Fields,Part 1:Planar Formulation[C]. AIAA,2013,3865.

[20] Akiki M, Batterson J W, Majdalani J. Biglobal Stability of Compressible Flow Fields, Part 2: Application to Solid Rocket Motors[C]. AIAA, 2013,3866.

[21] Ananthkrishnan N, Culick F E C. Dynamics of Nonlinear Acoustic Waves in Com-

bustion Chambers: Multimodal Instability Phenomena[C]. Proceedings of the Tenth Asian Congress of Fluid Mechanics, Peradeniya, Sri Lanka, 2004.

[22] Anthoine J. Experimental and Numerical Study of Aeroacoustic Phenomena in Large Solid Propellant Motors[D]. Ph. D. Thesis, The Free University of Brussels, 2000.

[23] Baczynski C, Greatrix D R. Grain Geometry Modifications for Instability Symptom Suppression in Solid Rocket Motor[C]. AIAA, 2008,4600.

[24] Baczynski C, Greatrix D R. Steepness of Grain Geometry Transitions on Instability Symptom Suppression in Solid Rocket Motor[C]. AIAA, 2009,5177.

[25] Ballereau S, Godfroy F, Gallier S, et al. Evaluation Method of Thrust Oscillations in Large SRM: Application to Segmented SRM's[C]. AIAA, 2011,6054.

[26] Baum J D, Daniel B R, Zinn B T. Determination of Solid Propellant Admittances by the Impedance Tube Method[C]. AIAA, 1980,0281.

[27] Baum J D, Daniel B R, Zinn B T. Application of the Impedance Tube Technique to the Measurement of the Admittances of Aluminized Solid Propellants[C]. AIAA, 1981,0122.

[28] Baum J D, Daniel B R, Zinn B T. Determination of Aluminized Solid Propellant Admittances by the Impedance Tube Method [J]. AIAA Journal, 1982, 20(3):417-421.

[29] Baum J D, Levinet J N, Lovine R L. Pulsed Instability in Rocket Motors: A Comparison Between Predictions and Experiments[J]. Journal of Propulsion, 1988, 4(4): 308-316.

[30] Blomshield F S, Crump J E, Mathes H B, et al. Stability Testing of Full-Scale Tactical Motors[J]. Journal of Propulsion and Power, 1997, 13(3):349-355.

[31] Blomshield F S, Mathes H B, Crump J E, et al. Nonlinear Stability Testing of Full-Scale Tactical Motors[J]. Journal of Propulsion and Power, 1997, 13(3):356-366.

[32] Blomshield F S, Beckstead M W. Combustion Instability Additive Investigation[C]. AIAA, 1999,2226.

[33] Blomshield F S. Pulsed Motor Firings[R]. Naval Air Warfare Center, NAWCWD TP 8444, August 2000.

[34] Blomshield F S. Summary of Multi-Disciplinary University Research Initiative in Solid Propellant Combustion Instability[C]. AIAA, 2000,3172.

[35] Blomshield F S. Lessons Learned in Solid Rocket Combustion Instability[C]. AIAA, 2007,5803.

[36] Boyer G, Casalis G, Estivalezes J L. Theoretical Investigation of the Parietal Vortex Shedding in Solid Rocket Motors[C]. AIAA, 2012,3825.

[37] Boyer G, Casalis G, Estivalezes J L. Stability and Sensitivity Analysis in a Simplified Solid rocket Motor Flow[J]. Journal of Fluid Mechanics, 2013, 722: 618-644.

[38] Boyer G, Casalis G, Estivalezes J L. Stability Analysis and Numerical Simulation of Simplified Rocket Motors[J]. Physics of Fluids, 2013, 25(8): 084109-19.

[39] Brown R S, Erickson J E, Babcock W R. Combustion Response Function Measurements by the Rotating Valve Method[J]. AIAA Journal, 1973, 12(11):1501 -1510.

[40] Brown R S, Waugh R C, Kelly V L. Rotating Valve for Velocity - Coupled Combustion Response Measurements of Solid Propellants[C]. AIAA, 1981,1522.

[41] Burnley V S. Nonlinear Combustion Instabilities and Stochastic Sources[D]. Ph. D. Thesis, California Institute of Technology, 1996.

[42] Burnley V S, Culick F E C. Comment on "Triggering of Longitudinal Combustion Instabilities in Rocket Motors: Nonlinear Combustion Response"[J]. Journal of Propulsion and Power, 1997, 16(1):164 - 165.

[44] Casalis G, Boyer G, Radenac E. Some Recent Advances in the Instabilities Occurring in Long Solid Rocket Motors[C]. AIAA, 2011,5642.

[45] Cauty F. Solid - Propellant Combustion Response Function from Direct Measurement Methods: ONERA Experience[J]. Journal of Propulsion and Power, 1999, 15(6): 837 - 843.

[46] Chedevergne F, Casalis G. Thrust Oscillations in Reduced Scale Solid Rocket Motors, Part II: a New Theoretical Approach[C]. AIAA, 2005,4000.

[47] Chedevergne F, Casalis G, Feraille T. Biglobal Linear Stability Analysis of the Flow Induced by Wall Injection[J]. Physics of Fluids, 2006, 18(1): 014103 - 14.

[48] Chedevergne F, Casalis G. Detailed Analysis of the Thrust Oscillations in Reduced Scale Solid Rocket Motors[C]. AIAA, 2006,4424.

[49] Chedevergne F, Casalis G, Majdalani J. DNS Investigation of the Taylor - Culick Flow Stability[C]. AIAA, 2007,5796.

[50] Chedevergne F. , Casalis G. , and Majdalani, J. Direct Numerical Simulation and Biglobal Stability Investigations of the Gaseous Motion in Solid Rocket Motors[J]. Journal of Fluid Mechanics, 2012, 706: 190 - 218.

[51] Chibli H A, Majdalani J, Flandro G A. Fundamental Growth Rate Corrections in Rocket Motor Stability Calculations[C]. AIAA, 2002,3610.

[52] Chibli H A. , Majdalani J. , and Flandro G. A. Improved Energy Normalization Function in Rocket Motor Stability Calculations[C]. AIAA, 2003,5113.

[53] Coates R L, Horton M D, Ryan N W. T - burner Method of Determining the Acoustic Admittance of Burning Propellants[J]. AIAA Journal, 1964,2(6):1119 - 1122.

[54] Culick F E C. Acoustic Oscillations in Solid Propellant Rocket Chambers[J]. Astronautica Acta, 1966, 12(2): 113 - 126.

[55] Culick F E C. T - Burner Testing of Metallized Solid Propellants[R]. California Instituteof Tech Pasadena Guggenheim Jet Propulsion Center, 1974.

[56] Culick F E C. Nonlinear Behavior of Acoustic Waves in Combustion Chambers[R]. Jet Propulsion Laboratory, NASA, April 1975, NASA - CR - 149376.

[57] Culick F E C. An Introduction to Velocity - Coupling in Solid Propellant Rockets[R]. NWC TP 6363, Naval Weapons Center, China Lake, CA, Feb. 1983.

[58] Culick F E C. Combustion Instabilities in Solid Propellant Rocket Moters[M]. Virginia: National Technical Information Service Springfield, 2004.

[59] Culick F E C. Unsteady Motions in Combustion Chambers for Propulsion Systems [M]. Virginia: National Technical Information Service Springfield, 2006.

[60] Dunlap R, Blackner A M, Waugh R C, et al. Internal Flow Field Studies in a Simulated Cylindrical Port Rocket Chamber[J]. Journal of Propulsion and Power, 1990, 6 (6): 690 - 704.

[61] Dupays J. Two - phase Unsteady Flow in Solid Rocket Motors[J]. Aerospace Science and Technology, 2002(6): 413 - 422.

[62] Elliott T S, Batterson J W, Majdalani J. Biglobal Stability of Cylindrically - Shaped Hybrid and Solid Rockets with Injecting or Reactive Headwalls [C]. AIAA, 2012,3810.

[63] Esam M T. Hydrodynamic Wave Contributions to Combustion Instability in Rockets [D]. Knoxville: University of Tennessee, December 2006.

[64] Fabignon Y, Dupays J, Avalon G, et al. Instabilities and Pressure Oscillations in Solid Rocket Motors[J]. Aerospace Science and Technology, 2003(7):191 - 200.

[65] Fischbach S R. Industry Motivated Advancements of Current Combustion Instability Model: the Conversion of Volume Integrals to Surface Form[D]. Knoxville: University of Tennessee, May 2005.

[66] Fischbach S R, Majdalani J, Flandro G A, et al. Verification and Validation of Rocket Stability Transformations[C]. AIAA, 2005,4001.

[67] Flandro G A. Approximate Analysis of Nonlinear Instability with Shock Waves[C]. AIAA,1982,1220.

[68] Flandro G A. Energy Balance Analysis of Nonlinear Combustion Instability[J]. Journal of Propulsion and Power, 1985, 1(3): 210 - 221.

[69] Flandro G A. Effects of Vorticity on Rocket Combustion Stability[J]. Journal of Propulsion and Power,1995, 11(4):607 - 625.

[70] Flandro G A. On Flow Turning[C]. AIAA,1995,2530.

[71] Flandro G A, Majdalani, J. Aeroacoustic Instability in Rockets[J]. AIAA Journal, 2003, 41(3): 485 - 497.

[72] Flandro G A, Fischbach S R, Majdalani J, et al. Nonlinear Rocket Motor Stability Prediction: Limit Amplitude, Triggering, and Mean Pressure Shift[C]. AIAA, 2004,4054.

[73] Flandro G A, Majdalani J, French J C. Incorporation of Nonlinear Capabilities in the Standard Stability Prediction Program[C]. AIAA, 2004,4182.

[74] Flandro G A, Fischbach S. Effect of Parallel Wave Incidence on Combustion Instability Driving Mechanisms[C]. AIAA, 2007,5807.

[75] Flatau A, Van, Moorhem W K. Vortex Shedding Induced Sound Inside a Cold - Flow Simulation of Segmented Chamber[J]. Journal of Propulsion and Power, 2003, 19

(2):287 - 296.

[76] French J C, Flandro G A, Majdalani J. Improvements to the Linear Standard Stability Prediction Program(SSP)[C]. AIAA, 2004,4181.

[77] French J C. A Comparison of Nonlinear Combustion Instability Methods[C]. AIAA, 2006,4422.

[78] Gallier S, Radenac E, Godfroy F. Thermoacoustic Instabilities in Solid Rocket Motors[C]. AIAA, 2009,5252.

[79] Gallier S, Godfroy, F. Aluminum Combustion Driven Instabilities in Solid Rocket Motors[J]. Journal of Propulsion and Power, 2009, 25(2):509 - 521.

[80] Greatrix D R. Dual Particle Loading for Solid Rocket Instability Symptom Suppression[C]. AIAA, 2011,421.

[81] Greatrix D R. Multi - Sized Particle Loading for Solid Rocket Combustion Instability Symptom Suppression[C]. AIAA, 2011,5640.

[82] Greatrix D R. Effect of Diminishing Particle Size on Solid Rocket Combustion Instability Symptom Suppression[C]. AIAA, 2012,3727.

[83] Griffond J, Casalis G, Pineau J P. Spatial Instability of Flow in a Semi - infinite Cylinder with Fluid Injection through its Porous Walls[J]. Eur. J. Mech. B/Fluids, 2000(19): 69 - 87.

[84] Jackson T L. Modeling of Heterogeneous Propellant Combustion: A Survey[J]. AIAA Journal, 2012, 50(5):993 - 1006.

[85] Jankowski T A, Majdalani J. Vortical and Acoustical Mode Coupling Inside a Porous Tube with Uniform Wall Suction[J]. Acoustical Society of America, 2005, 117(6): 3448 - 3458.

[86] Jin Bingning, Liu Peijin, Liu Xin, et al. Experimental Investigation of the Pressure - Coupled Response of Composite Propellant with Different Ammonium Perchlorate Particles Size[C]. Proceedings of the 64th International Astronautical Congress, Beijing, China, 2013.

[87] Kierkegaard A, Boij S, Efraimsson G A. Frequency Domain Linearized Navier - Stokes Equations Approach to Acoustic Propagation in Flow Ducts With Sharp Edges [J]. Acoustical Society of America, 2010, 127(2):710 - 719.

[88] Kierkegaard A, Boij S, Efraimsson G. Simulations of the Scattering of Sound Waves at a Sudden Area Expansion[J]. Journal of Sound and Vibration, 2012, 331: 1068 -1083.

[89] Levine J N, Baum J D. A Numerical Study of Nonlinear Instability Phenomena in Solid Rocket Motors[J]. AIAA Journal, 1983, 212(4): 557 - 564.

[90] Mack C J. Global Stability of Compressible Flow about a Swept Parabolic Body[D]. Ph. D. Dissertation, the Hydrodynamics Laboratory of Ecole Polytechnique, 2009.

[91] Majdalani J, Moorhem W V. Improved Time - Dependent Flow field Solution for Solid Rocket Motors[J]. AIAA Journal, 1998, 36(2): 241 - 248.

[92] Majdalani J. The Oscillatory Channel Flow with Arbitrary Wall Injection[J]. Journal of Applied Mathematics and Physics, 2001, 52: 33 - 61.

[93] Majdalani J, Flandro G A. The Oscillatory Pipe Flow with Arbitrary Wall Injection [J]. Proceedings of the Royal Society A: Mathematical, Physical and Engineering Science, 2002, 458: 1621 - 1651.

[94] Majdalani J. The Compressible Taylor - Culick Flow[C]. AIAA, 2005,3542.

[95] Majdalani J, Fischbach S R, Flandro G A. Improved Energy Normalization Function in Rocket Motor Stability Calculations[J]. Aerospace Science and Technology, 2006, 10: 495 - 500.

[96] Majdalani J. On Steady Rotational High Speed Flows: the Compressible Taylor - Culick Profile[J]. Proceedings of the Royal Society A: Mathematical, Physical and Engineering Science, 2007, 463: 131 - 162.

[97] Malhotra S, Flandro G A. On Nonlinear Combustion Instability [C]. AIAA, 1997,3250.

[98] Malhotra S, Flandro G A. On the Origin of the DC Shift[C]. AIAA, 1997,3249.

[99] Meliga P, Sipp D, Chomaz J M. Effect of Compressibility on the Global Stability of Axisymmetric Wake Flows[J]. Journal of Fluid Mechanics, 2010, 660: 499 - 526.

[100] Miyazaki S, Suzuki S, Maruizumi H. Solid Propellant Combustion Response Measurements by Pulse/Variable - area Burner[C]. AIAA, 1994,0789.

[101] Murphy J J, Krier H. Evaluation of Ultrasound Technique for Solid - Propellant Burning Rate Response Measurements[J]. Journal of Propulsion and Power, 2002, 18(3):641 - 651.

[102] Oberg C L. A Pulsed T - Burner Technique[J]. AIAA Journal, 1968, 6(5):920 - 921.

[103] Price E W, Mathes H B, Madden O H, et al. Pulsed T - burner Testing of Combustion Dynamics of Aluminized Solid Propellant[C]. AIAA, 1971,634.

[104] Rasmussen B M. An Intrinsic, Heterogeneous Model of Composite Solid Propellant Combustion[D]. Master's Thesis: University of Alabama in Huntsville, 1999.

[105] Rousseau C W, Knoetze J H, Steyn S F. Establishing a Cost Effective and InnovativeCombustion Instability Programme[C]. AIAA, 2008,4603.

[106] Rousseau C W, Knoetze J H. Calculating an Admittance Function from Pulsed Tubular Grain Motor Tests[J]. Journal of Propulsion and Power, 2010, 26(5):998 - 1005.

[107] Theofilis V. Global Linear Instability[J]. Annual Review of Fluid Mechanics, 2011, 43:319 - 352.

[108] Trefethen L N. Spectral Methods in Matlab[M]. Society for Industrial and Applied Mathematics, Philadelphia, 2000.

[109] Vuillot F. Experimental Validation of Stability Assessment Methods for Segmented Solid Propellant Motors[C]. AIAA, 1993,1883.

[110] Vuillot F. Vortex Shedding Phenomena in Solid Rocket Motors [J]. Journal of Propulsion and Power, 1995, 11(4):626 - 639.

[111] Wilson A W. Nonlinear Acoustics of Piston - Driven Gas - Column Oscillations[D]. Master's Thesis: University of Tennessee, 2010.

[112] Wilbur C A, Robert J S. The T - burner Test Method for the Combustion Response of Solid Propellants[C]. AIAA, 1972,1053.

[113] Wilson J R, Micci M M. Direct Measurement of High Frequency Solid Propellant Pressure Coupled Responses[C]. AIAA, 1985,1113.

[114] Wicker J M, Yang V. Reply by the Authors to Burnley, V. S. and Culick, F. E. C. [J]. Journal of Propulsion and Power, 1997, 16(1):165 - 166.

[115] Wu Wenjing, Kung LiChung. Determination of Triggering Condition of Vortex - driven Acoustic Combustion Instability in Rocket Motors[J]. Journal of Propulsion and Power, 2000, 16(6).

[116] Yamouni S, Sipp D, Jacquin L. Interaction Between Feedback Aeroacoustic and Acoustic Resonance Mechanisms in a Cavity Flow: a Global Stability Analysis[J]. Journal of Fluid Mechanics, 2013, 717: 134 - 165.